实用工程材料简明手册丛书

新编常用建筑装饰装修材料简明手册

李永盛　主编

中国建材工业出版社

图书在版编目（CIP）数据

新编常用建筑装饰装修材料简明手册/李永盛主编．—北京：中国建材工业出版社，2010.6
（实用工程材料简明手册丛书）
ISBN 978-7-80227-754-0

Ⅰ．①新… Ⅱ．①李… Ⅲ．①室内装饰—装饰材料—技术手册 Ⅳ．①TU56—62

中国版本图书馆 CIP 数据核字（2010）第 056851 号

内 容 提 要

本书依据国家现行标准规范编写，主要介绍了墙体材料、屋面材料、防水材料、瓷砖、石材、板材、装饰与吸声板材、玻璃制品、卫生设备、建筑涂料、水泥平板与胶凝材料、密封胶与胶粘剂、建筑油漆、金属制品以及门窗五金等方面的内容。本书内容丰富，信息量大，通俗易懂，可操作性、实用性强。

本书可供装饰装修工程施工人员以及相关专业大中专及职业学校的师生学习参考。

新编常用建筑装饰装修材料简明手册
李永盛 主编

出版发行：中国建材工业出版社
地 址：北京市西城区车公庄大街6号
邮 编：100044
经 销：全国各地新华书店
印 刷：北京鑫正大印刷有限公司
开 本：787mm×1092mm 1/16
印 张：17
字 数：430千字
版 次：2010年6月第1版
印 次：2010年6月第1次
书 号：ISBN 978-7-80227-754-0
定 价：**35.00元**

本社网址：www.jccbs.com.cn
本书如出现印装质量问题，由我社发行部负责调换。联系电话：(010)88386906

《新编常用建筑装饰装修材料简明手册》

编写人员

主　编：李永盛

参　编：（按姓氏笔画排序）

计春艳　王晓蕾　关　红　齐　艳

孙　博　孙　鹏　初　平　苏　迪

李晓绯　李晓颖　李　鹏　邵英杰

张青青　邹　剑　罗　铖　周　婵

洪　峙　侯　同　徐荣晋　曹丽娟

崔永祥　韩少锋　韩舒宁

前言

近几年来，我国的装饰装修市场发展迅猛，从而带动了相关产业的高速发展，新型装饰材料不断涌现，装饰装修企业如雨后春笋，消费者的需求量不断扩大，因此，有人说装饰装修产业是朝阳产业。随着改革开放的不断深入，装饰装修在美化人民生活环境与工作环境、促进我国经济发展中发挥着越来越重要的作用。材料、设计、施工是影响建筑装饰装修质量的三大要素，而选择实用、经济、美观、环保、使用安全的建筑装饰装修材料是至关重要的一环。为了适应装饰装修工程施工的需要，我们编写了这本《新编常用建筑装饰装修材料简明手册》。

本书主要包括墙体材料、屋面材料、防水材料、瓷砖、石材、板材、装饰与吸声板材、玻璃制品、卫生设备、建筑涂料、水泥平板与胶凝材料、密封胶与胶粘剂、建筑油漆、金属制品以及门窗五金等常用数据。本书通俗易懂，操作性、实用性强，便于执行、方便查阅，可供装饰装修工程施工人员以及相关专业大中专及职业学校的师生学习参考。

本书在编写过程中，参阅了许多相关的优秀书籍，在此对有关作者表示衷心感谢。由于时间仓促，编者水平有限，书中缺陷乃至错误在所难免，望广大读者给予批评、指正。

编　者

2010 年 3 月

目　录

1 墙 体 材 料

1.1 砖

1.1.1 烧结普通砖

1）尺寸允许偏差见表 1-1。

表 1-1

mm

公称尺寸	优等品		一等品		合格品	
	样本平均偏差	样本极差≤	样本平均偏差	样本极差≤	样本平均偏差	样本极差≤
240	±2.0	6	±2.5	7	±3.0	8
115	±1.5	5	±2.0	6	±2.5	7
53	±1.5	4	±1.6	5	±2.0	6

注：来自《烧结普通砖》(GB 5101—2003)。

2）外观质量应符合表 1-2 的规定。

表 1-2

mm

项目		优等品	一等品	合格品
两条面高度差	≤	2	3	4
弯曲	≤	2	3	4
杂质凸出高度	≤	2	3	4
缺棱掉角的三个破坏尺寸	不得同时大于	5	20	30
裂纹长度 ≤	大面上宽度方向及其延伸至条面的长度	30	60	80
裂纹长度 ≤	大面上长度方向及其延伸至顶面的长度或条顶面上水平裂纹的长度	50	80	100
完整面①	不得少于	二条面和二顶面	一条面和一顶面	—
颜色		基本一致	—	—

注：1. 为装饰面施加的色差，凹凸纹、拉毛、压花等不算作缺陷。

2. 来自《烧结普通砖》(GB 5101—2003)。

①凡有下列缺陷之 者，不得称为完整面。

a. 缺损在条面或顶面上造成的破坏面尺寸同时大于 10mm×10mm。

b. 条面或顶面上裂纹宽度大于 1mm，其长度超过 30mm。

c. 压陷、粘底、焦花在条面或顶面上的凹陷或凸出超过 2mm，区域尺寸同时大于 10mm×10mm。

3）强度见表 1-3。

表 1-3　　MPa

强度等级	抗压强度平均值 $\overline{f}\geqslant$	变异系数 $\delta\leqslant0.21$	变异系数 $\delta>0.21$
		强度标准值 $f_k\geqslant$	单块最小抗压强度值 $f_{min}\geqslant$
MU30	30.0	22.0	25.0
MU25	25.0	18.0	22.0
MU20	20.0	14.0	16.0
MU15	15.0	10.0	12.0
MU10	10.0	6.5	7.5

注：来自《烧结普通砖》(GB 5101—2003)。

4）抗风化性能见表 1-4。

表 1-4

砖种类	严重风化区				非严重风化区			
	5h 沸煮吸水率（%）≤		饱和系数≤		5h 沸煮吸水率（%）≤		饱和系数≤	
	平均值	单块最大值	平均值	单块最大值	平均值	单块最大值	平均值	单块最大值
黏土砖	18	20	0.85	0.87	19	20	0.88	0.90
粉煤灰砖①	21	23			23	25		
页岩砖 煤矸石砖	16	18	0.74	0.77	18	20	0.78	0.80

注：来自《烧结普通砖》(GB 5101—2003)。
①粉煤灰掺入量（体积比）小于 30%时，按黏土砖规定判定。

5）抽样数量按表 1-5 进行。

表 1-5　　块

序号	检验项目	抽样数量	序号	检验项目	抽样数量
1	外观质量	50 ($n_1=n_2=50$)	5	石灰爆裂	5
2	尺寸偏差	20	6	吸水率和饱和系数	5
3	强度等级	10	7	冻融	5
4	泛霜	5	8	放射性	4

注：来自《烧结普通砖》(GB 5101—2003)。

1.1.2　烧结空心砖和空心砌块

1）尺寸允许偏差应符合表 1-6 的规定。

表 1-6　　mm

尺　寸	优等品		一等品		合格品	
	样本平均偏差	样本极差≤	样本平均偏差	样本极差≤	样本平均偏差	样本极差≤
>300	±2.5	6.0	±3.0	7.0	±3.5	8.0
>200～300	±2.0	5.0	±2.5	6.0	±3.0	7.0
100～200	±1.5	4.0	±2.0	5.0	±2.5	6.0
<100	±1.5	3.0	±1.7	4.0	±2.0	5.0

注：来自《烧结空心砖和空心砌块》(GB 13545—2003)。

2）外观质量应符合表 1-7 的规定。

表 1-7 mm

项目		优等品	一等品	合格品
弯曲 ≤		3	4	5
缺棱掉角的三个破坏尺寸 不得同时大于		15	30	40
垂直度差 ≤		3	4	5
未贯穿裂纹长度 ≤	大面上宽度方向及其延伸至条面的长度	不允许	100	120
	大面上长度方向或条面上水平面方向的长度	不允许	120	140
贯穿裂纹长度 ≤	大面上宽度方向及其延伸至条面的长度	不允许	40	60
	壁、肋沿长度方向、宽度方向及其水平方向的长度	不允许	40	60
肋、壁内残缺长度≤		不允许	40	60
完整面① 不少于		一条面和一大面	一条面和一大面	—

注：来自《烧结空心砖和空心砌块》（GB 13545—2003）。

①凡有下列缺陷之一者，不得称为完整面。

a. 缺损在大面、条面上造成的破坏面尺寸同时大于 20mm×30mm。

b. 大面、条面上裂纹宽度大于 1mm，其长度超过 70mm。

c. 压陷、粘底、焦花在大面、条面上的凹陷或凸出超过 2mm，区域尺寸同时大于 20mm×30mm。

3）强度等级见表 1-8。

表 1-8 MPa

强度等级	抗压强度平均值 $\overline{f}$≥	变异系数 $\delta \leqslant 0.21$	变异系数 $\delta > 0.21$
		强度标准值 f_k≥	单块最小抗压强度值 f_{min}≥
MU10.0	10.0	7.0	8.0
MU7.5	7.5	5.0	5.8
MU5.0	5.0	3.5	4.0
MU3.5	3.5	2.5	2.8
MU2.5	2.5	1.6	1.8

注：来自《烧结空心砖和空心砌块》（GB 13545—2003）。

4）密度等级应符合表 1-9 的规定。

表 1-9 kg/m³

密度等级	5 块密度平均值	密度等级	5 块密度平均值
800	≤800	1000	901～1000
900	801～900	1100	1001～1100

注：来自《烧结空心砖和空心砌块》（GB 13545—2003）。

5）孔洞率和孔洞排数应符合表 1-10 的规定。

表 1-10

等　级	孔洞排列	孔洞排数，排		孔洞率，%
		宽度方向	高度方向	
优等品	有序交错排列	$b \geqslant 200mm \geqslant 7$ $b < 200mm \geqslant 5$	≥2	≥40
一等品	有序排列	$b \geqslant 200mm \geqslant 5$ $b < 200mm \geqslant 4$	≥2	
合格品	有序排列	≥3	—	

注：1. b 为宽度的尺寸。

2. 来自《烧结空心砖和空心砌块》(GB 13545—2003)。

6）每组砖和砌块的吸水率平均值应符合表 1-11 的规定。

表 1-11　　%

等　级	吸水率≤	
	黏土砖和砌块、页岩砖和砌块、煤矸石砖和砌块	粉煤灰砖和砌块①
优等品	16.0	20.0
一等品	18.0	22.0
合格品	20.0	24.0

注：来自《烧结空心砖和空心砌块》(GB 13545—2003)。

①粉煤灰掺入量（体积比）小于 30%时，按黏土砖和砌块规定判定。

7）抗风化性能应符合表 1-12 的规定。

表 1-12

分　类	饱和系数≤			
	严重风化区		非严重风化区	
	平均值	单块最大值	平均值	单块最大值
黏土砖 粉煤灰砖	0.85	0.87	0.88	0.90
页岩砖 煤矸石砖	0.74	0.77	0.78	0.80

注：来自《烧结空心砖和空心砌块》(GB 13545—2003)。

8）抽样数量见表 1-13。

表 1-13　　块

序　号	检验项目	抽样数量	序　号	检验项目	抽样数量
1	外观质量	50（$n_1=n_2=50$）	6	泛霜	5
2	尺寸偏差	20	7	石灰爆裂	5
3	强度	10	8	吸水率和饱和系数	5
4	密度	5	9	冻融	5
5	孔洞排列及其结构	5	10	放射性物质	3

注：来自《烧结空心砖和空心砌块》(GB 13545—2003)。

1.1.3 烧结多孔砖

1）孔洞尺寸应符合表1-14的规定。

表1-14 mm

圆孔直径	非圆孔内切圆直径	手抓孔
≤22	≤15	（30～40）×（75～85）

注：来自《烧结多孔砖》（GB 13544—2000）。

2）尺寸允许偏差应符合表1-15的规定。

表1-15 mm

尺寸	优等品		一等品		合格品	
	样本平均偏差	样本极差≤	样本平均偏差	样本极差≤	样本平均偏差	样本极差≤
290、240	±2.0	6	±2.5	7	±3.0	8
190、180、175、140、115	±1.5	5	±2.0	6	±2.5	7
90	±1.5	4	±1.7	5	±2.0	6

注：来自《烧结多孔砖》（GB 13544—2000）。

3）外观质量应符合表1-16。

表1-16 mm

项目			优等品	一等品	合格品
颜色（一条面和一顶面）			一致	基本一致	—
完整面		不得少于	一条面和一顶面	一条面和一顶面	—
缺棱掉角的三个破坏尺寸		不得同时大于	15	20	30
裂纹长度 ≤	大面上深入孔壁15mm以上宽度方向及其延伸到条面的长度		60	80	100
	大面上深入孔壁15mm以上长度方向及其延伸到顶面的长度		60	100	120
	条顶面上的水平裂纹		80	100	120
杂质在砖面上造成的凸出高度		≤	3	4	5

注：1. 为装饰而施加的色差，凹凸纹、拉毛、压花等不算缺陷。

2. 凡有下列缺陷之一者，不能称为完整面：

1）缺损在条面或顶面上造成的破坏面尺寸同时大于20mm×30mm。

2）条面或顶面上裂纹宽度大于1mm，其长度超过70mm。

3）压陷、焦花、粘底在条面或顶面上的凹陷或凸出超过2mm，区域尺寸同时大于20mm×30mm。

3. 来自《烧结多孔砖》（GB 13544—2000）。

4）强度等级见表1-17。

表1-17 MPa

强度等级	抗压强度平均值 $\bar{f}$≥	变异系数 δ≤0.21	变异系数 δ>0.21
		强度标准值 f_k≥	单块最小抗压强度值 f_{min}≥
MU30	30.0	22.0	25.0
MU25	25.0	18.0	22.0

续表

强度等级	抗压强度平均值 $\bar{f}\geqslant$	变异系数 $\delta\leqslant0.21$	变异系数 $\delta>0.21$
		强度标准值 $f_k\geqslant$	单块最小抗压强度值 $f_{min}\geqslant$
MU20	20.0	14.0	16.0
MU15	15.0	10.0	12.0
MU10	10.0	6.5	7.5

注：来自《烧结多孔砖》（GB 13544—2000）。

5）孔型孔洞率及孔洞排列见表 1-18。

表 1-18

产品等级	孔型	孔洞率，%≥	孔洞排列
优等品	矩形条孔或矩形孔	25	交错排列，有序
一等品			
合格品	矩形孔或其他孔形		—

注：1. 所有孔宽 b 应相等，孔长 $L\leqslant50$mm。

2. 孔洞排列上下、左右应对称，分布均匀，手抓孔的长度方向尺寸必须平行于砖的条面。

3. 矩形孔的孔长 L、孔宽 b 满足式 $L\geqslant3b$ 时，为矩形条孔。

4. 来自《烧结多孔砖》（GB 13544—2000）。

6）抗风化性能应符合表 1-19 的规定。

表 1-19

分 类	严重风化区				非严重风化区			
	5h 煮沸吸水率%≤		饱和系数≤		5h 煮沸吸水率%≤		饱和系数≤	
	平均值	单块最大值	平均值	单块最大值	平均值	单块最大值	平均值	单块最大值
黏土砖	21	23	0.85	0.87	23	25	0.88	0.90
粉煤灰砖	23	25			30	32		
页岩砖	16	18	0.74	0.77	18	20	0.78	0.80
煤矸石砖	19	21			21	23		

注：来自《烧结多孔砖》（GB 13544—2000）。

7）抽样数量见表 1-20。

表 1-20 块

序号	检验项目	抽样数量	序号	检验项目	抽样数量
1	外观质量	50（$n_1=n_2=50$）	5	泛霜	5
2	尺寸偏差	20	6	石灰爆裂	5
3	强度等级	10	7	吸水率和饱和系数	5
4	孔型孔洞率及孔洞排列	5	8	冻融	5

注：来自《烧结多孔砖》（GB 13544—2000）。

1.1.4 粉煤灰砖

1）尺寸允许偏差和外观质量应符合表 1-21 的规定。

表 1-21　　mm

项目			指标		
			优等品（A）	一等品（B）	合格品（C）
尺寸允许偏差	长		±2	±3	±4
	宽		±2	±3	±4
	高		±1	±2	±3
对应高度差		≤	1	2	3
缺棱掉角的最小破坏尺寸		≤	10	15	20
完整面		不少于	二条面和一顶面或二顶面和一条面	一条面和一顶面	一条面和一顶面
裂纹长度 ≤	大面上宽度方向的裂纹（包括延伸到条面上的长度）		30	50	70
	其他裂纹		50	70	100
层裂			不允许		

注：1. 在条面或顶面上破坏面的两个尺寸同时大于 10mm 和 20mm 者为非完整面。
　　2. 来自《粉煤灰砖》(JC 239—2001)。

2）强度指标见表 1-22。

表 1-22　　MPa

强度等级	抗压强度		抗折强度	
	10 块平均值≥	单块值≥	10 块平均值≥	单块值≥
MU30	30.0	24.0	6.2	5.0
MU25	25.0	20.0	5.0	4.0
MU20	20.0	16.0	4.0	3.2
MU15	15.0	12.0	3.3	2.6
MU10	10.0	8.0	2.5	2.0

注：来自《粉煤灰砖》(JC 239—2001)。

3）抗冻性及用途见表 1-23。

表 1-23

强度等级	冻后抗压强度，MPa 平均值≥	砖的干质量损失，% 单块值≤	用途
MU30	24.0	2.0	可用于工业与民用建筑的墙体和基础，但用于基础或用于易受冻融和干湿交替作业的建筑部位必须使用 MU15 及以上强度等级的砖 不得用于长期受热（200℃以上）、受急冷急热和有酸性介质侵蚀的建筑部位
MU25	20.0		
MU20	16.0		
MU15	12.0		
MU10	8.0		

注：来自《粉煤灰砖》(JC 239—2001)。

4）抽样数量按表 1-24 进行。

表 1-24

检验项目	抽样数量，块	检验项目	抽样数量，块
尺寸偏差和外观质量	100（$n_1=n_2=50$）	抗冻性	10
色差	36	干燥收缩	3
强度等级	10	碳化性能	15

注：来自《粉煤灰砖》（JC 239—2001）。

1.1.5 蒸压灰砂砖

1. 蒸压灰砂砖

1）尺寸允许偏差和外观质量应符合表 1-25 的规定。

表 1-25

项目			指标		
			优等品	一等品	合格品
尺寸允许偏差 mm	长度	L	±2	±2	±3
	宽度	B	±2		
	高度	H	±1		
缺棱掉角	个数，个	不多于	1	1	2
	最大尺寸，mm	不得大于	10	15	20
	最小尺寸，mm	不得大于	5	10	10
对应高度差，mm		不得大于	1	2	3
裂纹	条数，条	不多于	1	1	2
	大面上宽度方向及其延伸到条面的长度，mm	不得大于	20	50	70
	大面上长度方向及其延伸到顶面上的长度或条、顶面水平裂纹的长度，mm	不得大于	30	70	100

注：来自《蒸压灰砂砖》（GB 11945—1999）。

2）抗压强度和抗折强度应符合表 1-26 的规定。

表 1-26 MPa

强度等级	抗压强度		抗折强度	
	平均值≥	单块值≥	平均值≥	单块值≥
MU25	25.0	20.0	5.0	4.0
MU20	20.0	16.0	4.0	3.2
MU15	15.0	12.0	3.3	2.6
MU10	10.0	8.0	2.5	2.0

注：1. 优等品的强度等级不得小于 MU15。

2. 来自《蒸压灰砂砖》（GB 11945—1999）。

3）抗冻性应符合表 1-27 的规定。

表 1-27

强度等级	冻后抗压强度，MPa 平均值≥	单块砖的干质量损失，% ≤	强度等级	冻后抗压强度，MPa 平均值≥	单块砖的干质量损失，% ≤
MU25	20.0	2.0	MU15	12.0	2.0
MU20	16.0	2.0	MU10	8.0	2.0

注：1. 优等品的强度等级不得小于 MU15。

2. 来自《蒸压灰砂砖》（GB 11945—1999）。

4）抽样数量按表 1-28 进行。

表 1-28

检验项目	抽样数量，块	检验项目	抽样数量，块
尺寸偏差和外观质量	50（$n_1=n_2=50$）	抗压强度	5
色差	36	抗冻性	5
抗折强度	5		

注：来自《蒸压灰砂砖》（GB 11945—1999）。

2. 蒸压灰砂空心砖

1）规格及公称尺寸见表 1-29。

表 1-29 mm

规格代号	公称尺寸		
	长	宽	高
NF	240	115	53
1.5NF	240	115	90
2NF	240	115	115
3NF	240	115	175

注：1. 对于不符合本表尺寸的砖，不得用规格代号来表示，而用长×宽×高的尺寸来表示。

2. 来自《蒸压灰砂空心砖》（JC/T 637—1996）。

2）尺寸允许偏差、外观质量和孔洞率应符合表 1-30 的规定。

表 1-30

序号	项目			指标		
				优等品	一等品	合格品
1	尺寸允许偏差	长度，mm	≤	±2	±2	±3
		宽度，mm	≤	±1		
		高度，mm	≤	±1		
2	对应高度差，mm		≤	±1	±2	±3
3	孔洞率，%		≥	15		
4	外壁厚度，mm		≥	10		
5	肋厚度		≥	7		
6	尺寸缺棱掉角最小尺寸，mm		≤	15	20	25
7	完整面		不少于	1 条面和 1 顶面	1 条面或 1 顶面	1 条面或 1 顶面

续表

序号	项目		指标		
			优等品	一等品	合格品
8	裂纹长度，mm ≤	条面上高度方向及其延伸到大面的长度	30	50	70
		条面上长度方向及其延伸到顶面上的水平裂纹长度	50	70	100

注：1. 凡有以下缺陷者，均为非完整面：

1）缺棱尺寸或掉角的最小尺寸大于 8mm。

2）灰球、黏土团、草根等杂物造成破坏面尺寸大于 10mm×20mm。

3）有气泡、麻面、龟裂等缺陷造成的凹陷与凸起分别超过 2mm。

2. 来自《蒸压灰砂空心砖》(JC/T 637—1996)。

3）抗压强度应符合表 1-31 的规定。优等品的强度等级应不低于 15 级，一等品的强度等级应不低于 10 级。

表 1-31

MPa

强度等级	抗压强度		强度等级	抗压强度	
	5 块平均值≥	单块值≥		5 块平均值≥	单块值≥
25	25.0	20.0	10	10.0	8.0
20	20.0	16.0	7.5	7.5	6.0
15	15.0	12.0			

注：来自《蒸压灰砂空心砖》(JC/T 637—1996)。

4）抗冻性应符合表 1-32 的规定。

表 1-32

强度等级	冻后抗压强度，MPa 平均值≥	单块砖的干质量损失，% ≤	强度等级	冻后抗压强度，MPa 平均值≥	单块砖的干质量损失，% ≤
25	20.0	2.0	10	8.0	2.0
20	16.0		7.5	6.0	
15	12.0				

注：来自《蒸压灰砂空心砖》(JC/T 637—1996)。

1.2 砌块

1.2.1 蒸压加气混凝土砌块

1）规格尺寸见表 1-33。

表 1-33

mm

长度 L	宽度 B	高度 H
600	100 120 125 150 180 200 240 250 300	200 240 250 300

注：1. 如需要其他规格，可由供需双方协商解决。

2. 来自《蒸压加气混凝土砌块》(GB 11968—2006)。

2）尺寸允许偏差和外观质量应符合表 1-34 的规定。

表 1-34

项目			指标	
			优等品（A）	合格品（B）
尺寸允许偏差，mm	长度	L	±3	±4
	宽度	B	±1	±2
	高度	H	±1	±2
缺棱掉角	最小尺寸不得大于，mm		0	30
	最大尺寸不得大于，mm		0	70
	大于以上尺寸的缺棱掉角个数，不多于，个		0	2
裂纹长度	贯穿一棱二面的裂纹长度不得大于裂纹所在面的裂纹方向尺寸总和的		0	1/3
	任一面上的裂纹长度不得大于裂纹方向尺寸的		0	1/2
	大于以上尺寸的裂纹条数，不多于，条		0	2
爆裂、粘模和损坏深度不得大于，mm			10	30
平面弯曲			不允许	
表面疏松、层裂			不允许	
表面油污			不允许	

注：来自《蒸压加气混凝土砌块》（GB 11968—2006）。

3）砌块的立方体抗压强度应符合表 1-35 的规定。

表 1-35 MPa

强度级别	立方体抗压强度		强度级别	立方体抗压强度	
	平均值不小于	单组最小值不小于		平均值不小于	单组最小值不小于
A1.0	1.0	0.8	A5.0	5.0	4.0
A2.0	2.0	1.6	A7.5	7.5	6.0
A2.5	2.5	2.0	A10.0	10.0	8.0
A3.5	3.5	2.8			

注：来自《蒸压加气混凝土砌块》（GB 11968—2006）。

4）砌块的干密度见表 1-36。

表 1-36 kg/m³

干密度级别		B03	B04	B05	B06	B07	B08
干密度	优等品（A）≤	300	400	500	600	700	800
	合格品（B）≤	325	425	525	625	725	825

注：来自《蒸压加气混凝土砌块》（GB 11968—2006）。

5）砌块的强度级别见表 1-37。

表 1-37

干密度级别		B03	B04	B05	B06	B07	B08
强度级别	优等品（A）	A1.0	A2.0	A3.5	A5.0	A7.5	A10.0
	合格品（B）			A2.5	A3.5	A5.0	A7.5

注：来自《蒸压加气混凝土砌块》（GB 11968—2006）。

6）砌块的干燥收缩、抗冻性和导热系数见表 1-38。

表 1-38

干密度级别				B03	B04	B05	B06	B07	B08
干燥收缩值①	标准法，mm/m		⩽	0.50					
	快速法，mm/m		⩽	0.80					
抗冻性	质量损失，%		⩽	5.0					
	冻后强度，MPa⩾	优等品（A）		0.8	1.6	2.8	4.0	6.0	8.0
		合格品（B）				2.0	2.8	4.0	6.0
导热系数（干态），[W/（m·K）]			⩽	0.10	0.12	0.14	0.16	0.18	0.20

注：来自《蒸压加气混凝土砌块》（GB 11968—2006）。

①规定采用标准法、快速法测定砌块干燥收缩值，若测定结果发生矛盾时，则以标准法测定的结果为准。

1.2.2 轻集料混凝土小型空心砌块

1）尺寸允许偏差应符合表 1-39 要求。

表 1-39 mm

项目名称	一等品	合格品	项目名称	一等品	合格品
长度	±2	±3	高度	±2	±3
宽度	±2	±3			

注：1. 承重砌块最小外壁厚不应小于 30mm，肋厚不应小于 25mm。

2. 保温砌块最小外壁厚和肋厚不宜小于 20mm。

3. 来自《轻集料混凝土小型空心砌块》（GB/T 15229—2002）。

2）外观质量应符合表 1-40 要求。

表 1-40

项 目 名 称		一等品	合格品
缺棱掉角，个	不多于	0	2
3 个方向投影的最小尺寸，mm	不大于	0	30
裂缝延伸投影的累计尺寸，mm	不大于	0	30

注：来自《轻集料混凝土小型空心砌块》（GB/T 15229—2002）。

3）密度等级应符合表 1-41 要求。

表 1-41 kg/m^3

密度等级	砌块干燥表观密度的范围	密度等级	砌块干燥表观密度的范围
500	⩽500	900	810～900
600	510～600	1000	910～1000
700	610～700	1200	1010～1200
800	710～800	1400	1210～1400

注：来自《轻集料混凝土小型空心砌块》（GB/T 15229—2002）。

4）强度等级符合表 1-42 要求者为一等品；密度等级范围不满足要求者为合格品。

表 1-42 MPa

强度等级	砌块抗压强度		密度等级范围
	平均值	最小值	
1.5	≥1.5	1.2	≤600
2.5	≥2.5	2.0	≤800
3.5	≥3.5	2.8	≤1200
5.0	≥5.0	4.0	
7.5	≥7.5	6.0	≤1400
10.0	≥10.0	8.0	

注：来自《轻集料混凝土小型空心砌块》(GB/T 15229—2002)。

5）干缩率和相对含水率应符合表 1-43 的要求。

表 1-43

干缩率，%	相对含水率，%		
	潮湿	中等	干燥
<0.03	45	40	35
0.03～0.045	40	35	30
>0.045～0.065	35	30	25

注：1. 相对含水率即砌块出厂含水率与吸水率之比：

$$W=\frac{w_1}{w_2}\times 100$$

式中 W——砌块的相对含水率，%；

w_1——砌块出厂时的含水率，%；

w_2——砌块的吸水率，%。

2. 使用地区的潮湿条件：

潮湿——系指年平均相对湿度大于 75%的地区。

中等——系指年平均相对湿度 50%～75%的地区。

干燥——系指年平均相对湿度小于 50%的地区。

3. 来自《轻集料混凝土小型空心砌块》(GB/T 15229—2002)。

6）抗冻性应符合表 1-44 的要求。

表 1-44

使用条件	抗冻等级	质量损失，%	强度损失，%
非采暖地区	F15	≤5	≤25
采暖地区： 相对湿度≤60% 相对湿度>60%	 F25 F35		
水位变化、干湿循环或粉煤灰掺量≥取代水泥量 50%时	≥F50		

注：1. 非采暖地区指最冷月份平均气温高于－5℃的地区；采暖地区系指最冷月份平均气温低于或等于－5℃的地区。

2. 抗冻性合格的砌块的外观质量也应符合表 1-40 的要求。

3. 来自《轻集料混凝土小型空心砌块》(GB/T 15229—2002)。

1.2.3 粉煤灰混凝土小型空心砌块

1）尺寸允许偏差和外观质量应符合表1-45的要求。

表1-45

项目		指标
尺寸允许偏差，mm	长度	±2
	宽度	±2
	高度	±2
最小外壁厚，不小于，mm	用于承重墙体	30
	用于非承重墙体	20
肋厚，不小于，mm	用于承重墙体	25
	用于非承重墙体	15
缺棱掉角	个数，不多于，个	2
	3个方向投影的最小值，不大于，mm	20
裂缝延伸投影的累计尺寸，不大于，mm		20
弯曲，不大于，mm		2

注：来自《粉煤灰混凝土小型空心砌块》（JC/T 862—2008）。

2）密度等级应符合表1-46的规定。

表1-46 kg/m^3

密度等级	砌块块体密度的范围	密度等级	砌块块体密度的范围
600	≤600	1000	910～1000
700	610～700	1200	1010～1200
800	710～800	1400	1210～1400
900	810～900		

注：来自《粉煤灰混凝土小型空心砌块》（JC/T 862—2008）。

3）强度等级应符合表1-47的要求。

表1-47 MPa

强度等级	砌块抗压强度		强度等级	砌块抗压强度	
	平均值不小于	单块最小值不小于		平均值不小于	单块最小值不小于
MU3.5	3.5	2.8	MU10	10.0	8.0
MU5	5.0	4.0	MU15	15.0	12.0
MU7.5	7.5	6.0	MU20	20.0	16.0

注：来自《粉煤灰混凝土小型空心砌块》（JC/T 862—2008）。

4）相对含水率应符合表1-48的规定。

表1-48 %

使用地区	潮湿	中等	干燥
相对含水率不大于	40	35	30

注：1. 相对含水率即砌块含水率与吸水率之比：

$$W = 100 \times \frac{w_1}{w_2}$$

式中 W——砌块的相对含水率，单位为百分比，%；

w_1——砌块的含水率，单位为百分比，%；

w_2——砌块的吸水率，单位为百分比，%。

2. 使用地区的湿度条件：

潮湿——系指年平均相对湿度大于75%的地区。

中等——系指年平均相对湿度50%～75%的地区。

干燥——系指年平均相对湿度小于50%的地区。

来自《粉煤灰混凝土小型空心砌块》（JC/T 862—2008）。

5）抗冻性应符合表 1-49 的要求。

表 1-49

%

使用条件	抗冻指标	质量损失率	强度损失率
夏热冬暖地区	F15	≤5	≤25
夏热冬冷地区	F25		
寒冷地区	F35		
严寒地区	F50		

注：来自《粉煤灰混凝土小型空心砌块》（JC/T 862—2008）。

1.2.4 石膏砌块

1）砌块表面应平整、棱边平直，外观质量应符合表 1-50 的规定。

表 1-50

项　目	指　标
缺角	同一砌块不得多于 1 处，缺角尺寸应小于 30mm×30mm
板面裂纹	非贯穿裂纹不得多于 1 条，裂纹长度小于 30mm，宽度小于 1mm
油污	不允许
气孔	直径 5～10mm，不多于 2 处；＞10mm，不允许

注：来自《石膏砌块》（JC/T 698—1998）。

2）石膏砌块的尺寸偏差应符合表 1-51 的规定。

表 1-51

mm

项　目	规　格	尺 寸 偏 差
长度	666	±3
高度	500	±2
厚度	60、80、90、100、110、120	±1.5

注：来自《石膏砌块》（JC/T 698—1998）。

1.3 板材

1.3.1 纤维水泥平板

1. 无石棉纤维水泥平板

1）平板的规格尺寸应符合表 1-52 的规定。

表 1-52

mm

项　目	公 称 尺 寸	项　目	公 称 尺 寸
长度	600～3600	厚度	3～30
宽度	600～1250		

注：1. 上述产品规格仅规定了范围，实际产品规格可在此范围内按建筑模数的要求进行选择。

2. 根据用户需要，可按供需双方合同要求生产其他规格的产品。

3. 来自《纤维水泥平板　第 1 部分：无石棉纤维水泥平板》（JC/T 412.1—2006）。

2）平板的形状与尺寸偏差应符合表1-53的规定。

表 1-53

项目		形状与尺寸偏差
长度，mm	<1200	±3
	1200～2440	±5
	>2440	±8
宽度，mm	≤1200	±3
	>1200	±5
厚度，mm	<8	±0.5
	8～20	±0.8
	>20	±1.0
厚度不均匀度，%		≤6
边缘直线度，mm	<1200	≤2
	≥1200	≤3
边缘垂直度，mm/m		≤3
对角线差，mm		≤5

注：来自《纤维水泥平板　第1部分：无石棉纤维水泥平板》(JC/T 412.1—2006)。

3）平板的物理性能应符合表1-54的规定。

表 1-54

类别	密度 D，g/cm³	吸水率，%	含水率，%	不透水性	湿胀率，%	不燃性	抗冻性
低密度	0.8≤D≤1.1	—	≤12	24h检验后允许板反面出现湿痕，但不得出现水滴	压蒸养护制品≤0.25 蒸汽养护制品≤0.50	GB 8624—1997 不燃性A级	—
中密度	1.1<D≤1.4	≤40	—				—
高密度	1.4<D≤1.7	≤28	—				经25次冻融循环，不得出现破裂、分层

注：来自《纤维水泥平板　第1部分：无石棉纤维水泥平板》(JC/T 412.1—2006)。

4）平板的力学性能应符合表1-55的规定。

表 1-55

强度等级	抗折强度，MPa		强度等级	抗折强度，MPa	
	气干状态	饱水状态		气干状态	饱水状态
Ⅰ级	4	—	Ⅳ级	16	13
Ⅱ级	7	4	Ⅴ级	22	18
Ⅲ级	10	7			

注：1. 蒸汽养护制品试样龄期不小于7d。
2. 蒸压养护制品试样龄期为出釜后不小于1d。
3. 抗折强度为试件纵、横向抗折强度的算术平均值。
4. 气干状态是指试件应存放在温度不低于5℃、相对湿度（60±10）%的试验室中，当板的厚度≤20mm时，最少存放3d，而当板厚度>20mm时，最少存放7d。
5. 饱水状态是指试样在5℃以上水中浸泡，当板的厚度≤20mm时，最少浸泡24h，而当板的厚度>20mm时，最少浸泡48h。
6. 表中列出的抗折强度指标为力学性能评定时的标准低限值（L）。
7. 来自《纤维水泥平板　第1部分：无石棉纤维水泥平板》(JC/T 412.1—2006)。

5）物理性能检验样品按表 1-56 规定抽样。

表 1-56

类别	密度	吸水率	含水率	不透水性	湿胀率	抗冻性	不燃性
必检样品数	2张						按 GB/T 5464—1999 规定抽样
复检样品数	4张						

注：来自《纤维水泥平板　第 1 部分：无石棉纤维水泥平板》(JC/T 412.1—2006)。

2. 温石棉纤维水泥平板

1）平板的规格尺寸应符合表 1-57 的规定。

表 1-57　　mm

项　目	公称尺寸	项　目	公称尺寸
长度	595～3600	厚度	3～30
宽度	595～1250		

注：1. 上述产品规格仅规定了范围，实际产品规格可在此范围内按建筑模数的要求进行选择。

2. 根据用户需要，可按供需双方合同要求生产其他规格的产品。

3. 来自《纤维水泥平板　第 2 部分：温石棉纤维水泥平板》(JC/T 412.2—2006)。

2）石棉板的形状与尺寸偏差应符合表 1-58 的规定。

表 1-58

项　目		形状与尺寸偏差
长度，mm	<1200	±3
	1200～2440	±5
	>2440	±8
宽度，mm		±3
厚度，mm	<8	±0.3
	8～20	±0.4
	>20	±0.8
厚度不均匀度，%		≤6
边缘直线度，mm	<1200	≤2
	≥1200	≤3
边缘垂直度，mm/m		≤3
对角线差，mm		≤5

注：来自《纤维水泥平板　第 2 部分：温石棉纤维水泥平板》(JC/T 412.2—2006)。

3）平板的物理性能应符合表 1-59 的规定。

表 1-59

类别	密度 D，g/cm^3	吸水率，%	含水率，%	湿胀率，%	不透水性	不燃性	抗冻性
低密度	$0.9 \leqslant D \leqslant 1.2$	—	≤12	≤0.30	—	GB 8624—1997 不燃性 A 级	—
中密度	$1.2 < D \leqslant 1.5$	≤30	—	≤0.40	24h 检验后允许板反面出现湿痕，但不得出现水滴		—
高密度	$1.5 < D \leqslant 2.0$	≤25	—	≤0.50			经 25 次冻融循环，不得出现破裂、分层

注：来自《纤维水泥平板　第 2 部分：温石棉纤维水泥平板》(JC/T 412.2—2006)。

4）平板的力学性能应符合表1-60的规定。

表1-60

强度等级	抗折强度，MPa		抗冲击强度，kJ/m^2	抗冲击性
	气干状态	饱水状态	$e \leqslant 14$	$e > 14$
Ⅰ级	12	—	—	—
Ⅱ级	16	8	—	—
Ⅲ级	18	10	1.8	落球法试验冲击1次，板面无贯通裂纹
Ⅳ级	22	12	2.0	
Ⅴ级	26	15	2.2	

注：1. 蒸汽养护制品试样龄期不小于7d。

2. 蒸压养护制品试样龄期为出釜后不小于1d。

3. 抗折强度为试件纵、横向抗折强度的算术平均值。

4. 气干状态是指试件应存放在温度不低于5℃、相对湿度（60±10）%的试验室中，当板的厚度≤20mm时，最少应存放3d，而当板厚度＞20mm时，最少应存放7d。

5. 饱水状态是指试样在5℃以上水中浸泡，当板的厚度≤20mm时，最少浸泡24h，而当板的厚度＞20mm时，最少浸泡48h。

6. 表中列出的抗折强度、抗冲击强度指标为力学性能评定时的标准低限值（L）。

7. 来自《纤维水泥平板 第2部分：温石棉纤维水泥平板》（JC/T 412.2—2006）。

5）物理性能检验样品按表1-61规定抽样。

表1-61

类别	密度	吸水率	含水率	不透水性	湿胀率	抗冻性	不燃性
必检样品数	2张						按GB/T 5464—1999规定抽样
复检样品数	4张						

注：来自《纤维水泥平板 第2部分：温石棉纤维水泥平板》（JC/T 412.2—2006）。

3. 维纶纤维增强水泥平板

1）平板的规格尺寸应符合表1-62的规定。

表1-62 mm

项目	公称尺寸	项目	公称尺寸
长度	1800，2400，3000	厚度	4，5，6，8，10，12，15，20，25
宽度	900，1200		

注：1. 其他规格平板可由供需双方协商生产。

2. 来自《维纶纤维增强水泥平板》（JC/T 671—2008）。

2）平板的尺寸允许偏差应符合表1-63的规定。

表1-63 mm

项目		尺寸允许偏差
长度		±5
宽度		±5
厚度	e=4，5，6时	±0.5
	e=8，10，12，15，20，25时	±0.1e
厚度不均匀度，%		＜10

注：来自《维纶纤维增强水泥平板》（JC/T 671—2008）。

3）平板的物理力学性能应符合表 1-64 的规定。

表 1-64

项 目		A 型板	B 型板
密度，g/cm³		1.6～1.9	0.9～1.2
抗折强度，MPa	≥	13.0	8.0
抗冲击强度，kJ/m²	≥	2.5	2.7
吸水率，%	≤	20.0	—
含水率，%	≤	—	12.0
不透水性		经 24h 试验，允许板底面有洇纹，但不得出现水滴	—
抗冻性		经 25 次冻融循环，不得有分层等破坏现象	—
干缩率，%	≤	—	0.25
燃烧性		不燃	不燃

注：1. 试验时，试件的龄期不小于 7d。
2. 测定 B 型板的抗折强度、抗冲击强度时，采用气干状态的试件。
3. 来自《维纶纤维增强水泥平板》（JC/T 671—2008）。

1.3.2 纤维增强硅酸钙板

1. 无石棉硅酸钙板

1）硅钙板的规格尺寸应符合表 1-65 的规定。

表 1-65 mm

项 目	公称尺寸
长度	500～3600（500、600、900、1200、2400、2440、2980、3200、3600）
宽度	500～1250（500、600、900、1200、1220、1250）
厚度	4、5、6、8、9、10、12、14、16、18、20、25、30、35

注：1. 长度、宽度规定了范围，括号内尺寸为常用的规格，实际产品规格可在此范围内按建筑模数的要求进行选择。
2. 根据用户需要，可按供需双方合同要求生产其他规格的产品。
3. 来自《纤维增强硅酸钙板 第 1 部分：无石棉硅酸钙板》（JC/T 564.1—2008）。

2）外观质量应符合表 1-66 的规定。

表 1-66

项 目	质 量 要 求
正表面	不得有裂纹、分层、脱皮，砂光面不得有未砂部分
背面	砂光板未砂面积小于总面积的 5%
掉角	长度方向≤20mm，宽度方向≤10mm，且一张板≤1 个
掉边	掉边深度≤5mm

注：来自《纤维增强硅酸钙板 第 1 部分：无石棉硅酸钙板》（JC/T 564.1—2008）。

3）形状与尺寸偏差应符合表 1-67 的规定。

表 1-67

项目		形状与尺寸偏差
长度 L，mm	＜1200	±2
	1200～2440	±3
	＞2440	±5
宽度 H，mm	≤900	0 −3
	＞900	±3
厚度 e，mm	NS	±0.5
	LS	±0.4
	PS	±0.3
厚度不均匀度，%	NS	≤5
	LS	≤4
	PS	≤3
边缘直线度，mm		≤3
对角线差，mm	长度＜1200	≤3
	长度 1200～2440	≤5
	长度＞2440	≤8
平整度，mm	未砂面≤2；砂光面≤0.5	

注：来自《纤维增强硅酸钙板　第 1 部分：无石棉硅酸钙板》（JC/T 564.1—2008）。

4）物理性能应符合表 1-68 的规定。

表 1-68

类　别	D0.8	D1.1	D1.3	D1.5
密度，g/cm³	≤0.95	0.95＜D≤1.20	1.20＜D≤1.40	＞1.40
导热系数，W/（m·K）	≤0.20	≤0.25	≤0.30	≤0.35
含水率	≤10%			
湿胀率	≤0.25%			
热收缩率	≤0.50%			
不燃性	GB 8624—2006　A 级　不燃材料			
不透水性	—			24h 检验后允许板反面出现湿痕，但不得出现水滴
抗冻性	—			经 25 次冻融循环，不得出现破裂、分层

注：来自《纤维增强硅酸钙板　第 1 部分：无石棉硅酸钙板》（JC/T 564.1—2008）。

5）抗折强度应符合表 1-69 的规定。

表 1-69

强度等级	D0.8	D1.1	D1.3	D1.5	纵横强度比
Ⅱ级	5	6	8	9	≥58%
Ⅲ级	6	8	10	13	
Ⅳ级	8	10	12	16	
Ⅴ级	10	14	18	22	

注：1. 蒸压养护制品试样龄期为出压蒸釜后不小于 24h。
2. 抗折强度为试件干燥状态下测试的结果，以纵、横向抗折强度的算术平均值为检验结果；纵横强度比为同块试件纵向抗折强度与横向抗折强度之比。
3. 干燥状态是指试样在（105±5)℃干燥箱中烘干一定时间时的状态，当板的厚度≤20mm 时，烘干时间不低于 24h，而当板的厚度>20mm 时，烘干时间不低于 48h。
4. 来自《纤维增强硅酸钙板　第 1 部分：无石棉硅酸钙板》(JC/T 564.1—2008)。

2. 温石棉硅酸钙板

1）物理性能应符合表 1-70 的规定。

表 1-70

类　别	D0.8	D1.1	D1.3	D1.5
密度，g/cm³	≤0.95	0.95<D≤1.20	1.20<D≤1.40	>1.40
导热系数，W/（m·K）	≤0.20	≤0.25	≤0.30	≤0.35
含水率	≤10%			
湿胀率	≤0.25%			
热收缩率	≤0.50%			
不燃性	GB 8624—2006　A 级　不燃材料			
抗冲击性	—			落球法试验冲击 1 次，板面无贯通裂纹
不透水性	—			24h 检验后允许板反面出现湿痕，但不得出现水滴
抗冻性	—			经 25 次冻融循环，不得出现破裂、分层

注：来自《纤维增强硅酸钙板　第 2 部分：温石棉硅酸钙板》(JC/T 564.2—2008)。

2）抗折强度应符合表 1-71 的规定。

表 1-71

强度等级	D0.8	D1.1	D1.3	D1.5	纵横强度比
Ⅰ级	—	4	5	6	≥58%
Ⅱ级	5	6	8	9	
Ⅲ级	6	8	10	13	
Ⅳ级	8	10	12	16	
Ⅴ级	10	14	18	22	

注：1. 蒸压养护制品试样龄期为出压蒸釜后不小于 24h。
2. 抗折强度为试件干燥状态下测试的结果，以纵、横向抗折强度的算术平均值为检验结果；纵横强度比为同块试件纵向抗折强度与横向抗折强度之比。
3. 干燥状态是指试样在（105±5)℃干燥箱中烘干一定时间时的状态，当板的厚度≤20mm 时，烘干时间不低于 24h，而当板的厚度>20mm 时，烘干时间不低于 48h。
4. 来自《纤维增强硅酸钙板　第 2 部分：温石棉硅酸钙板》(JC/T 564.2—2008)。

1.3.3 蒸压加气混凝土板

1）蒸压加气混凝土板允许修补的外观缺陷（图 1-1）限值和外观质量要求应符合表 1-72的要求。

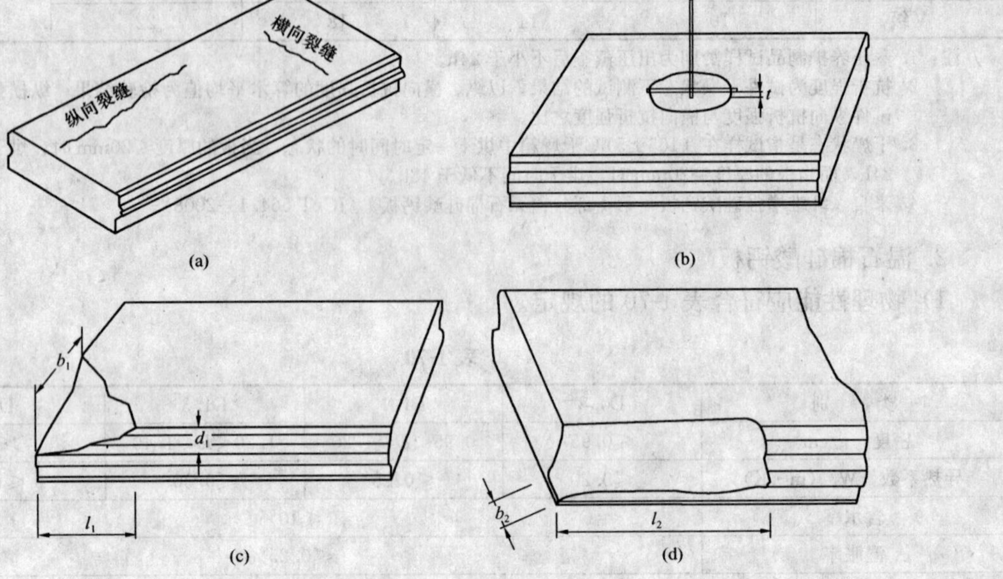

图 1-1

（a）横向裂缝和纵向裂缝示意；（b）大面凹陷或气泡示意；

（c）掉角示意；（d）侧面损伤或缺棱示意

表 1-72

项目		允许修补的缺陷限值	外观质量要求
大面上平行于板宽的裂缝（横向裂缝）		不允许修补	无
大面上平行于板长的裂缝（纵向裂缝）		宽度≤0.2mm，数量不大于 3 条，总长≤1/10L	无
大面凹陷		面积≤150cm²，深度 t≤10mm，数量不得多于 2 处	无
大气泡		直径≤20mm	无直径＞8mm、深＞3mm 的气泡
掉角	屋面板、楼板	每个端部的板宽方向不多于 1 处，其尺寸为 b_1≤100mm、d_1≤2/3D、l_1≤300mm	每块板≤1 处（b_1≤20mm、d_1≤20mm、l_1≤100mm）
	外墙板、隔墙板	每个端部的板宽方向不多于 1 处，在板宽方向尺寸 b_1≤150mm、板厚方向 d_1≤4/5D、板长方向的尺寸 l_1≤300mm	
侧面操作或缺棱		≤3m 的板不多于 2 处，＞3m 的板不多于 3 处；每处长度 l_2≤300mm，深度 b_2≤50mm	每侧一处（b_2≤10mm，l_2≤120mm）

注：1. 修补板材颜色、质感宜与蒸压加气混凝土一致，性能应匹配。

2. 若板材经修补，则外观质量为修补后的要求。

3. 来自《蒸压加气混凝土板》(GB 15762—2008)。

2）蒸压加气混凝土板的尺寸允许偏差应符合表 1-73 的规定。

表 1-73

mm

项 目	指 标		项 目	指 标	
	屋面板、楼板	外墙板、隔墙板		屋面板、楼板	外墙板、隔墙板
长度 L	±4		侧向弯曲	≤L/1000	
宽度 B	0 −4		对角线差	≤L/600	
			表面平整	≤5	≤3
厚度 D	±2				

注：来自《蒸压加气混凝土板》(GB 15762—2008)。

3）蒸压加气混凝土基本性能，包括干密度、抗压强度、干燥收缩值、抗冻性、导热系数，应符合表 1-74 的规定。

表 1-74

强 度 级 别		A2.5	A3.5	A5.0	A7.5
干密度级别		B04	B05	B06	B07
干密度，kg/m³		≤425	≤525	≤625	≤725
抗压强度，MPa	平均值	≥2.5	≥3.5	≥5.0	≥7.5
	单组最小值	≥2.0	≥2.8	≥4.0	≥6.0
干燥收缩值，mm/m	标准法	≤0.50			
	快速法	≤0.80			
抗冻性	质量损失（%）	≤5.0			
	冻后强度，MPa	≥2.0	≥2.8	≥4.0	≥6.0
导热系数（干态），W/（m·K）		≤0.12	≤0.14	≤0.16	≤0.18

注：来自《蒸压加气混凝土板》(GB 15762—2008)。

1.3.4 轻质条板

轻质条板见表 1-75。

表 1-75

品种	规 格	适当建筑档次	用 途
玻纤增强水泥条板	长度：一般为 2200～4000mm，常用 2400～3000mm。技术处理空间尺寸一般为 20mm 宽度：宜按 100mm 递增，常用 600mm 厚度：最小 60mm，宜按 10mm 递增，常用 60、90、120mm 空心条板孔洞的最小外壁厚度：不宜小于 15mm，孔间肋厚不宜小于 20mm	一般或中档	轻质条板为非承重内墙材料 玻纤增强水泥条板用于中档建筑时，应选用机械成型工艺生产；钢丝增强水泥条板、增强石膏空心条板不应用于长期处于潮湿环境或接触水的房间，如卫生间、厨房等；轻骨料混凝土条板用在卫生间或厨房时，墙面亦必须作防水处理
钢丝增强水泥条板		一般	
增强石膏空心条板		一般	
轻骨料混凝土条板		一般或中档	

注：执行标准：《轻隔墙条板质量检验评定标准》DBJ 01—29—2000。

2 屋 面 材 料

2.1 纤维水泥波瓦及其脊瓦

1）波瓦的形状见图 2-1、图 2-2、图 2-3，规格见表 2-1。

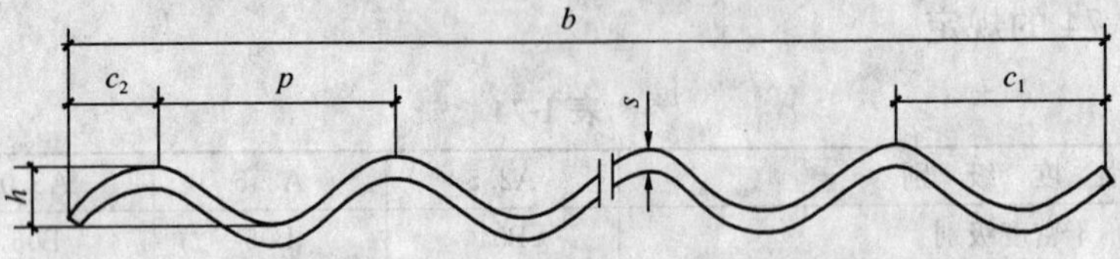

大波瓦

图 2-1

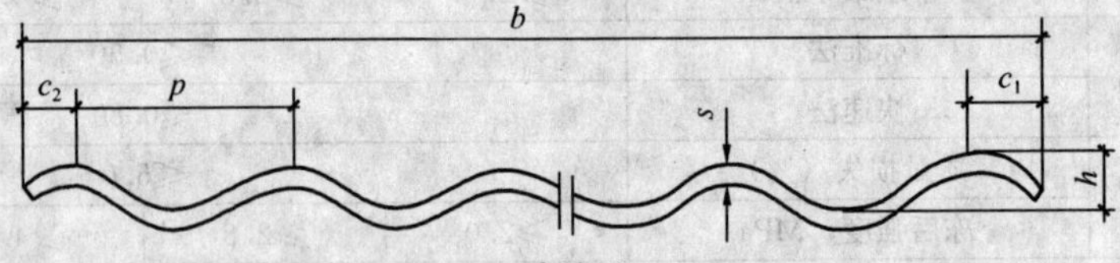

中波瓦

图 2-2

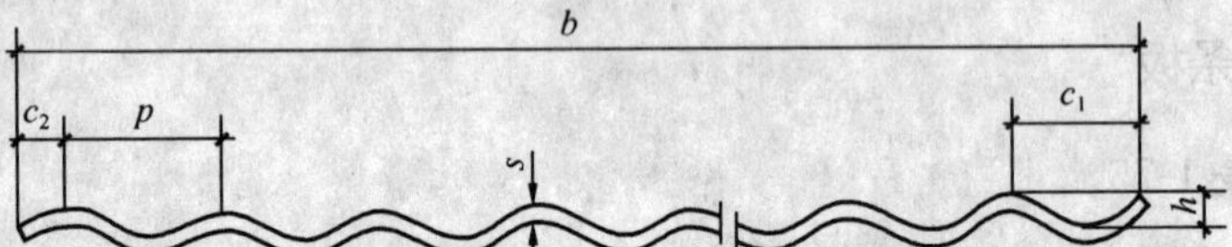

小波瓦

图 2-3

表 2-1

mm

类别	长度 l	宽度 b	厚度 s	波高 h	波距 p	边距 c_1	边距 c_2
大波瓦	2800	994	7.5 6.5	≥43	167	95	64
中波瓦	1800	745 1138	6.5 6.0 5.5	31～42	131	45	45

续表

类别	长度 l	宽度 b	厚度 s	波高 h	波距 p	边距	
						c_1	c_2
小波瓦	1800	720	6.0	16～30	64	58	27
			5.5				
			5.0				
	≤900		4.2	16～20			

注：1. 根据合同要求也可生产其他规格的波瓦。

2. 来自《纤维水泥波瓦及其脊瓦》（GB/T 9772—2009）。

2）脊瓦的形状见图 2-4，规格尺寸见表 2-2。

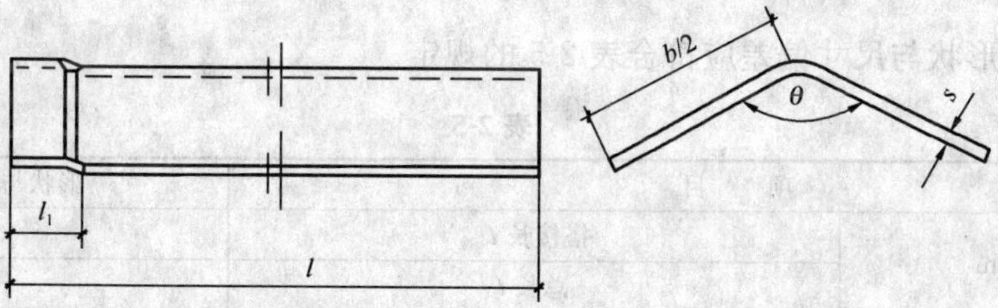

图 2-4

表 2-2

mm

长　度		宽度 b	厚度 s	角度 θ（°）
搭接长 l_1	总长 l			
70	850	460	6.0	125
		360	5.0	
60	700	260	4.2	

注：1. 根据合同要求也可生产其他规格的脊瓦。

2. 来自《纤维水泥波瓦及其脊瓦》（GB/T 9772—2009）。

3）波瓦外观质量应符合表 2-3 的规定。

表 2-3

项　目	大波瓦	中波瓦	小波瓦
掉角，mm	沿瓦长度方向≤100 沿瓦宽度方向≤50	沿瓦长度方向≤50 沿瓦宽度方向≤35	沿瓦长度方向≤50 沿瓦宽度方向≤20
掉边，mm	≤15	≤10	≤10
裂纹，mm	正表面：宽度≤1.0 单条长度≤75	正表面：宽度≤1.0 单条长度≤75	正表面：宽度≤1.0 单条长度≤75
断裂	不允许		
分层	不允许		

注：来自《纤维水泥波瓦及其脊瓦》（GB/T 9772—2009）。

4）波瓦的形状与尺寸偏差应符合表 2-4 的规定。

表 2-4

mm

项目		形状与尺寸偏差	项目		形状与尺寸偏差
长度		±10	波高	大波瓦	±3
宽度	大波瓦、中波瓦	±10		中波瓦、小波瓦	±2
	小波瓦	±5	波距	大波瓦、中波瓦	±3
厚度	7.5	±0.5		小波瓦	±2
	6.5	+0.5	边距	大波瓦、中波瓦	±5
	6.0	−0.3		小波瓦	±3
	5.5	+0.5	对角线差	大波瓦	≤10
	5.0	−0.2		中波瓦、小波瓦	≤5
	4.2	+0.5 −0			

注：来自《纤维水泥波瓦及其脊瓦》(GB/T 9772—2009)。

5）脊瓦的形状与尺寸偏差应符合表 2-5 的规定。

表 2-5

项目		形状与尺寸偏差
长度，mm	搭接长 l_1	±5
	总长 l	±10
厚度 s，mm	6.0	+0.5 −0.3
	5.0 4.2	+0.5 −0.2
宽度 b，mm		总宽±10
角度 θ (°)		±5

注：来自《纤维水泥波瓦及其脊瓦》(GB/T 9772—2009)。

6）波瓦及脊瓦的物理性能应符合表 2-6 的规定。

表 2-6

类别	吸水率，%	抗冲击性	不透水性	抗冻性
大波瓦	≤28	冲击 1 次后被击处背面不得出现裂纹、剥落	24h 检验后不得出现水滴，但允许反面出现湿痕	经 25 次冻融循环，不得出现分层
中波瓦	≤28			
小波瓦	≤28			
脊瓦	≤28	—	—	

注：来自《纤维水泥波瓦及其脊瓦》(GB/T 9772—2009)。

7）波瓦的力学性能应符合表 2-7 的规定。

表 2-7

等级	抗折力	大波瓦	中波瓦			小波瓦		
			6.5	6.0	5.5	6.0 5.5	4.0	4.0
Ⅰ	横向，N/m	3800	4200	3800	3500	2800	—	—
	纵向，N	470	350	330	320	350	—	—

续表

等级	抗折力	大波瓦	中波瓦			小波瓦		
			6.5	6.0	5.5	6.0 5.5	4.0	4.0
Ⅱ	横向，N/m	3300	3800	3400	3000	2700	2400	—
	纵向，N	450	320	310	300	340	310	—
Ⅲ	横向，N/m	2900	3600	3200	2800	2600	2300	2000
	纵向，N	430	310	300	290	330	300	260
Ⅳ	横向，N/m	—	3200	2800	2400	2300	2000	1800
	纵向，N	—	290	280	270	300	270	250
Ⅴ	横向，N/m	—	2800	2400	2000	2000	1800	1600
	纵向，N	—	270	260	250	270	250	240

注：1. 蒸气养护制品试验龄期不小于7d，自然养护试验龄期不小于28d。

2. 来自《纤维水泥波瓦及其脊瓦》(GB/T 9772—2009)。

2.2 玻璃纤维增强聚酯波纹板

1）产品代号见表2-8。

表 2-8

类型	成型方法		性能			截面形状		尺寸
	机制	手糊	普通型	透光型	阻燃型	正弦波	梯形波	
代号	J	S	CB	TB	F1，F2	z	t	波长—波高—公称厚度

注：来自《玻璃纤维增强聚酯波纹板》(GB/T 14206—2005)。

2）波纹板尺寸极限偏差见表2-9。

表 2-9

mm

类型	长度	宽度	厚度	波高	波长	上底	下底
正弦波极限偏差	+20 −5	+25 −5	+0.2 −0.1	+2 −2	+2 −2	—	—
梯形波极限偏差	+20 −5	+20 −5	+0.2 −0.1	+2 −2	+3 −2	+2 −2	+3 −3

注：来自《玻璃纤维增强聚酯波纹板》(GB/T 14206—2005)。

3）波纹板的树脂含量应不低于表2-10的规定。

表 2-10

类　型	树脂含量	类　型	树脂含量
J	60%	S	48%

注：来自《玻璃纤维增强聚酯波纹板》(GB/T 14206—2005)。

4）波纹板的允许挠度应符合表2-11的规定。

表 2-11 mm

公称厚度	允许挠度		公称厚度	允许挠度	
	J	S		J	S
0.5	50	32	1.2	24	16
0.7	40	28	1.5	22	14
0.8	36	24	1.6	18	12
0.9	34	22	2.0	15	10
1.0	30	20	2.5	12	8

注：来自《玻璃纤维增强聚酯波纹板》（GB/T 14206—2005）。

5）透光型波纹板可见光透光率应不低于表 2-12 的规定。

表 2-12

公称厚度，mm	普通透光型，%	阻燃透光型，%	公称厚度，mm	普通透光型，%	阻燃透光型，%
0.5	82	78	1.2	77	73
0.7			1.5	75	70
0.8	80	76	1.6		
0.9			2.0	64	60
1.0			2.5	60	55

注：来自《玻璃纤维增强聚酯波纹板》（GB/T 14206—2005）。

6）阻燃型波纹板氧指数应不低于表 2-13 的规定。

表 2-13

等　级	氧　指　数	等　级	氧　指　数
F1	30%	F2	26%

注：来自《玻璃纤维增强聚酯波纹板》（GB/T 14206—2005）。

2.3　农房用预应力混凝土矩形檩条

1）檩条按常用屋面习惯做法分为三个荷载级别，见表 2-14。

表 2-14 N/m²

荷载级别	Ⅰ	Ⅱ	Ⅲ
相应的最大永久荷载	700～1000	1100～1500	1600～1900

注：1. 相应的最大永久荷载不包括檩条自重。
2. 所谓常用屋面三种习惯做法：指冷摊机平瓦或机平瓦卧草泥（Ⅰ级），小青瓦卧草泥或其中再加望砖（Ⅱ级）以及其他组合做法（Ⅲ级）。
3. 来自《农房用预应力混凝土矩形檩条》（JC/T 629—1996）。

2）檩条外形见图 2-5，檩条截面尺寸及其相应的公称长度 L（檩条的实际长度 L 加上

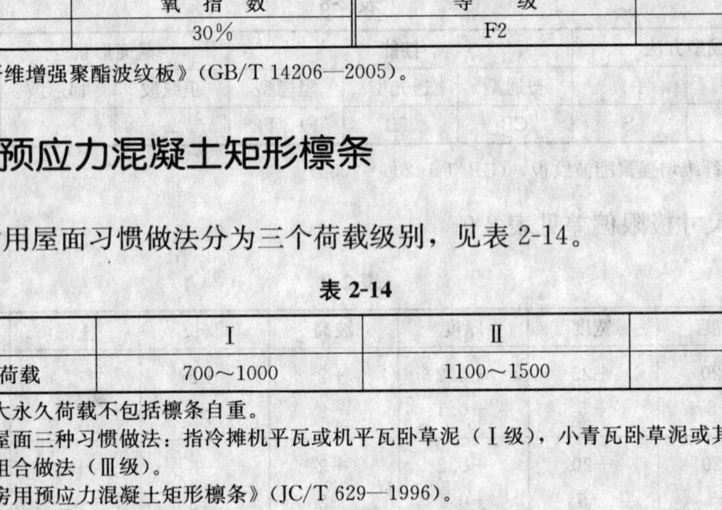

图 2-5

20mm）应符合表 2-15 的规定。

表 2-15

mm

截面 $b\times h$	级别	公称长度 L
60×120	Ⅰ	3000，3300，3400
60×140	Ⅰ	3000，3300，3400，3600，3800
60×140	Ⅱ	3000，3300
60×160	Ⅰ	3000，3300，3400，3600，3800，4000，4200，4500
	Ⅱ	3000，3300，3400，3600，3800，4000，4200
70×180	Ⅰ，Ⅱ	3000，3300，3400，3600，3800，4000，4200，4500，4700，4800，5000
	Ⅲ	3000，3300，3400，3600，3800
80×200	Ⅰ，Ⅱ	3400，3600，3800，4000，4200，4500，4700，4800，5000，6000
	Ⅲ	3400，3600，3800，4000，4200，4500
80×250	Ⅰ，Ⅱ，Ⅲ	3600，3800，4000，4200，4500，4700，4800，5000，6000
100×300	Ⅰ，Ⅱ，Ⅲ	4200，4500，4700，4800，5000，6000

注：来自《农房用预应力混凝土矩形檩条》（JC/T 629—1996）。

3）檩条的外观质量和尺寸允许偏差应符合表 2-16 的规定。

表 2-16

mm

类别	项次	项目		尺寸允许偏差	
				一等品（B）	合格品（C）
外观质量	1	露筋		不允许	不允许
	2	裂缝		不允许	不允许
	3	孔洞		不允许	不允许
外观质量	4	缺角掉边	数量	每件不超过 1 处	每件不超过 1 处
			长度	不允许	≤40
			宽度	不允许	≤20
	5	蜂窝麻面		不大于同一面面积的 1%	不大于同一面面积的 2%
尺寸	6	长度		+8 −4	+10 −5
	7	宽度		±4	±5
	8	高度		±4	±5
	9	主筋保护层厚度		±5	+10 −5
	10	侧向弯曲		≤L/1000	≤L/750
	11	表面平整度		2m 长度内不大于 5	2m 长度内不大于 7
	12	预应力筋中心位移		±2	±3
	13	预留孔中心位移		≤5	≤7
	14	端部垂直倾斜值		±5	±8

注：来自《农房用预应力混凝土矩形檩条》（JC/T 629—1996）。

4）承载力检验系数允许值［γ_u］按表 2-17 取用。

表 2-17

受力情况	达到承载力极限值的检验标志	[γ_u]
受弯	受拉主筋处的最大裂缝宽度达到 1.5mm 或挠度达到跨度的 1/50	1.45
	受压区混凝土破坏，此时受拉主筋处的最大裂缝宽度小于 1.5mm 且挠度小于跨度的 1/50	1.40
	受拉主筋拉断	1.50
受弯构件的受剪	腹部斜裂缝达到 1.5mm，或斜裂缝末端受压混凝土剪压破坏	1.35
	沿斜截面混凝土斜压，受拉主筋在端部滑脱或其他锚固破坏	1.50

注：来自《农房用预应力混凝土矩形檩条》(JC/T 629—1996)。

2.4 钢丝网石棉水泥中波瓦

1）产品的横断面形状如图 2-6 所示。其规格尺寸及允许公差应符合表 2-18 的规定。

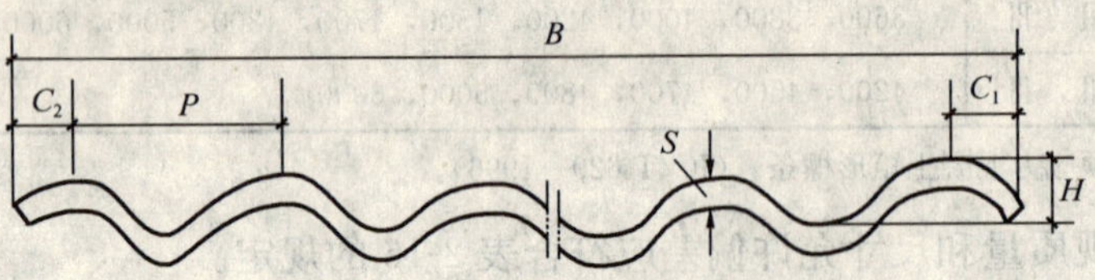

图 2-6

表 2-18 mm

规格尺寸及允许公差							参考重量 W，kg
长 L	宽 B	厚 S	波距 P	波高 H	波数 n，个	边距 C_1 C_2	
1800±10	745±10	8.5±0.5 7.5±0.5	131±3	≥31	5.7	45±5	24 22

注：1. 经供需双方协议，可生产其他规格的产品。

2. 来自《钢丝网石棉水泥中波瓦》JC/T 447—1991 (1996)。

2）一等品、合格品的外观质量应符合表 2-19 的规定。

表 2-19 mm

检验项目	一　等　品	合　格　品
掉角	沿瓦长度方向不得超过 50 沿瓦宽度方向不得超过 35	沿瓦长度方向不得超过 50 沿瓦宽度方向不得超过 35
	一张瓦不得多于 1 个	
掉边	宽度不得超过 10	宽度不得超过 15
裂纹	因成型而造成的表面裂纹不得超过下列之一	
	正表面：宽度 1.0 长度 75 背　面：宽度 1.5 长度 150	正表面：宽度 1.5 长度 100 背　面：宽度 2.0 长度 300
方正度	≤6	≤7

注：来自《钢丝网石棉水泥中波瓦》JC/T 447—1991 (1996)。

3）各级产品的物理力学性能应符合表 2-20 的规定。

表 2-20

检验项目			A 级	B 级
抗折力	横向，N/m	≥	2700	2000
	纵向，N	≥	450	370
吸水率，%		≤	25	26
抗冻性			经 25 次冻融循环后，试样不得有起层等破坏现象	
不透水性			试验后，试样背面允许有湿斑，但不得出现水滴	

注：1. 本表中 1500mm 中心距的横向抗折力相当于中心距 850mm 的抗折力：B 级为 3700N/m。

2. 来自《钢丝网石棉水泥中波瓦》JC/T 447—1991（1996）。

2.5 玻纤胎沥青瓦

1）沥青瓦的物理力学性能应符合表 2-21 的规定。

表 2-21

序号	项目			平瓦	叠瓦
1	可溶物含量，g/m^2		≥	1000	1800
2	拉力，N/50mm	≥	纵向	500	
			横向	400	
3	耐热度（90℃）			无流淌、滑动、滴落、气泡	
4	柔度① （10℃）			无裂纹	
5	撕裂强度，N		≥	9	
6	不透水性（0.1MPa，30min）			不透水	
7	耐钉子拔出性能，N		≥	75	
8	矿物料粘附性②，g		≤	1.0	
9	金属箔剥离强度③，N/mm		≥	0.2	
10	人工气候加速老化	外观		无气泡、渗油、裂纹	
		色差，ΔE	≤	3	
		柔度（10℃）		无裂纹	
11	抗风揭性能			通过	
12	自粘胶耐热度	50℃		发粘	
		75℃		滑动≤2mm	
13	叠层剥离强度，N		≥	—	20

注：来自《玻纤胎沥青瓦》（GB/T 20474—2006）。

①供需双方可以根据使用要求商定温度更低的柔度指标。

②仅适用于矿物粒（片）料沥青瓦。

③仅适用于金属箔沥青瓦。

2）试件尺寸和数量见表 2-22。

表 2-22

试 验 项 目	试件方向	尺寸，mm	数量，个
可溶物、填料、矿物粒料含量	—	100×100	3
拉力	纵向、横向	180×50	各 5
耐热度	横向	100×50	3
柔度	纵向	150×25	10
撕裂强度	纵向	76×63	10
不透水性	—	150×150	3
耐钉子拔出性能	—	100×100	10
矿物料粘附性	纵向	265×50	3
金属箔剥离强度	纵向	200×75	5
人工气候加速老化	纵向	150×25	6
叠层剥离强度	横向	120×75	5
自粘胶耐热度	横向	100×50	3

注：来自《玻纤胎沥青瓦》（GB/T 20474—2006）。

2.6 玻纤镁质胶凝材料波瓦及脊瓦

1）玻纤镁质胶凝材料中，小波瓦的横断面形状分别见图 2-7、图 2-8，规格尺寸及允许偏差应符合表 2-23 规定。

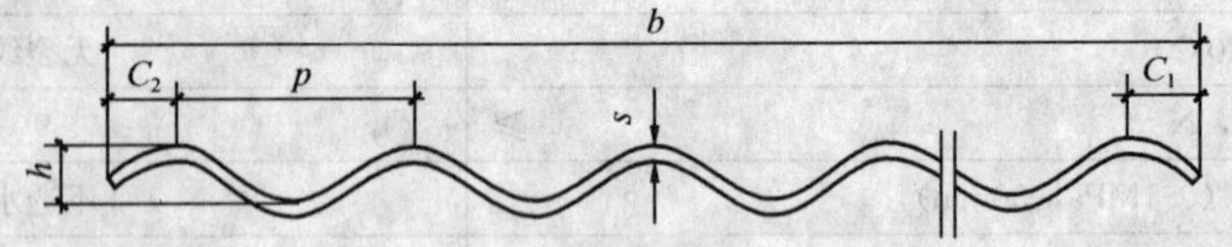

图 2-7

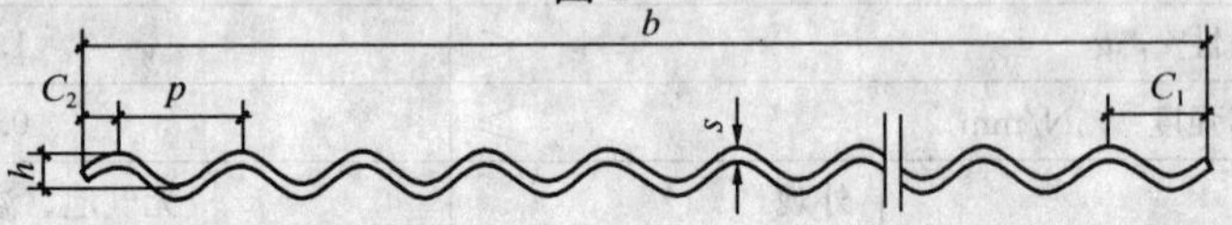

图 2-8

表 2-23 mm

品种	规格尺寸及允许偏差								参考质量，kg
	长 l	宽 b	厚 s	波距 p	波高 h	波数 n，个	边距		
							C_1	C_2	
中波瓦	1800±10	745±10	6.0±0.5	131±3	≥31	5.7	45±5	45±5	16
小波瓦	1800±10	720±5	5.0±0.5	63.5±2	≥16	11.5	58±3	27±3	15

注：来自《玻纤镁质胶凝材料波瓦及脊瓦》（JC/T 747—2002）。

玻纤镁质胶凝材料脊瓦的形状见图 2-9，规格尺寸及允许偏差应符合表 2-24 规定。

表 2-23、表 2-24 以外的其他规格玻纤镁质胶凝材料波瓦及脊瓦可由供需双方协商解决。

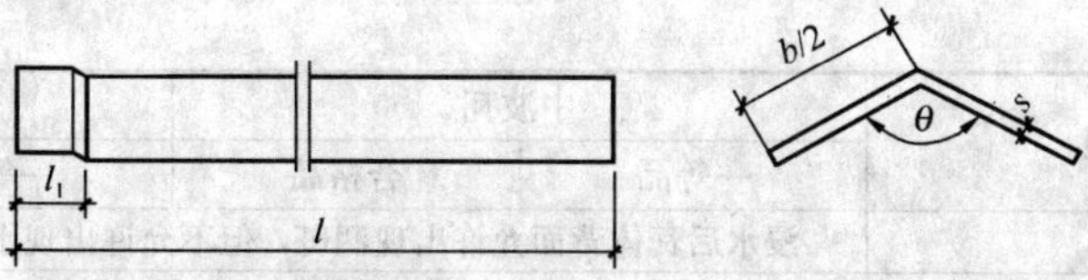

图 2-9

表 2-24　　mm

规格尺寸及允许偏差					参考质量，kg
长度		宽度 b	厚度 s	角度 θ (°)	
搭接长 l_1	总长 l				
70±10	850±10	(230×2) ±10 (180×2) ±10	6.0±0.5	125±5	4 3

注：来自《玻纤镁质胶凝材料波瓦及脊瓦》(JC/T 747—2002)。

2) 一等品外观缺陷允许范围应符合表 2-25 规定；合格品应符合表 2-26 规定。

表 2-25　　mm

项　目	允 许 范 围		
	中波瓦	小波瓦	脊瓦
掉角	沿瓦边长不得超过 40，宽度方向不得超过 20	沿瓦边长不得超过 30，宽度方向不得超过 15	沿瓦边长和宽度方向均不得超过 20
	一张瓦的掉角不得多于 1 个		
掉边	宽不得超过 10	宽不得超过 10	不允许
方正度	≤6		—
端部厚度	不得超过实测瓦厚的 25%		—

注：来自《玻纤镁质胶凝材料波瓦及脊瓦》(JC/T 747—2002)。

表 2-26　　mm

项　目	允 许 范 围		
	中波瓦	小波瓦	脊瓦
掉角	沿瓦边长不得超过 50，宽度方向不得超过 25	沿瓦边长不得超过 50，宽度方向不得超过 20	沿瓦边长和宽度方向均不得超过 20
	一张瓦的掉角不得多于 2 个		
掉边	宽不得超过 15	宽不得超过 15	不允许

注：来自《玻纤镁质胶凝材料波瓦及脊瓦》(JC/T 747—2002)。

3) 玻纤镁质胶凝材料波瓦物理力学性能应符合表 2-27 的规定。

表 2-27

检 验 项 目		中波瓦		小波瓦	
		一等品	合格品	一等品	合格品
抗折力	横向，N/m	3400	3000	2700	2400
	纵向，N	310	300	340	290
吸水率,%	≤	14	15	14	15
抗冻性		25 次冻融循环后不得有起层、剥落等破坏现象，复合瓦不得出现复合层起层、鼓泡、剥落等破坏现象			

续表

检验项目	中波瓦		小波瓦	
	一等品	合格品	一等品	合格品
不透水性	浸水后瓦体背面允许出现洇斑，但不允许出现水滴，复合瓦不得有水洇斑			
抗冲击性	在相距 60cm 处进行观察，冲击一次后的被击处背面不得出现龟裂、剥落、贯通孔及裂纹			
抗返卤性	经返卤试验后无水珠、无返潮			

注：1. 复合瓦试验时复合层要求朝上。

2. 来自《玻纤镁质胶凝材料波瓦及脊瓦》(JC/T 747—2002)。

2.7 彩喷片状模塑料（SMC）瓦

1）彩喷 SMC 瓦的规格及尺寸允许偏差应符合表 2-28 的规定。

表 2-28

mm

项目	屋面瓦		脊瓦	
	公称尺寸	尺寸允许偏差	公称尺寸	尺寸允许偏差
长度	300～1400	±2	250～1000	±3
宽度	400～450	±2	200～450	±5
搭接	33.0	±2.5	—	—

注：来自《彩喷片状模塑料（SMC）瓦》(JC/T 944—2005)。

2）彩喷 SMC 瓦的物理性能应符合表 2-29 的规定。

表 2-29

序号	项目		要求
1	玻璃纤维含量，%	≥	23
2	密度，g/cm^3		1.75±0.10
3	面密度①，kg/m^2		4.55±0.50
4	吸水率（漆后），%	≤	0.20
5	固化度，%	≥	90
6	弯曲挠度①，mm	≤	2.5
7	氧指数，%	≥	32
8	导热系数，W/（m·K）	≤	0.82
9	冲击性能		无裂纹、变形
10	漆面耐老化性能（500h）		失光率不大于 1 级、变色不大于 2 级

注：来自《彩喷片状模塑料（SMC）瓦》(JC/T 944—2005)。

①脊瓦对面密度和弯曲挠度不作要求。

3）外观与规格及尺寸允许偏差的批量、抽样与判定按表 2-30 进行。

表 2-30

批量数量	抽样数量	第一次样品		第一次样品＋第二次样品	
		合格判定数 Ac_1	不合格判定数 Re_1	合格判定数 Ac_2	不合格判定数 Re_2
≤150	3	0	1	不适用	不适用
151～3200	8	0	2	1	2
≥3201	13	0	3	3	4

注：来自《彩喷片状模塑料（SMC）瓦》(JC/T 944—2005)。

3 防　水　材　料

3.1 聚氯乙烯防水卷材

1）厚度偏差和最小单值见表 3-1。

表 3-1

mm

厚　　度	允许偏差	最小单值	厚　　度	允许偏差	最小单值
1.2	±0.10	1.00	2.0	±0.20	1.70
1.5	±0.15	1.30			

注：来自《聚氯乙烯防水卷材》（GB 12952—2003）。

2）N 类无复合层的卷材理化性能应符合表 3-2 规定。

表 3-2

序号	项　　目			Ⅰ型	Ⅱ型
1	拉伸强度，MPa		≥	8.0	12.0
2	断裂伸长率，%		≥	200	250
3	热处理尺寸变化率，%		≤	3.0	2.0
4	低温弯折性			−20℃无裂纹	−25℃无裂纹
5	抗穿孔性			不渗水	
6	不透水性			不透水	
7	剪切状态下的粘合性，N/mm		≥	3.0 或卷材破坏	
8	热老化处理	外观		无起泡、裂纹、粘结和孔洞	
		拉伸强度变化率，%		±25	±20
		断裂伸长率变化率，%			
		低温弯折性		−15℃无裂纹	−20℃无裂纹
9	耐化学侵蚀	拉伸强度变化率，%		±25	±20
		断裂伸长率变化率，%			
		低温弯折性		−15℃无裂纹	−20℃无裂纹
10	人工气候加速老化	拉伸强度变化率，%		±25	±20
		断裂伸长率变化率，%			
		低温弯折性		−15℃无裂纹	−20℃无裂纹

注：1. 非外露使用可以不考核人工气候加速老化性能。

2. 来自《聚氯乙烯防水卷材》（GB 12952—2003）。

3）L 类纤维单面复合及 W 类织物内增强的卷材应符合表 3-3 的规定。

表 3-3

序号	项目			Ⅰ型	Ⅱ型
1	拉力，N/cm		≥	100	160
2	断裂伸长率,%		≥	150	200
3	热处理尺寸变化率,%		≤	1.5	1.0
4	低温弯折性			−20℃无裂纹	−25℃无裂纹
5	抗穿孔性			不渗水	
6	不透水性			不透水	
7	剪切状态下的粘合性，N/mm ≥	L 类		3.0 或卷材破坏	
		W 类		6.0 或卷材破坏	
8	热老化处理	外观		无起泡、裂纹、粘结和孔洞	
		拉力变化率,%		±25	±20
		断裂伸长率变化率,%			
		低温弯折性		−15℃无裂纹	−20℃无裂纹
9	耐化学侵蚀	拉力变化率,%		±25	±20
		断裂伸长率变化率,%			
		低温弯折性		−15℃无裂纹	−20℃无裂纹
10	人工气候加速老化	拉力变化率,%		±25	±20
		断裂伸长率变化率,%			
		低温弯折性		−15℃无裂纹	−20℃无裂纹

注：1. 非外露使用可以不考核人工气候加速老化性能。

2. 来自《聚氯乙烯防水卷材》(GB 12952—2003)。

3.2 氯化聚乙烯防水卷材

1）厚度偏差和最小单值见表 3-4。

表 3-4 mm

厚　度	允许偏差	最小单值	厚　度	允许偏差	最小单值
1.2	±0.10	1.00	2.0	±0.20	1.70
1.5	±0.15	1.30			

注：来自《氯化聚乙烯防水卷材》(GB 12953—2003)。

2）N 类无复合层的卷材理化性能应符合表 3-5 规定。

表 3-5

序号	项　　目		Ⅰ型	Ⅱ型
1	拉伸强度，MPa	≥	5.0	8.0
2	断裂伸长率,%	≥	200	300
3	热处理尺寸变化率,%	≤	3.0	纵向 2.5 横向 1.5

续表

序号	项目			Ⅰ型	Ⅱ型
4	低温弯折性			−20℃无裂纹	−25℃无裂纹
5	抗穿孔性			不渗水	
6	不透水性			不透水	
7	剪切状态下的粘合性，N/mm		≥	3.0或卷材破坏	
8	热老化处理	外观		无起泡、裂纹、粘结和孔洞	
		拉伸强度变化率，%		+50 −20	±20
		断裂伸长率变化率，%		+50 −30	±20
		低温弯折性		−15℃无裂纹	−20℃无裂纹
9	耐化学侵蚀	拉伸强度变化率，%		+50 −20	±20
		断裂伸长率变化率，%		+50 −30	±20
		低温弯折性		−15℃无裂纹	−20℃无裂纹
10	人工气候加速老化	拉伸强度变化率，%		+50 −20	±20
		断裂伸长率变化率，%		+50 −30	±20
		低温弯折性		−15℃无裂纹	−20℃无裂纹

注：1. 非外露使用可以不考核人工气候加速老化性能。

2. 来自《氯化聚乙烯防水卷材》(GB 12953—2003)。

3）L类纤维单面复合及W类织物内增强的卷材应符合表3-6的规定。

表 3-6

序号	项目			Ⅰ型	Ⅱ型
1	拉力，N/cm		≥	70	120
2	断裂伸长率，%		≥	125	250
3	热处理尺寸变化率，%		≤	1.0	
4	低温弯折性			−20℃无裂纹	−25℃无裂纹
5	抗穿孔性			不渗水	
6	不透水性			不透水	
7	剪切状态下的粘合性，N/mm ≥	L类		3.0或卷材破坏	
		W类		6.0或卷材破坏	
8	热老化处理	外观		无起泡、裂纹、粘结和孔洞	
		拉力变化率，%		55	100
		断裂伸长率变化率，%		100	200
		低温弯折性		−15℃无裂纹	−20℃无裂纹

续表

序号	项目		Ⅰ型	Ⅱ型
9	耐化学侵蚀	拉力变化率,%	55	100
		断裂伸长率变化率,%	100	200
		低温弯折性	−15℃无裂纹	−20℃无裂纹
10	人工气候加速老化	拉力变化率,%	55	100
		断裂伸长率变化率,%	100	200
		低温弯折性	−15℃无裂纹	−20℃无裂纹

注：1. 非外露使用可以不考核人工气候加速老化性能。

2. 来自《氯化聚乙烯防水卷材》(GB 12953—2003)。

3.3 弹性体改性沥青防水卷材

1）单位面积质量、面积及厚度应符合表 3-7 的规定。

表 3-7

规格（公称厚度），mm		3			4			5		
上表面材料		PE	S	M	PE	S	M	PE	S	M
下表面材料		PE	PE、S		PE	PE、S		PE	PE、S	
面积，m^2/卷	公称面积	10、15			10、7.5			7.5		
	偏差	±0.10			±0.10			±0.10		
单位面积质量，kg/m^2		3.3	3.5	4.0	4.3	4.5	5.0	5.3	5.5	6.0
厚度，mm	平均值≥	3.0			4.0			5.0		
	最小单值	2.7			3.7			4.7		

注：来自《弹性体改性沥青防水卷材》(GB 18242—2008)。

2）材料性能应符合表 3-8 的规定。

表 3-8

序号	项目		指标				
			Ⅰ		Ⅱ		
			PY	G	PY	G	PYG
1	可溶物含量，g/m^2 ≥	3mm	2100				—
		4mm	2900				—
		5mm	3500				
		试验现象	—	胎基不燃	—	胎基不燃	—
2	耐热性	℃	90		105		
		≤mm	2				
		试验现象	无流淌、滴落				
3	低温柔性,℃		−20		−25		
			无裂缝				
4	不透水性 30min		0.3MPa	0.2MPa	0.3MPa		

续表

序号	项目			指标				
				Ⅰ		Ⅱ		
				PY	G	PY	G	PYG
5	拉力	最大峰拉力，N/50mm	≥	500	350	800	500	900
		次高峰拉力，N/50mm	≥	—	—	—	—	800
		试验现象		拉伸过程中，试件中部无沥青涂盖层开裂或与胎基分离现象				
6	延伸率	最大峰时延伸率，%	≥	30	—	40	—	—
		第二峰时延伸率，%	≥			—		15
7	浸水后质量增加，%≤	PE、S		1.0				
		M		2.0				
8	热老化	拉力保持率，%	≥	90				
		延伸率保持率，%	≥	80				
		低温柔性，℃		−15		−20		
				无裂缝				
		尺寸变化率，%	≤	0.7	—	0.7	—	0.3
		质量损失，%	≤	1.0				
9	渗油性	张数	≤	2				
10	接缝剥离强度，N/mm		≥	1.5				
11	钉杆撕裂强度①，N		≥	—				300
12	矿物粒料粘附性②，g		≤	2.0				
13	卷材下表面沥青涂盖层厚度③，mm		≥	1.0				
14	人工气候加速老化	外观		无滑动、流淌、滴落				
		拉力保持率，%	≥	80				
		低温柔性，℃		−15		−20		
				无裂缝				

注：来自《弹性体改性沥青防水卷材》(GB 18242—2008)。

①仅适用于单层机械固定施工方式卷材。

②仅适用于矿物粒料表面的卷材。

③仅适用于热熔施工的卷材。

3）试件形状和数量见表 3-9。

表 3-9

序号	试验项目		试件形状（纵向×横向），mm	数量，个
1	可溶物含量		100×100	3
2	耐热性		125×100	纵向 3
3	低温柔性		150×25	纵向 10
4	不透水性		150×150	3
5	拉力及延伸率		（250～320）×50	纵横向各 5
6	浸水后质量增加		（250～320）×50	纵向 5
7	热老化	拉力及延伸率保持率	（250～320）×50	纵横向各 5
		低温柔性	150×25	纵向 10
		尺寸变化率及质量损失	（250～320）×50	纵向 5
8	渗油性		50×50	3
9	接缝剥离强度		400×200（搭接边处）	纵向 2
10	钉杆撕裂强度		200×100	纵向 5
11	矿物粒料粘附性		265×50	纵向 3
12	卷材下表面沥青涂盖层厚度		200×50	横向 3
13	人工气候加速老化	拉力保持率	120×25	纵横向各 5
		低温柔性	120×25	纵向 10

注：来自《弹性体改性沥青防水卷材》（GB 18242—2008）。

3.4 塑性体改性沥青防水卷材

1）材料性能应符合表 3-10 的规定。

表 3-10

序号	项目		指标				
			Ⅰ		Ⅱ		
			PY	G	PY	G	PYG
1	可溶物含量，$g/m^2 \geqslant$	3mm	2100				—
		4mm	2900				—
		5mm	3500				
		试验现象	—	胎基不燃	—	胎基不燃	—
2	耐热性	℃	110		130		
		≤mm	2				
		试验现象	无流淌、滴落				
3	低温柔性，℃		−7		−15		
			无裂缝				
4	不透水性 30min		0.3MPa	0.2MPa	0.3MPa		

续表

序号	项目		指标				
			Ⅰ		Ⅱ		
			PY	G	PY	G	PYG
5	拉 力	最大峰拉力,N/50mm ≥	500	350	800	500	900
		次高峰拉力,N/50mm ≥	—	—	—	—	800
		试验现象	拉伸过程中，试件中部无沥青涂盖层开裂或与胎基分离现象				
6	延伸率	最大峰时延伸率,% ≥	25	—	40	—	—
		第二峰时延伸率,% ≥	—		—		15
7	浸水后质量增加,% ≤	PE、S	1.0				
		M	2.0				
8	热老化	拉力保持率,% ≥	90				
		延伸率保持率,% ≥	80				
		低温柔性,℃	−2		−10		
			无裂缝				
		尺寸变化率,% ≤	0.7	—	0.7	—	0.3
		质量损失,% ≤	1.0				
9	接缝剥离强度，N/mm ≥		1.0				
10	钉杆撕裂强度①，N ≥		—				300
11	矿物粒料粘附性②，g ≤		2.0				
12	卷材下表面沥青涂盖层厚度③，mm ≥		1.0				
13	人工气候加速老化	外 观	无滑动、流淌、滴落				
		拉力保持率,% ≥	80				
		低温柔性,℃	−2		−10		
			无裂缝				

注：来自《塑性体改性沥青防水卷材》(GB 18243—2008)。

①仅适用于单层机械固定施工方式卷材。

②仅适用于矿物粒料表面的卷材。

③仅适用于热熔施工的卷材。

2）试件形状和数量见表 3-11。

表 3-11

序号	试验项目		试件形状（纵向×横向），mm	数量，个
1	可溶物含量		100×100	3
2	耐热性		125×100	纵向 3
3	低温柔性		150×25	纵向 10
4	不透水性		150×150	3
5	拉力及延伸率		(250～320）×50	纵横向各 5
6	浸水后质量增加		(250～320）×50	纵向 5
7	热老化	拉力及延伸率保持率	(250～320）×50	纵横向各 5
		低温柔性	150×25	纵向 10
		尺寸变化率及质量损失	(250～320）×50	纵向 5

续表

序号	试验项目		试件形状（纵向×横向），mm	数量，个
8	接缝剥离强度		400×200（搭接边处）	纵向 2
9	钉杆撕裂强度		200×100	纵向 5
10	矿物粒料粘附性		265×50	纵向 3
11	卷材下表面沥青涂盖层厚度		200×50	横向 3
12	人工气候加速老化	拉力保持率	120×25	纵横向各 5
		低温柔性	120×25	纵向 10

注：来自《塑性体改性沥青防水卷材》（GB 18243—2008）。

3.5 水泥基渗透结晶型防水材料

1）匀质性指标应符合表 3-12 的规定。

表 3-12

序　号	试验项目	指　　标
1	含水量	应在生产厂控制值相对量的 5%之内
2	总碱量（$Na_2O+0.65K_2O$）	
3	氯离子含量	
4	细度（0.315mm 筛）	应在生产厂控制值相对量的 10%之内

注：1. 生产厂控制值应在产品说明书中告知用户。

2. 来自《水泥基渗透结晶型防水材料》（GB 18445—2001）。

2）受检涂料的性能应符合表 3-13 的规定。

表 3-13

序号	试验项目			性能指标 Ⅰ	性能指标 Ⅱ
1	安定性			合格	
2	凝结时间	初凝时间，min	≥	20	
		终凝时间，h	≤	24	
3	抗折强度，MPa ≥		7d	2.80	
			28d	3.50	
4	抗压强度，MPa ≥		7d	12.0	
			28d	18.0	
5	湿基面粘结强度，MPa		≥	1.0	
6	抗渗压力（28d），MPa		≥	0.8	1.2
7	第二次抗渗压力（56d），MPa		≥	0.6	0.8
8	渗透压力比（28d），%		≥	200	300

注：来自《水泥基渗透结晶型防水材料》（GB 18445—2001）。

3）掺防水剂的混凝土性能应符合表 3-14 的规定。

表 3-14

序号	试验项目			性能指标
1	减水率，%		≥	10
2	泌水率，%		≤	70
3	抗压强度比	7d，%	≥	120
		28d，%	≥	120
4	含气量，%		≤	4.0
5	凝结时间差	初凝，min		>−90
		终凝，min		—
6	收缩率比（28d），%		≤	125
7	渗透压力比（28d），%		≥	200
8	第二次抗渗压力（56d），MPa		≥	0.6
9	对钢筋的锈蚀作用			对钢筋无锈蚀危害

注：来自《水泥基渗透结晶型防水材料》（GB 18445—2001）。

3.6 改性沥青聚乙烯胎防水卷材

1）卷材按不同基料，不同上表面覆盖材料分为五个品种，见表 3-15。

表 3-15

上表面覆盖材料	基料		
	改性氧化沥青	丁苯橡胶改性氧化沥青	高聚物改性沥青
聚乙烯膜	OEE	MEE	PEE
铝箔	—	MEAL	PEAL

注：来自《改性沥青聚乙烯胎防水卷材》（GB 18967—2003）。

2）厚度、面积及卷重应符合表 3-16 的规定。

表 3-16

公称厚度，mm		3		4	
上表面覆盖材料		E	AL	E	AL
厚度，mm	平均值≥	3.0		4.0	
	最小单值	2.7		3.7	
最低卷重，kg		33	35	45	47
面积，m^2	公称面积	11			
	偏差	±0.2			

注：来自《改性沥青聚乙烯胎防水卷材》（GB 18967—2003）。

3）物理力学性能应符合表 3-17 规定。

表 3-17

序号	上表面覆盖材料		E						AL			
	基　料		O		M		P		M		P	
	型　号		Ⅰ	Ⅱ	Ⅰ	Ⅱ	Ⅰ	Ⅱ	Ⅰ	Ⅱ	Ⅰ	Ⅱ
1	不透水性，MPa ≥		0.3									
			不透水									
2	耐热度,℃		85		85	90	90	95	85	90	90	95
			无流淌，无起泡									
3	拉力，N/50mm ≥	纵向	100	140	100	140	100	140	200	200	200	200
		横向		120		120		120				
4	断裂延伸率,% ≥	纵向	200	250	200	250	200	250	—			
		横向										
5	低温柔度,℃		0		−5		−10	−15	−5		−10	−15
			无裂纹									
6	尺寸稳定性	℃	85		85	90	90	95	85	90	90	95
		(%) ≤	2.5									
7	热空气老化	外观	无流淌，无起泡									
		拉力保持率,%≥，纵向	80									
		低温柔度,℃	8		3		−2	−7				
			无裂纹									
8	人工气候加速老化	外观	—						无流淌，无起泡			
		拉力保持率,%≥，纵向							80			
		低温柔度,℃							3		−2	−7
									无裂纹			

注：1. 表中 1～5 项为强制性的。

2. 来自《改性沥青聚乙烯胎防水卷材》(GB 18967—2003)。

3.7 石油沥青玻璃纤维胎防水卷材

1）单位面积质量应符合表 3-18 的规定。

表 3-18

标　号	15 号		25 号	
上表面材料	PE 膜面	砂　面	PE 膜面	砂　面
单位面积质量，kg/m²≥	1.2	1.5	2.1	2.4

注：来自《石油沥青玻璃纤维胎防水卷材》(GB/T 14686—2008)。

2）材料性能应符合表 3-19 的规定。

表 3-19

序号	项目		指标	
			Ⅰ型	Ⅱ型
1	可溶物含量，g/m²≥	15 号	700	
		25 号	1200	
		试验现象	胎基不燃	
2	拉力，N/50mm≥	纵向	350	500
		横向	250	400
3	耐热性		85℃	
			无滑动、流淌、滴落	
4	低温柔性		10℃	5℃
			无裂缝	
5	不透水性		0.1MPa，30min 不透水	
6	钉杆撕裂强度，N≥		40	50
7	热老化	外观	无裂纹、无起泡	
		拉力保持率，%≥	85	
		质量损失率，%≤	2.0	
		低温柔性	15℃	10℃
			无裂缝	

注：来自《石油沥青玻璃纤维胎防水卷材》（GB/T 14686—2008）。

3）试件尺寸和数量见表 3-20。

表 3-20

序号	项目		尺寸（纵向×横向），mm	数量，个
1	可溶物含量		100×100	3
2	拉力		（250～320）×50	纵横向各 5
3	耐热性		100×50	3
4	低温柔性		150×25	10
5	不透水性		150×150	3
6	钉杆撕裂强度		200×100	5
7	热老化	外观、拉力	（250～320）×50	纵横向各 5
		低温柔性	150×25	10
		质量损失率	150×25	5

注：来自《石油沥青玻璃纤维胎防水卷材》（GB/T 14686—2008）。

3.8 建筑防水材料老化试验方法

1）沥青基防水卷材按图 3-1a 取样，按图 3-1b、表 3-21 切取试件。

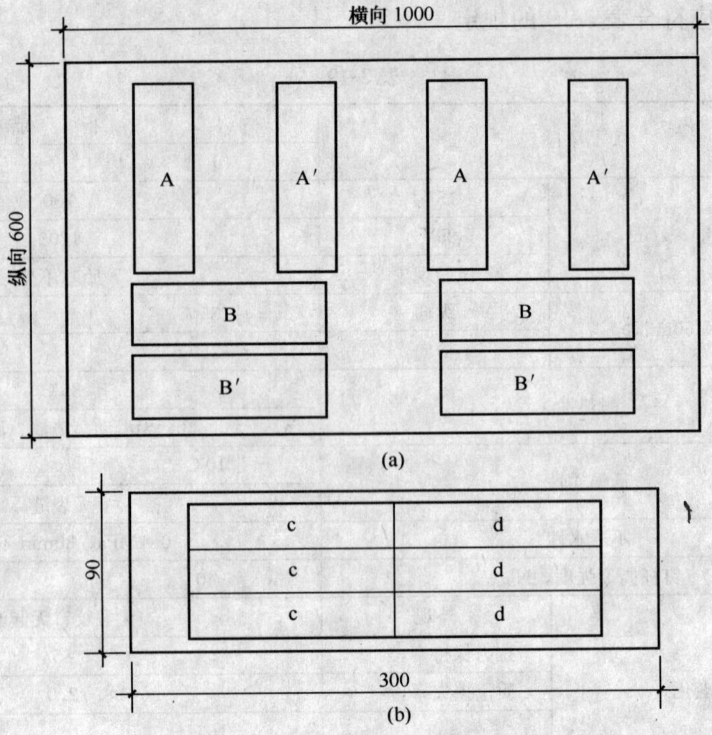

图 3-1

(a) 取样部位；(b) 试件位置

表 3-21

项　　目	规格，mm	数量，个
老化试样 A、B	300×90	纵向 2，横向 2
对比试样 A′、B′	300×90	纵向 2，横向 2
拉伸性能试件 c	120×25	纵向 6，横向 6
低温柔性试件 d	120×25	纵向 6，横向 6

注：来自《建筑防水材料老化试验方法》(GB/T 18244—2000)。

2）高分子防水卷材按图 3-2a 取样，按图 3-2b 与表 3-22 切取试件。

表 3-22

项目	规格，mm	数量，个
老化试样 E	300×150	2
对比试样 E′	300×150	2
拉伸性能试件 f、f′	110×25 哑铃 Ⅰ 型或 120×25	纵向 6，横向 6
低温柔性试件 g、g′	100×25	纵向 2，横向 2

注：来自《建筑防水材料老化试验方法》(GB/T 18244—2000)。

3）防水涂料试样制备按《建筑防水涂料试验方法》GB/T 16777 第 8 章和第 10 章要求进行。试件切取按图 3-3、表 3-23 进行。无方向要求。

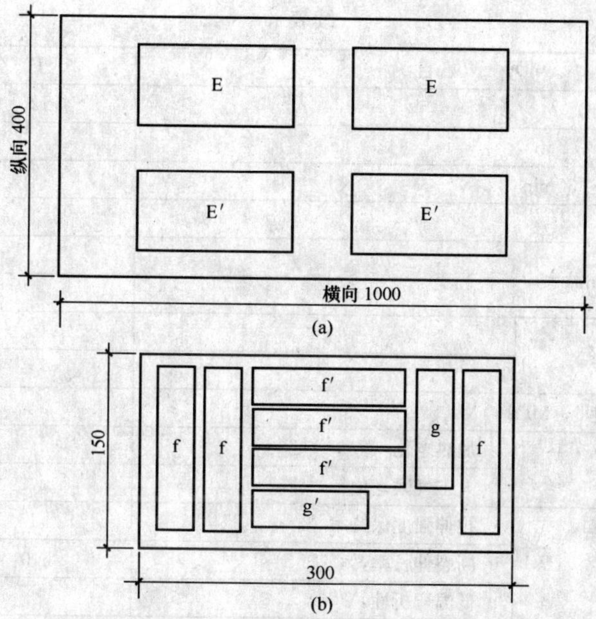

图 3-2

(a) 取样部位；(b) 试件位置

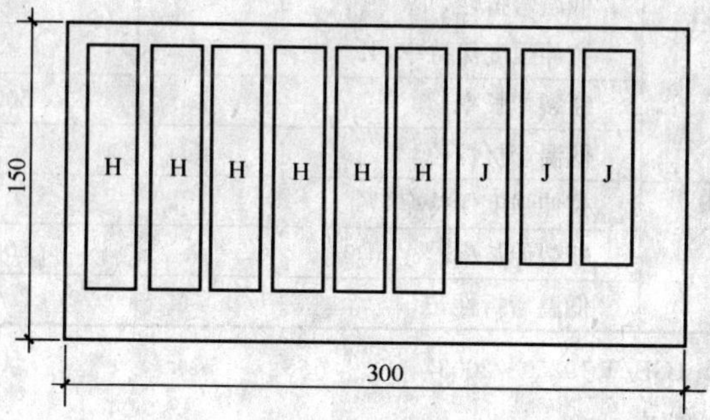

图 3-3

表 3-23

项　　目	规格，mm	数量，个
拉伸性能试件 H	115×25 哑铃Ⅰ型	6
低温柔性试件 J	100×25	3

注：来自《建筑防水材料老化试验方法》(GB/T 18244—2000)。

3.9 聚氨酯防水涂料

1) 单组分聚氨酯防水涂料物理力学性能应符合表 3-24 的规定。

表 3-24

序号	项　　目		Ⅰ	Ⅱ
1	拉伸强度，MPa	≥	1.90	2.45
2	断裂伸长率，%	≥	550	450

续表

序号	项目			Ⅰ	Ⅱ
3	撕裂强度，(N/mm)		≥	12	14
4	低温弯折性，℃		≤	−40	
5	不透水性 0.3MPa 30min			不透水	
6	固体含量，%		≥	80	
7	表干时间，h		≤	12	
8	实干时间，h		≤	24	
9	加热伸缩率，%		≤	1.0	
			≥	−4.0	
10	潮湿基面粘结强度①，MPa		≥	0.50	
11	定伸时老化	加热老化		无裂纹及变形	
		人工气候老化②		无裂纹及变形	
12	热处理	拉伸强度保持率，%		80～150	
		断裂伸长率，%	≥	500	400
		低温弯折性，℃	≤	−35	
13	碱处理	拉伸强度保持率，%		60～150	
		断裂伸长率，%	≥	500	400
		低温弯折性，℃	≤	−35	
14	酸处理	拉伸强度保持率，%		80～150	
		断裂伸长率，%	≥	500	400
		低温弯折性，℃	≤	−35	
15	人工气候老化②	拉伸强度保持率，%		80～150	
		断裂伸长率，%	≥	500	400
		低温弯折性，℃	≤	−35	

注：来自《聚氨酯防水涂料》(GB/T 19250—2003)。

①仅用于地下工程潮湿基面时要求。

②仅用于外露使用的产品。

2）多组分聚氨酯防水涂料物理力学性能应符合表 3-25 的规定。

表 3-25

序号	项目			Ⅰ	Ⅱ
1	拉伸强度，MPa		≥	1.90	2.45
2	断裂伸长率，%		≥	450	450
3	撕裂强度，N/mm		≥	12	14
4	低温弯折性，℃		≤	−35	
5	不透水性 0.3MPa 30min			不透水	
6	固体含量，%		≥	92	
7	表干时间，h		≤	8	
8	实干时间，h		≤	24	
9	加热伸缩率，%		≤	1.0	
			≥	−4.0	

续表

序号	项目			Ⅰ	Ⅱ
10	潮湿基面粘结强度①，MPa		≥	0.50	
11	定伸时老化	加热老化		无裂纹及变形	
		人工气候老化②		无裂纹及变形	
12	热处理	拉伸强度保持率，%		80～150	
		断裂伸长率，%	≥	400	
		低温弯折性，℃	≤	−30	
13	碱处理	拉伸强度保持率，%		60～150	
		断裂伸长率，%	≥	400	
		低温弯折性，℃	≤	−30	
14	酸处理	拉伸强度保持率，%		80～150	
		断裂伸长率，%	≥	400	
		低温弯折性，℃	≤	−30	
15	人工气候老化②	拉伸强度保持率，%		80～150	
		断裂伸长率，%	≥	400	
		低温弯折性，℃	≤	−30	

注：来自《聚氨酯防水涂料》(GB/T 19250—2003)。

①仅用于地下工程潮湿基面时要求。

②仅用于外露使用的产品。

3.10 铝箔面石油沥青防水卷材

1）卷材的单位面积质量应符合表 3-26 的规定，卷重为单位面积质量乘以面积。

表 3-26

标　　号	30 号	40 号
单位面积质量，kg/m^2 ≥	2.85	3.80

注：来自《铝箔面石油沥青防水卷材》(JC/T 504—2007)。

2）卷材的物理性能应符合表 3-27 的要求。

表 3-27

项　目		指　标	
		30 号	40 号
可溶物含量，g/m^2	≥	1550	2050
拉力，N/50mm	≥	450	500
柔度/℃		5	
		绕半径 35mm 圆弧无裂纹	
耐热度		(90±2)℃，2h 涂盖层无滑动，无起泡、流淌	
分层		(50±2)℃，7d 无分层现象	

注：来自《铝箔面石油沥青防水卷材》(JC/T 504—2007)。

3）将试样在室温放置 2h 以上，再按图 3-4 所示的部位及表 3-28 规定的尺寸和数量切取试件，试件边缘与卷材纵向边缘间的距离不小于 75mm。

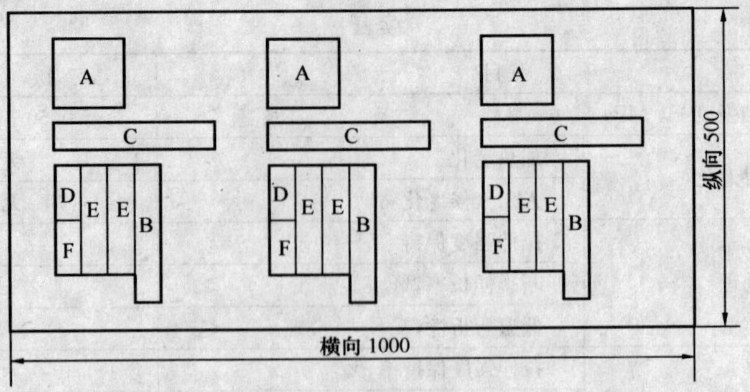

图 3-4

表 3-28

<table>
<tr><th colspan="2">项　　目</th><th>试件代号</th><th>试件尺寸，mm</th><th>数量，个</th></tr>
<tr><td colspan="2">可溶物含量</td><td>A</td><td>100×100</td><td>3</td></tr>
<tr><td rowspan="2">拉力</td><td>纵向</td><td>B</td><td>250×50</td><td>3</td></tr>
<tr><td>横向</td><td>C</td><td>250×50</td><td>3</td></tr>
<tr><td colspan="2">耐热度</td><td>D</td><td>100×50</td><td>3</td></tr>
<tr><td colspan="2">柔度</td><td>E</td><td>200×50</td><td>6</td></tr>
<tr><td colspan="2">分层</td><td>F</td><td>100×50</td><td>2</td></tr>
</table>

注：来自《铝箔面石油沥青防水卷材》(JC/T 504—2007)。

3.11 水乳型沥青防水涂料

1）物理力学性能应满足表 3-29 的要求。

表 3-29

<table>
<tr><th colspan="2">项　　目</th><th>L</th><th>H</th></tr>
<tr><td colspan="2">固体含量，% ≥</td><td colspan="2">45</td></tr>
<tr><td colspan="2" rowspan="2">耐热度，℃</td><td>80±2</td><td>110±2</td></tr>
<tr><td colspan="2">无流淌、滑动、滴落</td></tr>
<tr><td colspan="2">不透水性</td><td colspan="2">0.10MPa，30min 无渗水</td></tr>
<tr><td colspan="2">粘结强度，MPa ≥</td><td colspan="2">0.30</td></tr>
<tr><td colspan="2">表干时间，h ≤</td><td colspan="2">8</td></tr>
<tr><td colspan="2">实干时间，h ≤</td><td colspan="2">24</td></tr>
<tr><td rowspan="4">低温柔度①，℃</td><td>标准条件</td><td>−15</td><td>0</td></tr>
<tr><td>碱处理</td><td rowspan="3">−10</td><td rowspan="3">5</td></tr>
<tr><td>热处理</td></tr>
<tr><td>紫外线处理</td></tr>
<tr><td rowspan="4">断裂伸长率，% ≥</td><td>标准条件</td><td colspan="2" rowspan="4">600</td></tr>
<tr><td>碱处理</td></tr>
<tr><td>热处理</td></tr>
<tr><td>紫外线处理</td></tr>
</table>

注：来自《水乳型沥青防水涂料》(JC/T 408—2005)。

①供需双方可以商定温度更低的低温柔度指标。

2）试件形状及数量见表 3-30。

表 3-30

项　目		试件形状	数量，个
耐热度		100mm×50mm	3
不透水性		150mm×150mm	3
粘结强度		8 字形砂浆	5
低温柔度	标准条件	100mm×25mm	3
	碱处理		3
	热处理		3
	紫外线处理		3
断裂伸长率	标准条件	符合 GB/T 528—1998 规定的哑铃Ⅰ型	6
	碱处理		6
	热处理		6
	紫外线处理		6

注：来自《水乳型沥青防水涂料》（JC/T 408—2005）。

3.12 三元丁橡胶防水卷材

1）产品规格见表 3-31。

表 3-31

厚度，mm	宽度，mm	长度，m
1.2　1.5	1000	20　10
2.0	1000	10

注：1. 其他规格尺寸由供需双方协商确定。

2. 来自《三元丁橡胶防水卷材》（JC/T 645—1996）。

2）产品尺寸允许偏差应符合表 3-32 的规定。

表 3-32

项　目	允 许 偏 差
厚度，mm	±0.1
长度，m	不允许出现负值
宽度，mm	不允许出现负值

注：1. 1.2mm 厚规格不允许出现负偏差。

2. 来自《三元丁橡胶防水卷材》（JC/T 645—1996）。

3）物理力学性能应符合表 3-33 的规定。

表 3-33

产 品 等 级			一等品	合格品
不透水性	压力，MPa	不小于	0.3	
	保持时间，min	不小于	90，不透水	

续表

产品等级			一等品	合格品
纵向拉伸强度，MPa		不小于	2.2	2.0
纵向断裂伸长率，%		不小于	200	150
低温弯折性（−30℃）			无裂纹	
耐碱性	纵向拉伸强度的保持率，%	不小于	80	
	纵向断裂伸长的保持率，%	不小于	80	
热老化处理	纵向拉伸强度保持率（80℃±2℃，168h），%	不小于	80	
	纵向断裂伸长保持率（80℃±2℃，168h），%	不小于	70	
热处理尺寸变化率（80℃±2℃，168h），%		不大于	−4，+2	
人工加速气候老化 27 周期	外观		无裂纹，无气泡，不粘结	
	纵向拉伸强度的保持率，%	不小于	80	
	纵向断裂伸长的保持率，%	不小于	70	
	低温弯折性		−20℃，无裂缝	

注：来自《三元丁橡胶防水卷材》（JC/T 645—1996）。

3.13 氯化聚乙烯-橡胶共混防水卷材

1）规格尺寸见表 3-34。

表 3-34

厚度，mm	宽度，mm	长度，m
1.0，1.2，1.5，2.0	1000，1100，1200	20

注：来自《氯化聚乙烯-橡胶共混防水卷材》（JC/T 684—1997）。

2）表面缺陷应不影响防水卷材使用，并符合表 3-35 的规定。

表 3-35

项目	外观质量要求
折痕	每卷不超过 2 处，总长不大于 20mm
杂质	不允许有大于 0.5mm 颗粒
胶块	每卷不超过 6 处，每处面积不大于 $4mm^2$
缺胶	每卷不超过 6 处，每处不大于 $7mm^2$，深度不超过卷材厚度的 30%
接头	每卷不超过 1 处，短段不得少于 3000mm，并应加长 150mm 备作搭接

注：来自《氯化聚乙烯-橡胶共混防水卷材》（JC/T 684—1997）。

3）尺寸偏差应符合表 3-36 的规定。

表 3-36

厚度允许偏差，%	宽度与长度允许偏差
+15 −10	不允许出现负值

注：来自《氯化聚乙烯-橡胶共混防水卷材》（JC/T 684—1997）。

4）物理力学性能应符合表 3-37 的规定。

表 3-37

序号	项目			指标 S型	指标 N型
1	拉伸强度，MPa		≥	7.0	5.0
2	断裂伸长率，%		≥	400	250
3	直角形撕裂强度，kN/m		≥	24.5	20.0
4	不透水性，30min			0.3MPa 不透水	0.2MPa 不透水
5	热老化保持率（80℃±2℃，168h）	拉伸强度，%	≥	80	
		断裂伸长率，%	≥	70	
6	脆性温度		≤	−40℃	−20℃
7	臭氧老化 500pphm，168h×40℃静态			伸长率 40% 无裂纹	伸长率 20% 无裂纹
8	粘结剥离强度（卷材与卷材）	kN/m	≥	2.0	
		浸水 168h，保持率，%	≥	70	
9	热处理尺寸变化率，%		≤	+1	+2
				−2	−4

注：来自《氯化聚乙烯-橡胶共混防水卷材》（JC/T 684—1997）。

3.14 沥青复合胎柔性防水卷材

1）单位面积质量、面积及厚度应符合表 3-38 的规定。

表 3-38

规格（公称厚度），mm			3			4		
上表面材料			PE	S	M	PE	S	M
面积，m^2/卷	公称面积		10			10、7.5		
	偏 差		±0.10			±0.10		
单位面积质量，kg/m^2		≥	3.3	3.5	4.0	4.3	4.5	5.0
厚度，mm	平均值	≥	3.0	3.0	3.0	4.0	4.0	4.0
	最小单值	≥	2.7	2.7	2.7	3.7	3.7	3.7

注：来自《沥青复合胎柔性防水卷材》（JC/T 690—2008）。

2）物理力学性能应符合表 3-39 的规定。

表 3-39

序号	项目		指标 Ⅰ型	指标 Ⅱ型
1	可溶物含量，g/m^2≥	3mm	1600	
		4mm	2200	
2	耐热性，℃		90	
			无滑动、流淌、滴落	

续表

序号	项目		指标	
			Ⅰ型	Ⅱ型
3	低温柔性,℃		−5	−10
			无裂缝	
4	不透水性		0.2MPa、30min 不透水	
5	最大拉力，N/50mm≥	纵向	500	600
		横向	400	500
6	粘结剥离强度，N/mm≥		0.5	
7	热老化	拉力保持率,%≥	90	
		低温柔性,℃	0	−5
			无裂纹	
		质量损失,%≤	2.0	

注：来自《沥青复合胎柔性防水卷材》(JC/T 690—2008)。

3）试件尺寸和数量见表 3-40。

表 3-40

序号	试验项目		尺寸（纵向×横向），mm	数量，个	取样方法执行标准
1	可溶物含量		100×100	3	GB/T 328.26—2007
2	耐热性		100×50	3	GB/T 328.11—2007
3	低温柔性		150×25	10	GB/T 328.14—2007
4	不透水性		150×150	3	GB/T 328.10—2007
5	最大拉力		(280～300) ×50	纵横向各 5	GB/T 328.8—2007
6	粘结剥离强度		280×50	5	GB/T 328.8—2007
7	热老化	拉力保持率	(280～300) ×50	纵横向各 5	GB/T 328.8—2007
		低温柔性	150×25	10	GB/T 328.14—2007
		质量损失	(280～300) ×50	5	GB/T 328.8—2007

注：来自《沥青复合胎柔性防水卷材》(JC/T 690—2008)。

3.15 聚合物乳液建筑防水涂料

1）产品物理力学性能应符合表 3-41 的规定。

表 3-41

序号	试验项目		指标	
			Ⅰ类	Ⅱ类
1	拉伸强度，MPa	≥	1.0	1.5
2	断裂延伸率,%	≥	300	
3	低温柔性，绕 ϕ10mm 棒弯 180°		−10℃，无裂纹	−20℃，无裂纹
4	不透水性，(0.3MPa，30min)		不透水	
5	固体含量,%	≥	65	

续表

序号	试验项目			指标	
				Ⅰ类	Ⅱ类
6	干燥时间，h	表干时间	≤	4	
		实干时间	≤	8	
7	处理后的拉伸强度保持率，%	加热处理	≥	80	
		碱处理	≥	60	
		酸处理	≥	40	
		人工气候老化处理①		—	80～150
8	处理后的断裂延伸率，%	加热处理	≥	200	
		碱处理	≥		
		酸处理	≥		
		人工气候老化处理①	≥	—	200
9	加热伸缩率 %	伸长	≤	1.0	
		缩短	≤	1.0	

注：来自《聚合物乳液建筑防水涂料》(JC/T 864—2008)。

①仅用于外露使用产品。

2）检查涂膜外观，试样表面应光滑平整、无明显气泡。然后按表 3-42 的要求裁取试验所需试件。

表 3-42

试验项目		试件形状，mm	数量，个
拉伸强度和断裂延伸率	无处理	符合 GB/T 528 中规定的哑铃形Ⅰ型形状	6
	加热处理		6
	人工气候老化处理		6
	碱处理	125×25	6
	酸处理		6
低温柔性		100×25	3
不透水性		150×150	3
加热伸缩		300×30	3

注：来自《聚合物乳液建筑防水涂料》(JC/T 864—2008)。

3.16 道桥用改性沥青防水卷材

1）卷材的单位面积质量应符合表 3-43 的规定，卷重为单位面积质量乘以面积。

表 3-43

厚度，mm	2.5	3.5	4.5
单位面积质量，kg/m^2≥	2.8	3.8	4.8

注：来自《道桥用改性沥青防水卷材》(JC/T 974—2005)。

2）卷材通用性能应符合表 3-44 的规定。

表 3-44

序号	项目			指标			
				Z	R、J		
					SBS	APP	
						Ⅰ	Ⅱ
1	卷材下表面沥青涂盖层厚度①，mm≥	2.5mm		1.0	—		
		3.5mm		—	1.5		
		4.5mm		—	2.0		
2	可溶物含量，g/m² ≥	2.5mm		1700	1700		
		3.5mm		—	2400		
		4.5mm		—	3100		
3	耐热性②，℃			110	115	130	160
				无滑动、流淌、滴落			
4	低温柔性③，℃			−25	−25	−15	−10
				无裂纹			
5	拉力，N/50mm		≥	600	800		
6	最大拉力时延伸率，%		≥	40			
7	热处理	拉力保持率，%	≥	90			
		低温柔性，℃		−25	−25	−15	−10
				无裂纹			
		质量增加，%	≤	1.0			
8	热老化	接力保持率，%	≥	90			
		延伸率保持率，%	≥	90			
		低温柔性，℃		−20	−20	−10	−5
				无裂纹			
		尺寸变化率，%	≤	0.5			
		质量损失，%	≤	1.0			
9	渗油性，张数		≤	1			
10	自粘沥青剥离强度，N/mm		≥	1.0	—		

注：来自《道桥用改性沥青防水卷材》（JC/T 974—2005）。

①不包括热熔胶施工卷材。

②供需双方可以商定更高的温度。

③供需双方可以商定更低的温度。

3）卷材应用性能应符合表 3-45 的规定。

表 3-45

序号	项目		指标
1	50℃剪切强度①，MPa	≥	0.12
2	50℃粘结强度①，MPa	≥	0.05
3	热碾压后抗渗性		0.1MPa，30min 不透水
4	接缝变形能力①		10000 次循环无破坏

注：来自《道桥用改性沥青防水卷材》（JC/T 974—2005）。

①供需双方根据需要可以采用其他温度。

4）卷材性能试件的形状和数量按表 3-46 裁取。

表 3-46

序号	试验项目		试件形状（长×宽），mm	数量，个
1	卷材下表面沥青涂盖层厚度		200×50	横向 3
2	可溶物含量		100×100	3
3	耐热性		100×50	纵向 3
4	低温柔性		150×25	纵向 10
5	拉力及最大拉力时延伸率		280×50	纵横向各 5
6	盐处理	拉力保持率	280×50	纵横向各 5
		低温柔性	150×25	纵向 10
		质量增加	200×50	纵向 5
7	热老化	拉力及延伸率保持率	280×50	纵横向各 5
		低温柔性	150×25	纵向 10
		尺寸变化率及质量损失	280×50	纵向 5
8	渗油性		50×50	3
9	自粘沥青剥离强度		100×1000	1

注：1. 试件的长度方向应与最后一列中注明的方向平行，纵向是指顺卷材长度方向，横向是指顺卷材宽度方向。
2. 来自《道桥用改性沥青防水卷材》（JC/T 974—2005）。

3.17 聚合物水泥防水砂浆

聚合物水泥砂浆的物理力学性能应符合表 3-47 的要求。

表 3-47

序号	项目			干粉类（Ⅰ类）	乳液类（Ⅱ类）
1	凝结时间①	初凝，min	≥	45	45
		终凝，h	≤	12	24
2	抗渗压力，MPa	7d	≥	1.0	
		28d	≥	1.5	
3	抗压强度，MPa	28d	≥	24.0	
4	抗折强度，MPa	28d	≥	8.0	
5	压折比		≤	3.0	
6	粘结强度，MPa	7d	≥	1.0	
		28d	≥	1.2	
7	耐碱性：饱和 $Ca(OH)_2$ 溶液，168h			无开裂、剥落	
8	耐热性：100℃水，5h			无开裂、剥落	
9	抗冻性—冻融循环：（−15℃～+20℃），25 次			无开裂、剥落	
10	收缩率，%	28d	≤	0.15	

注：来自《聚合物水泥防水砂浆》（JC/T 984—2005）。
①凝结时间项目可根据用户需要及季节变化进行调整。

4 瓷 砖

4.1 陶瓷砖

1）按照陶瓷砖的成型方法和吸水率（见表 4-1）进行分类，这种分类与产品的使用无关。

表 4-1

成型方法	Ⅰ类 $E \leqslant 3\%$	Ⅱa类 $3\% < E \leqslant 6\%$	Ⅱb类 $6\% < E \leqslant 10\%$	Ⅲ类 $E > 10\%$
A（挤压）	AⅠ类	AⅡa1类① AⅡa2类①	AⅡb1类① AⅡb2类①	AⅢ类
B（干压）	BⅠa类 BⅠb类	BⅡa类 细炻砖	BⅡb类 炻质砖	BⅢ类② 陶质砖
C（其他）	CⅠ类③	CⅡa类③	CⅡb类③	CⅢ类③

注：来自《陶瓷砖》（GB/T 4100—2006）。

①AⅡa类和AⅡb类按照产品不同性能分为两个部分。

②BⅢ类仅包括有釉砖，此类不包括吸水率大于10%的干压成型无釉砖。

③《陶瓷砖》（GB/T 4100—2006）中不包括这类砖。

2）挤压陶瓷砖（$E \leqslant 3\%$，AⅠ类）技术要求应符合表 4-2 的规定。

表 4-2

技术要求				试验方法
尺寸和表面质量		精细	普通	
长度和宽度	每块砖（2条或4条边）的平均尺寸相对于工作尺寸（W）的允许偏差，%	±1.0%， 最大±2mm	±2.0%， 最大±4mm	GB/T 3810.2—2006
长度和宽度	每块砖（2条或4条边）的平均尺寸相对于10块砖（20条或40条边）平均尺寸的允许偏差，%	±1.0%	±1.5%	GB/T 3810.2—2006
长度和宽度	制造商选择工作尺寸应满足以下要求： 1）模数砖名义尺寸连接宽度允许在（3～11）mm之间① 2）非模数砖工作尺寸与名义尺寸之间的偏差不大于±3mm			GB/T 3810.2—2006
厚度 1）厚度由制造商确定 2）每块砖厚度的平均值相对于工作尺寸厚度的允许偏差，%		±10%	±10%	GB/T 3810.2—2006

续表

技术要求				试验方法
尺寸和表面质量		精细	普通	
边直度②（正面） 相对于工作尺寸的最大允许偏差，%		±0.5%	±0.6%	GB/T 3810.2—2006
直角度② 相对于工作尺寸的最大允许偏差，%		±1.0%	±1.0%	GB/T 3810.2—2006
表面平整度 最大允许偏差 %	相对于由工作尺寸计算的对角线的中心弯曲度	±0.5%	±1.5%	GB/T 3810.2—2006
	相对于工作尺寸的边弯曲度	±0.5%	±1.5%	GB/T 3810.2—2006
	相对于由工作尺寸计算的对角线的翘曲度	±0.8%	±1.5%	GB/T 3810.2—2006
表面质量③		至少95%的砖主要区域无明显缺陷		GB/T 3810.2—2006
物理性能		精细	普通	试验方法
吸水率⑧，质量分数		平均值≤3.0% 单值≤3.3%	平均值≤3.0% 单值≤3.3%	GB/T 3810.3—2006
破坏强度，N	厚度≥7.5mm	≥1100	≥1100	GB/T 3810.4—2006
	厚度<7.5mm	≥600	≥600	GB/T 3810.4—2006
断裂模数，N/mm² (MPa) 不适用于破坏强度≥3000N的砖		平均值≥23 单值≥18	平均值≥23 单值≥18	GB/T 3810.4—2006
耐磨性	无釉地砖耐磨损体积，mm³	≤275	≤275	GB/T 3810.6—2006
	有釉地砖表面耐磨性④	报告陶瓷砖耐磨性级别和转数		GB/T 3810.7—2006
线性热膨胀系数⑤	从环境温度到100℃	见GB/T 4100—2006附录Q		GB/T 3810.8—2006
抗热震性⑤		见GB/T 4100—2006附录Q		GB/T 3810.9—2006
有釉砖抗釉裂性⑥		经试验应无釉裂		GB/T 3810.11—2006
抗冻性⑤		见GB/T 4100—2006附录Q		GB/T 3810.12—2006
地砖摩擦系数		制造商应报告陶瓷地砖的摩擦系数和试验方法		见GB/T 4100—2006附录M
湿膨胀⑤，mm/m		见GB/T 4100—2006附录Q		GB/T 3810.10—2006
小色差⑤		见GB/T 4100—2006附录Q		GB/T 3810.16—2006
抗冲击性⑤		见GB/T 4100—2006附录Q		GB/T 3810.5—2006
化学性能		精细	普通	试验方法
耐污染性	有釉砖	最低3级	最低3级	GB/T 3810.14—2006
	无釉砖⑤	见GB/T 4100—2006附录Q		GB/T 3810.14—2006

续表

技术要求				试验方法
化学性能		精 细	普 通	
抗化学腐蚀性	耐低浓度酸和碱 1）有釉砖 2）无釉砖[7]	制造商应报告耐化学腐蚀性等级	制造商应报告耐化学腐蚀性等级	GB/T 3810.13—2006
	耐高浓度酸和碱[5]	见 GB/T 4100—2006 附录 Q		GB/T 3810.13—2006
	耐家庭化学试剂和游泳池盐类 1）有釉砖 2）无釉砖[7]	不低于 GB 级 不低于 UB 级	不低于 GB 级 不低于 UB 级	GB/T 3810.13—2006
铅和镉的溶出量[5]		见 GB/T 4100—2006 附录 Q		GB/T 3810.15—2006

注：来自《陶瓷砖》（GB/T 4100—2006）。

①以非公制尺寸为基础的习惯用法也可用在同类型砖的连接宽度上。

②不适用于有弯曲形状的砖。

③在烧成过程中，产品与标准化板之间的微小色差是难免的。本规定不适用于在砖的表面有意制造的色差（表面可能是有釉的、无釉的或部分有釉的）或在砖的部分区域内为了突出产品的特点而希望的色差。用于装饰目的的斑点或色斑不能看作为缺陷。

④有釉地砖耐磨性分级可参照 GB/T 4100—2006 附录 P 规定。

⑤表中所列“见 GB/T 4100—2006 附录 Q”涉及项目不是所有产品都必检的，是否有必要对这些项目进行检验应按 GB/T 4100—2006 附录 Q 的规定确定。

⑥制造商对于装饰效果而产生的裂纹应加以说明，这种情况下，GB/T 3810.11—2006 规定的釉裂试验不适用。

⑦如果色泽有微小变化，不应算是化学腐蚀。

⑧吸水率最大单个值为 0.5%的砖是全玻化砖（常被认为是不吸水的）。

3）挤压陶瓷砖（$3\%<E\leqslant6\%$，AⅡa 类——第 1 部分）技术要求应符合表 4-3 的规定。

表 4-3

技术要求				试验方法
尺寸和表面质量		精 细	普 通	
长度和宽度	每块砖（2 条或 4 条边）的平均尺寸相对于工作尺寸（W）的允许偏差，%	±1.25%，最大±2mm	±2.0%，最大±4mm	GB/T 3810.2—2006
	每块砖（2 条或 4 条边）的平均尺寸相对于 10 块砖（20 条或 40 条边）平均尺寸的允许偏差，%	±1.0%	±1.5%	GB/T 3810.2—2006
	制造商选择工作尺寸应满足以下要求： 1）模数砖名义尺寸连接宽度允许在（3～11）mm 之间[1] 2）非模数砖工作尺寸与名义尺寸之间的偏差不大于±3mm			GB/T 3810.2—2006
厚度 1）厚度由制造商确定 2）每块砖厚度的平均值相对于工作尺寸厚度的允许偏差，%		±10%	±10%	GB/T 3810.2—2006
边直度[2]（正面） 相对于工作尺寸的最大允许偏差，%		±0.5%	±0.6%	GB/T 3810.2—2006

续表

技 术 要 求				试验方法
尺寸和表面质量		精　细	普　通	
直角度② 相对于工作尺寸的最大允许偏差，%		±1.0%	±1.0%	GB/T 3810.2—2006
表面平整度 最大允许偏差 %	相对于由工作尺寸计算的对角线的中心弯曲度	±0.5%	±1.5%	GB/T 3810.2—2006
	相对于工作尺寸的边弯曲度	±0.5%	±1.5%	GB/T 3810.2—2006
	相对于由工作尺寸计算的对角线的翘曲度	±0.8%	±1.5%	GB/T 3810.2—2006
表面质量③		至少95%的砖主要区域无明显缺陷		GB/T 3810.2—2006
物理性能		精　细	普　通	试验方法
吸水率，质量分数		3.0%＜平均值≤6.0% 单值≤6.5%	3.0%＜平均值≤6.0% 单值≤6.5%	GB/T 3810.3—2006
破坏强度，N	厚度≥7.5mm	≥950	≥950	GB/T 3810.4—2006
	厚度＜7.5mm	≥600	≥600	GB/T 3810.4—2006
断裂模数，N/mm^2 (MPa) 不适用于破坏强度≥3000N的砖		平均值≥20 单值≥18	平均值≥20 单值≥18	GB/T 3810.4—2006
耐磨性	无釉地砖耐磨损体积，mm^3	≤393	≤393	GB/T 3810.6—2006
	有釉地砖表面耐磨性④	报告陶瓷砖耐磨性级别和转数		GB/T 3810.7—2006
线性热膨胀系数⑤	从环境温度到100℃	见GB/T 4100—2006附录Q		GB/T 3810.8—2006
抗热震性⑤		见GB/T 4100—2006附录Q		GB/T 3810.9—2006
有釉砖抗釉裂性⑥		经试验应无釉裂		GB/T 3810.11—2006
抗冻性⑤		见GB/T 4100—2006附录Q		GB/T 3810.12—2006
地砖摩擦系数		制造商应报告陶瓷地砖的摩擦系数和试验方法		见GB/T 4100—2006附录M
湿膨胀⑤，mm/m		见GB/T 4100—2006附录Q		GB/T 3810.10—2006
小色差⑤		见GB/T 4100—2006附录Q		GB/T 3810.16—2006
抗冲击性⑤		见GB/T 4100—2006附录Q		GB/T 3810.5—2006
化学性能		精　细	普　通	试验方法
耐污染性	有釉砖	最低3级	最低3级	GB/T 3810.14—2006
	无釉砖⑤	见GB/T 4100—2006附录Q		GB/T 3810.14—2006

续表

技术要求				试验方法
化学性能		精细	普通	
抗化学腐蚀性	耐低浓度酸和碱 1）有釉砖 2）无釉砖⑦	制造商应报告 耐化学腐蚀性 等级	制造商应报告 耐化学腐蚀性 等级	GB/T 3810.13—2006
	耐高浓度酸和碱⑤	见 GB/T 4100—2006 附录 Q		GB/T 3810.13—2006
	耐家庭化学试剂和游泳池盐类 1）有釉砖 2）无釉砖⑦	不低于 GB 级 不低于 UB 级	不低于 GB 级 不低于 UB 级	GB/T 3810.13—2006
铅和镉的溶出量⑤		见 GB/T 4100—2006 附录 Q		GB/T 3810.15—2006

注：来自《陶瓷砖》（GB/T 4100—2006）。

①以非公制尺寸为基础的习惯用法也可用在同类型砖的连接宽度上。

②不适用于有弯曲形状的砖。

③在烧成过程中，产品与标准化板之间的微小色差是难免的。本规定不适用于在砖的表面有意制造的色差（表面可能是有釉的、无釉的或部分有釉的）或在砖的部分区域内为了突出产品的特点而希望的色差。用于装饰目的的斑点或色斑不能看作为缺陷。

④有釉地砖耐磨性分级可参照 GB/T 4100—2006 附录 P 规定。

⑤表中所列“见 GB/T 4100—2006 附录 Q”涉及项目不是所有产品都必检的，是否有必要对这些项目进行检验应按 GB/T 4100—2006 附录 Q 的规定确定。

⑥制造商对于装饰效果而产生的裂纹应加以说明，这种情况下，GB/T 3810.11—2006 规定的釉裂试验不适用。

⑦如果色泽有微小变化，不应算是化学腐蚀。

4）挤压陶瓷砖（3%＜E≤6%，AⅡa 类——第 2 部分）技术要求应符合表 4-4 的规定。

表 4-4

技术要求				试验方法
尺寸和表面质量		精细	普通	
长度和宽度	每块砖（2 条或 4 条边）的平均尺寸相对于工作尺寸（W）的允许偏差，%	±1.5%， 最大±2mm	±2.0%， 最大±4mm	GB/T 3810.2—2006
	每块砖（2 条或 4 条边）的平均尺寸相对于 10 块砖（20 条或 40 条边）平均尺寸的允许偏差，%	±1.5%	±1.5%	GB/T 3810.2—2006
	制造商选择工作尺寸应满足以下要求： 1）模数砖名义尺寸连接宽度允许在（3～11）mm 之间① 2）非模数砖工作尺寸与名义尺寸之间的偏差不大于±3mm			GB/T 3810.2—2006
厚度 1）厚度由制造商确定 2）每块砖厚度的平均值相对于工作尺寸厚度的允许偏差，%		±10%	±10%	GB/T 3810.2—2006
边直度②（正面） 相对于工作尺寸的最大允许偏差，%		±1.0%	±1.0%	GB/T 3810.2—2006

续表

技术要求				试验方法
尺寸和表面质量		精细	普通	
直角度② 相对于工作尺寸的最大允许偏差，%		±1.0%	±1.0%	GB/T 3810.2—2006
表面平整度 最大允许偏差 %	相对于由工作尺寸计算的对角线的中心弯曲度	±1.0%	±1.5%	GB/T 3810.2—2006
	相对于工作尺寸的边弯曲度	±1.0%	±1.5%	GB/T 3810.2—2006
	相对于由工作尺寸计算的对角线的翘曲度	±1.5%	±1.5%	GB/T 3810.2—2006
表面质量③		至少95%的砖主要区域无明显缺陷		GB/T 3810.2—2006
物理性能		精细	普通	试验方法
吸水率，质量分数		3.0%<平均值≤6.0% 单值≤6.5%	3.0%<平均值≤6.0% 单值≤6.5%	GB/T 3810.3—2006
破坏强度，N	厚度≥7.5mm	≥800	≥800	GB/T 3810.4—2006
	厚度<7.5mm	≥600	≥600	GB/T 3810.4—2006
断裂模数，N/mm^2（MPa） 不适用于破坏强度≥3000N的砖		平均值≥13 单值≥11	平均值≥13 单值≥11	GB/T 3810.4—2006
耐磨性	无釉地砖耐磨损体积，mm^3	≤541	≤541	GB/T 3810.6—2006
	有釉地砖表面耐磨性④	报告陶瓷砖耐磨性级别和转数		GB/T 3810.7—2006
线性热膨胀系数⑤	从环境温度到100℃	见GB/T 4100—2006附录Q		GB/T 3810.8—2006
抗热震性⑤		见GB/T 4100—2006附录Q		GB/T 3810.9—2006
有釉砖抗釉裂性⑥		经试验应无釉裂		GB/T 3810.11—2006
抗冻性⑤		见GB/T 4100—2006附录Q		GB/T 3810.12—2006
地砖摩擦系数		制造商应报告陶瓷地砖的摩擦系数和试验方法		见GB/T 4100—2006附录M
湿膨胀⑤，mm/m		见GB/T 4100—2006附录Q		GB/T 3810.10—2006
小色差⑤		见GB/T 4100—2006附录Q		GB/T 3810.16—2006
抗冲击性⑤		见GB/T 4100—2006附录Q		GB/T 3810.5—2006
化学性能		精细	普通	试验方法
耐污染性	有釉砖	最低3级	最低3级	GB/T 3810.14—2006
	无釉砖⑤	见GB/T 4100—2006附录Q		GB/T 3810.14—2006

续表

技术要求				试验方法
化学性能		精　细	普　通	
抗化学腐蚀性	耐低浓度酸和碱 1）有釉砖 2）无釉砖⑦	制造商应报告耐化学腐蚀性等级	制造商应报告耐化学腐蚀性等级	GB/T 3810.13—2006
	耐高浓度酸和碱⑤	见 GB/T 4100—2006 附录 Q		GB/T 3810.13—2006
	耐家庭化学试剂和游泳池盐类 1）有釉砖 2）无釉砖⑦	 不低于 GB 级 不低于 UB 级	 不低于 GB 级 不低于 UB 级	GB/T 3810.13—2006
铅和镉的溶出量⑤		见 GB/T 4100—2006 附录 Q		GB/T 3810.15—2006

注：来自《陶瓷砖》（GB/T 4100—2006）。

①以非公制尺寸为基础的习惯用法也可用在同类型砖的连接宽度上。

②不适用于有弯曲形状的砖。

③在烧成过程中，产品与标准化板之间的微小色差是难免的。本规定不适用于在砖的表面有意制造的色差（表面可能是有釉的、无釉的或部分有釉的）或在砖的部分区域内为了突出产品的特点而希望的色差。用于装饰目的的斑点或色斑不能看作为缺陷。

④有釉地砖耐磨性分级可参照 GB/T 4100—2006 附录 P 规定。

⑤表中所列“见 GB/T 4100—2006 附录 Q”涉及项目不是所有产品都必检的，是否有必要对这些项目进行检验应按 GB/T 4100—2006 附录 Q 的规定确定。

⑥制造商对于装饰效果而产生的裂纹应加以说明，这种情况下，GB/T 3810.11—2006 规定的釉裂试验不适用。

⑦如果色泽有微小变化，不应算是化学腐蚀。

5）挤压陶瓷砖（$6\% < E \leqslant 10\%$，AⅡb 类——第 1 部分）技术要求应符合表 4-5 的规定。

表 4-5

技术要求				试验方法
尺寸和表面质量		精　细	普　通	
长度和宽度	每块砖（2 条或 4 条边）的平均尺寸相对于工作尺寸（W）的允许偏差，%	±2.0%，最大±2mm	±2.0%，最大±4mm	GB/T 3810.2—2006
	每块砖（2 条或 4 条边）的平均尺寸相对于 10 块砖（20 条或 40 条边）平均尺寸的允许偏差，%	±1.5%	±1.5%	GB/T 3810.2—2006
	制造商选择工作尺寸应满足以下要求： 1）模数砖名义尺寸连接宽度允许在（3～11）mm 之间① 2）非模数砖工作尺寸与名义尺寸之间的偏差不大于±3mm			GB/T 3810.2—2006
厚度 1）厚度由制造商确定 2）每块砖厚度的平均值相对于工作尺寸厚度的允许偏差，%		±10%	±10%	GB/T 3810.2—2006
边直度②（正面） 相对于工作尺寸的最大允许偏差，%		±1.0%	±1.0%	GB/T 3810.2—2006

续表

技术要求				试验方法
尺寸和表面质量		精 细	普 通	
直角度[②] 相对于工作尺寸的最大允许偏差，%		±1.0%	±1.0%	GB/T 3810.2—2006
表面平整度 最大允许偏差 %	相对于由工作尺寸计算的对角线的中心弯曲度	±1.0%	±1.5%	GB/T 3810.2—2006
	相对于工作尺寸的边弯曲度	±1.0%	±1.5%	GB/T 3810.2—2006
	相对于由工作尺寸计算的对角线的翘曲度	±1.5%	±1.5%	GB/T 3810.2—2006
表面质量[③]		至少95%的砖主要区域无明显缺陷		GB/T 3810.2—2006
物理性能		精 细	普 通	试验方法
吸水率，质量分数		6.0%<平均值≤10.0% 单值≤11%	6.0%<平均值≤10.0% 单值≤11%	GB/T 3810.3—2006
破坏强度，N		≥900	≥900	GB/T 3810.4—2006
断裂模数，(N/mm²)（MPa） 不适用于破坏强度≥3000N的砖		平均值≥17.5 单值≥15	平均值≥17.5 单值≥15	GB/T 3810.4—2006
耐磨性	无釉地砖耐磨损体积，mm³	≤649	≤649	GB/T 3810.6—2006
	有釉地砖表面耐磨性[④]	报告陶瓷砖耐磨性级别和转数		GB/T 3810.7—2006
线性热膨胀系数[⑤]	从环境温度到100℃	见GB/T 4100—2006附录Q		GB/T 3810.8—2006
抗热震性[⑤]		见GB/T 4100—2006附录Q		GB/T 3810.9—2006
有釉砖抗釉裂性[⑥]		经试验应无釉裂		GB/T 3810.11—2006
抗冻性[⑤]		见GB/T 4100—2006附录Q		GB/T 3810.12—2006
地砖摩擦系数		制造商应报告陶瓷地砖的摩擦系数和试验方法		见GB/T 4100—2006附录M
湿膨胀[⑤]，mm/m		见GB/T 4100—2006附录Q		GB/T 3810.10—2006
小色差[⑤]		见GB/T 4100—2006附录Q		GB/T 3810.16—2006
抗冲击性[⑤]		见GB/T 4100—2006附录Q		GB/T 3810.5—2006
化学性能		精 细	普 通	试验方法
耐污染性	有釉砖	最低3级	最低3级	GB/T 3810.14—2006
	无釉砖[⑤]	见GB/T 4100—2006附录Q		GB/T 3810.14—2006

续表

技术要求				试验方法
化学性能		精细	普通	
抗化学腐蚀性	耐低浓度酸和碱 1）有釉砖 2）无釉砖⑦	制造商应报告耐化学腐蚀性等级	制造商应报告耐化学腐蚀性等级	GB/T 3810.13—2006
	耐高浓度酸和碱⑤	见 GB/T 4100—2006 附录 Q		GB/T 3810.13—2006
	耐家庭化学试剂和游泳池盐类 1）有釉砖 2）无釉砖⑦	不低于 GB 级 不低于 UB 级	不低于 GB 级 不低于 UB 级	GB/T 3810.13—2006
铅和镉的溶出量⑤		见 GB/T 4100—2006 附录 Q		GB/T 3810.15—2006

注：来自《陶瓷砖》（GB/T 4100—2006）。

①以非公制尺寸为基础的习惯用法也可用在同类型砖的连接宽度上。

②不适用于有弯曲形状的砖。

③在烧成过程中，产品与标准化板之间的微小色差是难免的。本规定不适用于在砖的表面有意制造的色差（表面可能是有釉的、无釉的或部分有釉的）或在砖的部分区域内为了突出产品的特点而希望的色差。用于装饰目的的斑点或色斑不能看作为缺陷。

④有釉地砖耐磨性分级可参照 GB/T 4100—2006 附录 P 规定。

⑤表中所列"见 GB/T 4100—2006 附录 Q"涉及项目不是所有产品都必检的，是否有必要对这些项目进行检验应按 GB/T 4100—2006 附录 Q 的规定确定。

⑥制造商对于装饰效果而产生的裂纹应加以说明，这种情况下，GB/T 3810.11—2006 规定的釉裂试验不适用。

⑦如果色泽有微小变化，不应算是化学腐蚀。

6）挤压陶瓷砖（6%＜E≤10%，AⅡb 类——第 2 部分）技术要求应符合表 4-6 的规定。

表 4-6

技术要求				试验方法
尺寸和表面质量		精细	普通	
长度和宽度	每块砖（2 条或 4 条边）的平均尺寸相对于工作尺寸（W）的允许偏差，%	±2.0%，最大±2mm	±2.0%，最大±4mm	GB/T 3810.2—2006
	每块砖（2 条或 4 条边）的平均尺寸相对于 10 块砖（20 条或 40 条边）平均尺寸的允许偏差，%	±1.5%	±1.5%	GB/T 3810.2—2006
	制造商选择工作尺寸应满足以下要求： 1）模数砖名义尺寸连接宽度允许在（3～11）mm 之间① 2）非模数砖工作尺寸与名义尺寸之间的偏差不大于±3mm			GB/T 3810.2—2006
厚度 1）厚度由制造商确定 2）每块砖厚度的平均值相对于工作尺寸厚度的允许偏差（%）		±10%	±10%	GB/T 3810.2—2006
边直度②（正面） 相对于工作尺寸的最大允许偏差，%		±1.0%	±1.0%	GB/T 3810.2—2006

续表

技术要求				试验方法
尺寸和表面质量		精　细	普　通	
直角度[②] 相对于工作尺寸的最大允许偏差，%		±1.0%	±1.0%	GB/T 3810.2—2006
表面平整度 最大允许偏差 %	相对于由工作尺寸计算的对角线的中心弯曲度	±1.0%	±1.5%	GB/T 3810.2—2006
	相对于工作尺寸的边弯曲度	±1.0%	±1.5%	GB/T 3810.2—2006
	相对于由工作尺寸计算的对角线的翘曲度	±1.5%	±1.5%	GB/T 3810.2—2006
表面质量[③]		至少95%的砖主要区域无明显缺陷		GB/T 3810.2—2006
物理性能		精　细	普　通	试验方法
吸水率，质量分数		6.0%<平均值≤10.0% 单值≤11%	6.0%<平均值≤10.0% 单值≤11%	GB/T 3810.3—2006
破坏强度，N		≥750	≥750	GB/T 3810.4—2006
断裂模数，(N/mm²)(MPa) 不适用于破坏强度≥3000N的砖		平均值≥9 单值≥8	平均值≥9 单值≥8	GB/T 3810.4—2006
耐磨性	无釉地砖耐磨损体积，mm^3	≤1062	≤1062	GB/T 3810.6—2006
	有釉地砖表面耐磨性[④]	报告陶瓷砖耐磨性级别和转数		GB/T 3810.7—2006
线性热膨胀系数[⑤]	从环境温度到100℃	见GB/T 4100—2006附录Q		GB/T 3810.8—2006
抗热震性[⑤]		见GB/T 4100—2006附录Q		GB/T 3810.9—2006
有釉砖抗釉裂性[⑥]		经试验应无釉裂		GB/T 3810.11—2006
抗冻性[⑤]		见GB/T 4100—2006附录Q		GB/T 3810.12—2006
地砖摩擦系数		制造商应报告陶瓷地砖的摩擦系数和试验方法		见GB/T 4100—2006附录M
湿膨胀[⑤]，mm/m		见GB/T 4100—2006附录Q		GB/T 3810.10—2006
小色差[⑤]		见GB/T 4100—2006附录Q		GB/T 3810.16—2006
抗冲击性[⑤]		见GB/T 4100—2006附录Q		GB/T 3810.5—2006
化学性能		精　细	普　通	试验方法
耐污染性	有釉砖	最低3级	最低3级	GB/T 3810.14—2006
	无釉砖[⑤]	见GB/T 4100—2006附录Q		GB/T 3810.14—2006

续表

技术要求				试验方法
化学性能		精 细	普 通	
抗化学腐蚀性	耐低浓度酸和碱 1）有釉砖 2）无釉砖⑦	制造商应报告耐化学腐蚀性等级	制造商应报告耐化学腐蚀性等级	GB/T 3810.13—2006
	耐高浓度酸和碱⑤	见 GB/T 4100—2006 附录 Q		GB/T 3810.13—2006
	耐家庭化学试剂和游泳池盐类 1）有釉砖 2）无釉砖⑦	不低于 GB 级 不低于 UB 级	不低于 GB 级 不低于 UB 级	GB/T 3810.13—2006
铅和镉的溶出量⑤		见 GB/T 4100—2006 附录 Q		GB/T 3810.15—2006

注：来自《陶瓷砖》（GB/T 4100—2006）。

①以非公制尺寸为基础的习惯用法也可用在同类型砖的连接宽度上。

②不适用于有弯曲形状的砖。

③在烧成过程中，产品与标准化板之间的微小色差是难免的。本规定不适用于在砖的表面有意制造的色差（表面可能是有釉的、无釉的或部分有釉的）或在砖的部分区域内为了突出产品的特点而希望的色差。用于装饰目的的斑点或色斑不能看作为缺陷。

④有釉地砖耐磨性分级可参照 GB/T 4100—2006 附录 P 规定。

⑤表中所列“见 GB/T 4100—2006 附录 Q”涉及项目不是所有产品都必检的，是否有必要对这些项目进行检验应按 GB/T 4100—2006 附录 Q 的规定确定。

⑥制造商对于装饰效果而产生的裂纹应加以说明，这种情况下，GB/T 3810.11—2006 规定的釉裂试验不适用。

⑦如果色泽有微小变化，不应算是化学腐蚀。

7）挤压陶瓷砖（$E>10\%$，AⅢ类）技术要求应符合表 4-7 的规定。

表 4-7

技术要求				试验方法
尺寸和表面质量		精 细	普 通	
长度和宽度	每块砖（2 条或 4 条边）的平均尺寸相对于工作尺寸（W）的允许偏差,%	±2.0%，最大±2mm	±2.0%，最大±4mm	GB/T 3810.2—2006
	每块砖（2 条或 4 条边）的平均尺寸相对于 10 块砖（20 条或 40 条边）平均尺寸的允许偏差,%	±1.5%	±1.5%	GB/T 3810.2—2006
	制造商选择工作尺寸应满足以下要求： 1）模数砖名义尺寸连接宽度允许在（3～11）mm 之间① 2）非模数砖工作尺寸与名义尺寸之间的偏差不大于±3mm			GB/T 3810.2—2006
厚度 1）厚度由制造商确定 2）每块砖厚度的平均值相对于工作尺寸厚度的允许偏差%		±10%	±10%	GB/T 3810.2—2006
边直度②（正面） 相对于工作尺寸的最大允许偏差,%		±1.0%	±1.0%	GB/T 3810.2—2006

续表

技术要求				试验方法
尺寸和表面质量		精　细	普　通	
直角度[2] 相对于工作尺寸的最大允许偏差（%）		±1.0%	±1.0%	GB/T 3810.2—2006
表面平整度最大允许偏差%	相对于由工作尺寸计算的对角线的中心弯曲度	±1.0%	±1.5%	GB/T 3810.2—2006
	相对于工作尺寸的边弯曲度	±1.0%	±1.5%	GB/T 3810.2—2006
	相对于由工作尺寸计算的对角线的翘曲度	±1.5%	±1.5%	GB/T 3810.2—2006
表面质量[3]		至少95%的砖主要区域无明显缺陷		GB/T 3810.2—2006
物理性能		精　细	普　通	试验方法
吸水率，质量分数		平均值>10%	平均值>10%	GB/T 3810.3—2006
破坏强度，N		≥600	≥600	GB/T 3810.4—2006
断裂模数，（N/mm^2）（MPa）不适用于破坏强度≥3000N 的砖		平均值≥8 单值≥7	平均值≥8 单值≥7	GB/T 3810.4—2006
耐磨性	无釉地砖耐磨损体积，mm^3	≤2365	≤2365	GB/T 3810.6—2006
	有釉地砖表面耐磨性[4]	报告陶瓷砖耐磨性级别和转数		GB/T 3810.7—2006
线性热膨胀系数[5]	从环境温度到100℃	见 GB/T 4100—2006 附录 Q		GB/T 3810.8—2006
抗热震性[5]		见 GB/T 4100—2006 附录 Q		GB/T 3810.9—2006
有釉砖抗釉裂性[6]		经试验应无釉裂		GB/T 3810.11—2006
抗冻性[5]		见 GB/T 4100—2006 附录 Q		GB/T 3810.12—2006
地砖摩擦系数		制造商应报告陶瓷地砖的摩擦系数和试验方法		见 GB/T 4100—2006 附录 M
湿膨胀[5]，mm/m		见 GB/T 4100—2006 附录 Q		GB/T 3810.10—2006
小色差[5]		见 GB/T 4100—2006 附录 Q		GB/T 3810.16—2006
抗冲击性[5]		见 GB/T 4100—2006 附录 Q		GB/T 3810.5—2006
化学性能		精　细	普　通	试验方法
耐污染性	有釉砖	最低 3 级	最低 3 级	GB/T 3810.14—2006
	无釉砖[5]	见 GB/T 4100—2006 附录 Q		GB/T 3810.14—2006

续表

技术要求				试验方法
化学性能		精细	普通	
抗化学腐蚀性	耐低浓度酸和碱 1）有釉砖 2）无釉砖⑦	制造商应报告耐化学腐蚀性等级	制造商应报告耐化学腐蚀性等级	GB/T 3810.13—2006
	耐高浓度酸和碱⑤	见 GB/T 4100—2006 附录 Q		GB/T 3810.13—2006
	耐家庭化学试剂和游泳池盐类 1）有釉砖 2）无釉砖⑦	 不低于 GB 级 不低于 UB 级	 不低于 GB 级 不低于 UB 级	GB/T 3810.13—2006
铅和镉的溶出量⑤		见 GB/T 4100—2006 附录 Q		GB/T 3810.15—2006

注：来自《陶瓷砖》（GB/T 4100—2006）。

①以非公制尺寸为基础的习惯用法也可用在同类型砖的连接宽度上。

②不适用于有弯曲形状的砖。

③在烧成过程中，产品与标准化板之间的微小色差是难免的。本规定不适用于在砖的表面有意制造的色差（表面可能是有釉的、无釉的或部分有釉的）或在砖的部分区域内为了突出产品的特点而希望的色差。用于装饰目的的斑点或色斑不能看作为缺陷。

④有釉地砖耐磨性分级可参照 GB/T 4100—2006 附录 P 规定。

⑤表中所列“见 GB/T 4100—2006 附录 Q”涉及项目不是所有产品都必检的，是否有必要对这些项目进行检验应按 GB/T 4100—2006 附录 Q 的规定确定。

⑥制造商对于装饰效果而产生的裂纹应加以说明，这种情况下，GB/T 3810.11—2006 规定的釉裂试验不适用。

⑦如果色泽有微小变化，不应算是化学腐蚀。

8）干压陶瓷砖（$E \leqslant 0.5\%$，BⅠa 类——瓷质砖）技术要求应符合表 4-8 的规定。

表 4-8

技术要求							试验方法
尺寸和表面质量		产品表面积 S，cm^2					
		$S \leqslant 90$	$90 < S \leqslant 190$	$190 < S \leqslant 410$	$410 < S \leqslant 1600$	$S > 1600$	
长度和宽度	每块砖（2 条或 4 条边）的平均尺寸相对于工作尺寸（W）的允许偏差，%	±1.2	±1.0	±0.75	±0.6	±0.5	GB/T 3810.2—2006
		每块抛光砖（2 条或 4 条边）的平均尺寸相对于工作尺寸的允许偏差为±1.0mm					
	每块砖（2 条或 4 条边）的平均尺寸相对于 10 块砖（20 条或 40 条边）平均尺寸的允许偏差，%	±0.75	±0.5	±0.5	±0.5	±0.4	GB/T 3810.2—2006
	制造商选择工作尺寸应满足以下要求： 1）模数砖名义尺寸连接宽度允许在（2～5）mm 之间① 2）非模数砖工作尺寸与名义尺寸之间的偏差不大于±2%，最大 5mm						GB/T 3810.2—2006

续表

技术要求							试验方法
尺寸和表面质量		产品表面积 S，cm^2					
		$S\leqslant 90$	$90<S\leqslant 190$	$190<S\leqslant 410$	$410<S\leqslant 1600$	$S>1600$	
厚度 1）厚度由制造商确定 2）每块砖厚度的平均值相对于工作尺寸厚度的允许偏差，%		±10	±10	±5	±5	±5	GB/T 3810.2—2006
边直度②（正面） 相对于工作尺寸的最大允许偏差，%		±0.75	±0.5	±0.5	±0.5	±0.3	GB/T 3810.2—2006
		抛光砖的边直度允许偏差为±0.2%，且最大偏差≤2.0mm					
直角度② 相对于工作尺寸的最大允许偏差，%		±1.0	±0.6	±0.6	±0.6	±0.5	GB/T 3810.2—2006
		抛光砖的直角度允许偏差为±0.2%，且最大偏差≤2.0mm 边长>600mm的砖，直角度用对边长度差和对角线长度差表示，最大偏差≤2.0mm					
表面平整度最大允许偏差%	相对于由工作尺寸计算的对角线的中心弯曲度	±1.0	±0.5	±0.5	±0.5	±0.4	GB/T 3810.2—2006
	相对于工作尺寸的边弯曲度	±1.0	±0.5	±0.5	±0.5	±0.4	GB/T 3810.2—2006
	相对于由工作尺寸计算的对角线的翘曲度	±1.0	±0.5	±0.5	±0.5	±0.4	GB/T 3810.2—2006
	抛光砖的表面平整度允许偏差为±0.2%，且最大偏差≤2.0mm 边长>600mm的砖，表面平整度用上凸和下凹表示，其最大偏差≤2.0mm						GB/T 3810.2—2006
表面质量③		至少95%的砖主要区域无明显缺陷					GB/T 3810.2—2006
物理性能		要求					试验方法
吸水率⑧，质量分数		平均值≤0.5%，单值≤0.6%					GB/T 3810.3—2006
破坏强度，N	厚度≥7.5mm	≥1300					GB/T 3810.4—2006
	厚度<7.5mm	≥700					
断裂模数，（N/mm^2）（MPa） 不适用于破坏强度≥3000N的砖		平均值≥35，单值≥32					GB/T 3810.4—2006
耐磨性	无釉地砖耐磨损体积，mm^3	≤175					GB/T 3810.6—2006
	有釉地砖表面耐磨性④	报告陶瓷砖耐磨性级别和转数					GB/T 3810.7—2006

续表

技术要求			试验方法
物理性能		要求	
线性热膨胀系数⑤	从环境温度到100℃	见GB/T 4100—2006附录Q	GB/T 3810.8—2006
抗热震性⑤		见GB/T 4100—2006附录Q	GB/T 3810.9—2006
有釉砖抗釉裂性⑥		经试验应无釉裂	GB/T 3810.11—2006
抗冻性		经试验应无裂纹或剥落	GB/T 3810.12—2006
地砖摩擦系数		制造商应报告陶瓷地砖的摩擦系数和试验方法	见GB/T 4100—2006附录M
湿膨胀⑤，mm/m		见GB/T 4100—2006附录Q	GB/T 3810.10—2006
小色差⑤		见GB/T 4100—2006附录Q	GB/T 3810.16—2006
抗冲击性⑤		见GB/T 4100—2006附录Q	GB/T 3810.5—2006
抛光砖光泽度⑨		≥55	GB/T 13891—1992
化学性能		要求	试验方法
耐污染性	有釉砖	最低3级	GB/T 3810.14—2006
	无釉砖⑤	见GB/T 4100—2006附录Q	
抗化学腐蚀性	耐低浓度酸和碱 1）有釉砖 2）无釉砖⑦	制造商应报告耐化学腐蚀性等级	GB/T 3810.13—2006
	耐高浓度酸和碱⑤	见GB/T 4100—2006附录Q	GB/T 3810.13—2006
	耐家庭化学试剂和游泳池盐类 1）有釉砖 2）无釉砖⑦	不低于GB级 不低于UB级	GB/T 3810.13—2006
铅和镉的溶出量⑤		见GB/T 4100—2006附录Q	GB/T 3810.15—2006

注：来自《陶瓷砖》（GB/T 4100—2006）。

①以非公制尺寸为基础的习惯用法也可用在同类型砖的连接宽度上。

②不适用于有弯曲形状的砖。

③在烧成过程中，产品与标准化板之间的微小色差是难免的。本规定不适用于在砖的表面有意制造的色差（表面可能是有釉的、无釉的或部分有釉的）或在砖的部分区域内为了突出产品的特点而希望的色差。用于装饰目的的斑点或色斑不能看作为缺陷。

④有釉地砖耐磨性分级可参照GB/T 4100—2006附录P规定。

⑤表中所列“见GB/T 4100—2006附录Q”涉及项目不是所有产品都必检的，是否有必要对这些项目进行检验应按GB/T 4100—2006附录Q的规定确定。

⑥制造商对于装饰效果而产生的裂纹应加以说明，这种情况下，GB/T 3810.11—2006规定的釉裂试验不适用。

⑦如果色泽有微小变化，不应算是化学腐蚀。

⑧吸水率最大单个值为0.5%的砖是全玻化砖（常被认为是不吸水的）。

⑨适用于有镜面效果的抛光砖，不包括半抛光和局部抛光的砖。

9）干压陶瓷砖（0.5%<E≤3%，BⅠb类——炻瓷砖）技术要求应符合表4-9的规定。

表 4-9

技术要求						试验方法
尺寸和表面质量		产品表面积 S，cm^2				
		S≤90	90<S≤190	190<S≤410	S>410	
长度和宽度	每块砖（2条或4条边）的平均尺寸相对于工作尺寸（W）的允许偏差，%	±1.2	±1.0	±0.75	±0.6	GB/T 3810.2—2006
长度和宽度	每块砖（2条或4条边）的平均尺寸相对于10块砖（20条或40条边）平均尺寸的允许偏差，%	±0.75	±0.5	±0.5	±0.5	GB/T 3810.2—2006
长度和宽度	制造商选择工作尺寸应满足以下要求： 1）模数砖名义尺寸连接宽度允许在（2～5）mm之间[①] 2）非模数砖工作尺寸与名义尺寸之间的偏差不大于±2%，最大5mm					GB/T 3810.2—2006
厚度 1）厚度由制造商确定 2）每块砖厚度的平均值相对于工作尺寸厚度的允许偏差，%		±10	±10	±5	±5	GB/T 3810.2—2006
边直度[②]（正面） 相对于工作尺寸的最大允许偏差，%		±0.75	±0.5	±0.5	±0.5	GB/T 3810.2—2006
直角度[②] 相对于工作尺寸的最大允许偏差，%		±1.0	±0.6	±0.6	±0.6	GB/T 3810.2—2006
表面平整度最大允许偏差%	相对于由工作尺寸计算的对角线的中心弯曲度	±1.0	±0.5	±0.5	±0.5	GB/T 3810.2—2006
表面平整度最大允许偏差%	相对于工作尺寸的边弯曲度	±1.0	±0.5	±0.5	±0.5	GB/T 3810.2—2006
表面平整度最大允许偏差%	相对于由工作尺寸计算的对角线的翘曲度	±1.0	±0.5	±0.5	±0.5	GB/T 3810.2—2006
表面质量[③]		至少95%的砖主要区域无明显缺陷				GB/T 3810.2—2006
物理性能		要　求				试验方法
吸水率[⑧]，质量分数		0.5%<E≤3%，单个最大值≤3.3%				GB/T 3810.3—2006
破坏强度，N	厚度≥7.5mm	≥1100				GB/T 3810.4—2006
破坏强度，N	厚度<7.5mm	≥700				GB/T 3810.4—2006
断裂模数，N/mm^2（MPa） 不适用于破坏强度≥3000N的砖		平均值≥30，单个最小值≥27				GB/T 3810.4—2006
耐磨性	无釉地砖耐磨损体积，mm^3	≤175				GB/T 3810.6—2006
耐磨性	有釉地砖表面耐磨性[④]	报告陶瓷砖耐磨性级别和转数				GB/T 3810.7—2006
线性热膨胀系数[⑤]	从环境温度到100℃	见GB/T 4100—2006附录Q				GB/T 3810.8—2006

续表

技术要求			试验方法
物理性能		要求	
抗热震性⑤		见 GB/T 4100—2006 附录 Q	GB/T 3810.9—2006
有釉砖抗釉裂性⑥		经试验应无釉裂	GB/T 3810.11—2006
抗冻性		经试验应无裂纹或剥落	GB/T 3810.12—2006
地砖摩擦系数		制造商应报告陶瓷地砖的摩擦系数和试验方法	见 GB/T 4100—2006 附录 M
湿膨胀⑤，mm/m		见 GB/T 4100—2006 附录 Q	GB/T 3810.10—2006
小色差⑤		见 GB/T 4100—2006 附录 Q	GB/T 3810.16—2006
抗冲击性⑤		见 GB/T 4100—2006 附录 Q	GB/T 3810.5—2006
化学性能		要求	试验方法
耐污染性	有釉砖	最低 3 级	GB/T 3810.14—2006
	无釉砖⑤	见 GB/T 4100—2006 附录 Q	
抗化学腐蚀性	耐低浓度酸和碱 1）有釉砖 2）无釉砖⑦	制造商应报告耐化学腐蚀性等级	GB/T 3810.13—2006
	耐高浓度酸和碱⑤	见 GB/T 4100—2006 附录 Q	GB/T 3810.13—2006
	耐家庭化学试剂和游泳池盐类 1）有釉砖 2）无釉砖⑦	 不低于 GB 级 不低于 UB 级	GB/T 3810.13—2006
铅和镉的溶出量⑤		见 GB/T 4100—2006 附录 Q	GB/T 3810.15—2006

注：来自《陶瓷砖》(GB/T 4100—2006)。

①以非公制尺寸为基础的习惯用法也可用在同类型砖的连接宽度上。

②不适用于有弯曲形状的砖。

③在烧成过程中，产品与标准化板之间的微小色差是难免的。本规定不适用于在砖的表面有意制造的色差（表面可能是有釉的、无釉的或部分有釉的）或在砖的部分区域内为了突出产品的特点而希望的色差。用于装饰目的的斑点或色斑不能看作为缺陷。

④有釉地砖耐磨性分级可参照 GB/T 4100—2006 附录 P 规定。

⑤表中所列“见 GB/T 4100—2006 附录 Q”涉及项目不是所有产品都必检的，是否有必要对这些项目进行检验应按 GB/T 4100—2006 附录 Q 的规定确定。

⑥制造商对于装饰效果而产生的裂纹应加以说明，这种情况下，GB/T 3810.11—2006 规定的釉裂试验不适用。

⑦如果色泽有微小变化，不应算是化学腐蚀。

⑧吸水率最大单个值为 0.5%的砖是全玻化砖（常被认为是不吸水的）。

10）干压陶瓷砖（$3\% < E \leqslant 6\%$，BⅡa 类——细炻砖）技术要求应符合表 4-10 的规定。

表 4-10

技术要求						试验方法
尺寸和表面质量		产品表面积 S，cm²				
		S≤90	90＜S≤190	190＜S≤410	S＞410	
长度和宽度	每块砖（2条或4条边）的平均尺寸相对于工作尺寸（W）的允许偏差，%	±1.2	±1.0	±0.75	±0.6	GB/T 3810.2—2006
	每块砖（2条或4条边）的平均尺寸相对于10块砖（20条或40条边）平均尺寸的允许偏差，%	±0.75	±0.5	±0.5	±0.5	GB/T 3810.2—2006
	制造商选择工作尺寸应满足以下要求： 1）模数砖名义尺寸连接宽度允许在（2～5）mm之间① 2）非模数砖工作尺寸与名义尺寸之间的偏差不大于±2%，最大5mm					GB/T 3810.2—2006
厚度 1）厚度由制造商确定 2）每块砖厚度的平均值相对于工作尺寸厚度的允许偏差，%		±10	±10	±5	±5	GB/T 3810.2—2006
边直度②（正面） 相对于工作尺寸的最大允许偏差，%		±0.75	±0.5	±0.5	±0.5	GB/T 3810.2—2006
直角度② 相对于工作尺寸的最大允许偏差，%		±1.0	±0.6	±0.6	±0.6	GB/T 3810.2—2006
表面平整度最大允许偏差%	相对于由工作尺寸计算的对角线的中心弯曲度	±1.0	±0.5	±0.5	±0.5	GB/T 3810.2—2006
	相对于工作尺寸的边弯曲度	±1.0	±0.5	±0.5	±0.5	GB/T 3810.2—2006
	相对于由工作尺寸计算的对角线的翘曲度	±1.0	±0.5	±0.5	±0.5	GB/T 3810.2—2006
表面质量③		至少95%的砖主要区域无明显缺陷				GB/T 3810.2—2006

物理性能		要求	试验方法
吸水率，质量分数		3%＜E≤6%，单个最大值≤6.5%	GB/T 3810.3—2006
破坏强度，N	厚度≥7.5mm	≥1000	GB/T 3810.4—2006
	厚度＜7.5mm	≥600	
断裂模数，N/mm²（MPa） 不适用于破坏强度≥3000N的砖		平均值≥22，单个最小值≥20	GB/T 3810.4—2006
耐磨性	无釉地砖耐磨损体积，mm³	≤345	GB/T 3810.6—2006
	有釉地砖表面耐磨性④	报告陶瓷砖耐磨性级别和转数	GB/T 3810.7—2006
线性热膨胀系数⑤	从环境温度到100℃	见GB/T 4100—2006附录Q	GB/T 3810.8—2006

续表

<table>
<tr><th colspan="3">技 术 要 求</th><th rowspan="2">试验方法</th></tr>
<tr><th colspan="2">物理性能</th><th>要　求</th></tr>
<tr><td colspan="2">抗热震性[5]</td><td>见 GB/T 4100—2006 附录 Q</td><td>GB/T 3810.9—2006</td></tr>
<tr><td colspan="2">有釉砖抗釉裂性[6]</td><td>经试验应无釉裂</td><td>GB/T 3810.11—2006</td></tr>
<tr><td colspan="2">抗冻性</td><td>经试验应无裂纹或剥落</td><td>GB/T 3810.12—2006</td></tr>
<tr><td colspan="2">地砖摩擦系数</td><td>制造商应报告陶瓷地砖的摩擦系数和试验方法</td><td>见 GB/T 4100—2006 附录 M</td></tr>
<tr><td colspan="2">湿膨胀[5]，mm/m</td><td>见 GB/T 4100—2006 附录 Q</td><td>GB/T 3810.10—2006</td></tr>
<tr><td colspan="2">小色差[5]</td><td>见 GB/T 4100—2006 附录 Q</td><td>GB/T 3810.16—2006</td></tr>
<tr><td colspan="2">抗冲击性[5]</td><td>见 GB/T 4100—2006 附录 Q</td><td>GB/T 3810.5—2006</td></tr>
<tr><td colspan="2">化学性能</td><td>要　求</td><td>试验方法</td></tr>
<tr><td rowspan="2">耐污染性</td><td>有釉砖</td><td>最低 3 级</td><td rowspan="2">GB/T 3810.14—2006</td></tr>
<tr><td>无釉砖[5]</td><td>见 GB/T 4100—2006 附录 Q</td></tr>
<tr><td rowspan="3">抗化学腐蚀性</td><td>耐低浓度酸和碱
1）有釉砖
2）无釉砖[7]</td><td>制造商应报告耐化学腐蚀性等级</td><td>GB/T 3810.13—2006</td></tr>
<tr><td>耐高浓度酸和碱[5]</td><td>见 GB/T 4100—2006 附录 Q</td><td>GB/T 3810.13—2006</td></tr>
<tr><td>耐家庭化学试剂和游泳池盐类
1）有釉砖
2）无釉砖[7]</td><td>不低于 GB 级
不低于 UB 级</td><td>GB/T 3810.13—2006</td></tr>
<tr><td colspan="2">铅和镉的溶出量[5]</td><td>见 GB/T 4100—2006 附录 Q</td><td>GB/T 3810.15—2006</td></tr>
</table>

注：来自《陶瓷砖》(GB/T 4100—2006)。

①以非公制尺寸为基础的习惯用法也可用在同类型砖的连接宽度上。

②不适用于有弯曲形状的砖。

③在烧成过程中，产品与标准化板之间的微小色差是难免的。本规定不适用于在砖的表面有意制造的色差（表面可能是有釉的、无釉的或部分有釉的）或在砖的部分区域内为了突出产品的特点而希望的色差。用于装饰目的的斑点或色斑不能看作为缺陷。

④有釉地砖耐磨性分级可参照 GB/T 4100—2006 附录 P 规定。

⑤表中所列"见 GB/T 4100—2006 附录 Q"涉及项目不是所有产品都必检的，是否有必要对这些项目进行检验应按 GB/T 4100—2006 附录 Q 的规定确定。

⑥制造商对于装饰效果而产生的裂纹应加以说明，这种情况下，GB/T 3810.11—2006 规定的釉裂试验不适用。

⑦如果色泽有微小变化，不应算是化学腐蚀。

11）干压陶瓷砖（$6\% < E \leqslant 10\%$，BⅡb 类——炻质砖）技术要求应符合表 4-11 的规定。

表 4-11

技术要求						试验方法
尺寸和表面质量		产品表面积 S，cm^2				
		$S \leqslant 90$	$90 < S \leqslant 190$	$190 < S \leqslant 410$	$S > 410$	
长度和宽度	每块砖（2 条或 4 条边）的平均尺寸相对于工作尺寸（W）的允许偏差，%	±1.2	±1.0	±0.75	±0.6	GB/T 3810.2—2006
长度和宽度	每块砖（2 条或 4 条边）的平均尺寸相对于 10 块砖（20 条或 40 条边）平均尺寸的允许偏差，%	±0.75	±0.5	±0.5	±0.5	GB/T 3810.2—2006
长度和宽度	制造商选择工作尺寸应满足以下要求： 1）模数砖名义尺寸连接宽度允许在（2～5）mm 之间① 2）非模数砖工作尺寸与名义尺寸之间的偏差不大于±2%，最大 5mm					GB/T 3810.2—2006
厚度 1）厚度由制造商确定 2）每块砖厚度的平均值相对于工作尺寸厚度的允许偏差，%		±10	±10	±5	±5	GB/T 3810.2—2006
边直度②（正面） 相对于工作尺寸的最大允许偏差，%		±0.75	±0.5	±0.5	±0.5	GB/T 3810.2—2006
直角度② 相对于工作尺寸的最大允许偏差，%		±1.0	±0.6	±0.6	±0.6	GB/T 3810.2—2006
表面平整度最大允许偏差 %	相对于由工作尺寸计算的对角线的中心弯曲度	±1.0	±0.5	±0.5	±0.5	GB/T 3810.2—2006
表面平整度最大允许偏差 %	相对于工作尺寸的边弯曲度	±1.0	±0.5	±0.5	±0.5	GB/T 3810.2—2006
表面平整度最大允许偏差 %	相对于由工作尺寸计算的对角线的翘曲度	±1.0	±0.5	±0.5	±0.5	GB/T 3810.2—2006
表面质量③		至少 95% 的砖主要区域无明显缺陷				GB/T 3810.2—2006

物理性能		要求	试验方法
吸水率，质量分数		6%<E≤10%，单个最大值≤11%	GB/T 3810.3—2006
破坏强度，N	厚度≥7.5mm	≥800	GB/T 3810.4—2006
破坏强度，N	厚度<7.5mm	≥600	GB/T 3810.4—2006
断裂模数，（N/mm^2）（MPa） 不适用于破坏强度≥3000N 的砖		平均值≥18，单个最小值≥16	GB/T 3810.4—2006
耐磨性	无釉地砖耐磨损体积，mm^3	≤540	GB/T 3810.6—2006
耐磨性	有釉地砖表面耐磨性④	报告陶瓷砖耐磨性级别和转数	GB/T 3810.7—2006
线性热膨胀系数⑤	从环境温度到 100℃	见 GB/T 4100—2006 附录 Q	GB/T 3810.8—2006
抗热震性⑤		见 GB/T 4100—2006 附录 Q	GB/T 3810.9—2006

续表

技术要求			试验方法
物理性能		要求	
有釉砖抗釉裂性⑥		经试验应无釉裂	GB/T 3810.11—2006
抗冻性		经试验应无裂纹或剥落	GB/T 3810.12—2006
地砖摩擦系数		制造商应报告陶瓷地砖的摩擦系数和试验方法	见 GB/T 4100—2006 附录 M
湿膨胀⑤，mm/m		见 GB/T 4100—2006 附录 Q	GB/T 3810.10—2006
小色差⑤		见 GB/T 4100—2006 附录 Q	GB/T 3810.16—2006
抗冲击性⑤		见 GB/T 4100—2006 附录 Q	GB/T 3810.5—2006
化学性能		要求	试验方法
耐污染性	有釉砖	最低 3 级	GB/T 3810.14—2006
	无釉砖⑤	见 GB/T 4100—2006 附录 Q	
抗化学腐蚀性	耐低浓度酸和碱 1）有釉砖 2）无釉砖⑦	制造商应报告耐化学腐蚀性等级	GB/T 3810.13—2006
	耐高浓度酸和碱⑤	见 GB/T 4100—2006 附录 Q	GB/T 3810.13—2006
	耐家庭化学试剂和游泳池盐类 1）有釉砖 2）无釉砖⑦	 不低于 GB 级 不低于 UB 级	GB/T 3810.13—2006
铅和镉的溶出量⑤		见 GB/T 4100—2006 附录 Q	GB/T 3810.15—2006

注：来自《陶瓷砖》(GB/T 4100—2006)。

①以非公制尺寸为基础的习惯用法也可用在同类型砖的连接宽度上。

②不适用于有弯曲形状的砖。

③在烧成过程中，产品与标准化板之间的微小色差是难免的。本规定不适用于在砖的表面有意制造的色差（表面可能是有釉的、无釉的或部分有釉的）或在砖的部分区域内为了突出产品的特点而希望的色差。用于装饰目的的斑点或色斑不能看作为缺陷。

④有釉地砖耐磨性分级可参照 GB/T 4100—2006 附录 P 规定。

⑤表中所列“见 GB/T 4100—2006 附录 Q”涉及项目不是所有产品都必检的，是否有必要对这些项目进行检验应按 GB/T 4100—2006 附录 Q 的规定确定。

⑥制造商对于装饰效果而产生的裂纹应加以说明，这种情况下，GB/T 3810.11—2006 规定的釉裂试验不适用。

⑦如果色泽有微小变化，不应算是化学腐蚀。

12）干压陶瓷砖（$E>10\%$，BⅢ类——陶质砖）技术要求应符合表 4-12 的规定。

表 4-12

<table>
<tr><th colspan="2">技 术 要 求</th><th></th><th></th><th rowspan="2">试验方法</th></tr>
<tr><th colspan="2">尺寸和表面质量</th><th>无间隔凸缘</th><th>有间隔凸缘</th></tr>
<tr><td rowspan="3">长度
(l)
和宽度
(w)</td><td>每块砖（2 条或 4 条边）的平均尺寸相对于工作尺寸（W）的允许偏差⑦，%</td><td>l≤12cm，±0.75%
l>12cm，±0.50%</td><td>+0.6%
−0.3%</td><td>GB/T 3810.2—2006</td></tr>
<tr><td>每块砖（2 条或 4 条边）的平均尺寸相对于 10 块砖（20 条或 40 条边）平均尺寸的允许偏差，%</td><td>l≤12cm，±0.75%
l>12cm，±0.50%</td><td>±0.25%</td><td>GB/T 3810.2—2006</td></tr>
<tr><td colspan="3">制造商选择工作尺寸应满足以下要求：
1）模数砖名义尺寸连接宽度允许在（1.5～5）mm 之间①
2）非模数砖工作尺寸与名义尺寸之间的偏差不大于 2mm</td><td>GB/T 3810.2—2006</td></tr>
<tr><td colspan="2">厚度
1）厚度由制造商确定
2）每块砖厚度的平均值相对于工作尺寸厚度的允许偏差，%</td><td>±10%</td><td>±10%</td><td>GB/T 3810.2—2006</td></tr>
<tr><td colspan="2">边直度②（正面）
相对于工作尺寸的最大允许偏差，%</td><td>±0.3%</td><td>±0.3%</td><td>GB/T 3810.2—2006</td></tr>
<tr><td colspan="2">直角度②
相对于工作尺寸的最大允许偏差，%</td><td>±0.5%</td><td>±0.3%</td><td>GB/T 3810.2—2006</td></tr>
<tr><td rowspan="3">表面平整度
最大允许偏差%</td><td>相对于由工作尺寸计算的对角线的中心弯曲度</td><td>+0.5%
−0.3%</td><td>+0.5%
−0.3%</td><td>GB/T 3810.2—2006</td></tr>
<tr><td>相对于工作尺寸的边弯曲度</td><td>+0.5%
−0.3%</td><td>+0.5%
−0.3%</td><td>GB/T 3810.2—2006</td></tr>
<tr><td>相对于由工作尺寸计算的对角线的翘曲度</td><td>±0.5%</td><td>±0.5%</td><td>GB/T 3810.2—2006</td></tr>
<tr><td colspan="2">表面质量③</td><td colspan="2">至少 95%的砖主要区域无明显缺陷</td><td>GB/T 3810.2—2006</td></tr>
</table>

<table>
<tr><th colspan="3">技 术 要 求</th><th rowspan="2">试验方法</th></tr>
<tr><th colspan="2">物理性能</th><th>要 求</th></tr>
<tr><td colspan="2">吸水率，质量分数</td><td>平均值>10%，单个最小值>9%
当平均值>20%时，制造商应说明</td><td>GB/T 3810.3—2006</td></tr>
<tr><td rowspan="2">破坏强度⑧，N</td><td>厚度≥7.5mm</td><td>≥600</td><td rowspan="2">GB/T 3810.4—2006</td></tr>
<tr><td>厚度<7.5mm</td><td>≥350</td></tr>
<tr><td colspan="2">断裂模数（N/mm²）（MPa）不适用于破坏强度≥3000N 的砖</td><td>平均值≥15，单个最小值≥12</td><td>GB/T 3810.4—2006</td></tr>
<tr><td colspan="2">耐磨性有釉地砖表面耐磨性④</td><td>经试验后报告陶瓷砖耐磨性级别和转数</td><td>GB/T 3810.7—2006</td></tr>
<tr><td>线性热膨胀系数⑤</td><td>从环境温度到 100℃</td><td>见 GB/T 4100—2006 附录 Q</td><td>GB/T 3810.8—2006</td></tr>
<tr><td colspan="2">抗热震性⑤</td><td>见 GB/T 4100—2006 附录 Q</td><td>GB/T 3810.9—2006</td></tr>
<tr><td colspan="2">有釉砖抗釉裂性⑥</td><td>经试验应无釉裂</td><td>GB/T 3810.11—2006</td></tr>
<tr><td colspan="2">抗冻性⑤</td><td>见 GB/T 4100—2006 附录 Q</td><td>GB/T 3810.12—2006</td></tr>
<tr><td colspan="2">地砖摩擦系数</td><td>制造商应报告陶瓷地砖的摩擦系数和试验方法</td><td>见 GB/T 4100—2006 附录 M</td></tr>
</table>

续表

技术要求		试验方法
物理性能	要求	
湿膨胀⑤，mm/m	见 GB/T 4100—2006 附录 Q	GB/T 3810.10—2006
小色差⑤	见 GB/T 4100—2006 附录 Q	GB/T 3810.16—2006
抗冲击性⑤	见 GB/T 4100—2006 附录 Q	GB/T 3810.5—2006

技术要求			试验方法
化学性能		要求	
耐污染性	有釉砖	最低 3 级	GB/T 3810.14—2006
	无釉砖⑤	见 GB/T 4100—2006 附录 Q	
抗化学腐蚀性	耐低浓度酸和碱	制造商应报告耐化学腐蚀性等级	GB/T 3810.13—2006
	耐高浓度酸和碱⑤	见 GB/T 4100—2006 附录 Q	GB/T 3810.13—2006
	耐家庭化学试剂和游泳池盐类	不低于 GB 级	GB/T 3810.13—2006
铅和镉的溶出量⑤		见 GB/T 4100—2006 附录 Q	GB/T 3810.15—2006

注：来自《陶瓷砖》(GB/T 4100—2006)。

①以非公制尺寸为基础的习惯用法也可用在同类型砖的连接宽度上。

②不适用于有弯曲形状的砖。

③在烧成过程中，产品与标准化板之间的微小色差是难免的。本规定不适用于在砖的表面有意制造的色差（表面可能是有釉的、无釉的或部分有釉的）或在砖的部分区域内为了突出产品的特点而希望的色差。用于装饰目的的斑点或色斑不能看作为缺陷。

④有釉地砖耐磨性分级可参照 GB/T 4100—2006 附录 P 规定。

⑤表中所列“见 GB/T 4100—2006 附录 Q”涉及项目不是所有产品都必检的，是否有必要对这些项目进行检验应按 GB/T 4100—2006 附录 Q 的规定确定。

⑥制造商对于装饰效果而产生的裂纹应加以说明，这种情况下，GB/T 3810.11—2006 规定的釉裂试验不适用。

⑦砖可以有一条或几条上釉边。

⑧制造商必需说明对于破坏强度小于 400N 的砖只能用于贴墙。

4.2 陶瓷马赛克

1）单块陶瓷马赛克尺寸允许偏差应符合表 4-13 的规定。

2）每联陶瓷马赛克的线路、联长的尺寸允许偏差应符合表 4-14 的规定。

表 4-13 mm

项目	允许偏差	
	优等品	合格品
长度和宽度	±0.5	±1.0
厚度	±0.3	±0.4

注：来自《陶瓷马赛克》(JC/T 456—2005)。

表 4-14 mm

项目	允许偏差	
	优等品	合格品
线路	±0.6	±1.0
联长	±1.5	±2.0

注：1. 特殊要求由供需双方商定。
2. 来自《陶瓷马赛克》(JC/T 456—2005)。

3）最大边长不大于 25mm 的陶瓷马赛克外观质量的允许范围应符合表 4-15 的规定。

表 4-15

缺陷名称	表示方法	单位	缺陷允许范围				备注
			优等品		合格品		
			正面	背面	正面	背面	
夹层、釉裂、开裂		mm	不允许				
斑点、粘疤、起泡、坯粉、麻面、波纹、缺釉、橘釉、棕眼、落脏、溶洞			不明显		不严重		
缺角	斜边长		<2.0	<4.0	2.0~3.5	4.0~5.5	正背面缺角不允许在同一角部 正面只允许缺角1处
	深度		不大于砖厚的2/3				
缺边	长度		<3.0	<6.0	3.0~5.0	6.0~8.0	正背面缺边不允许出现在同一侧面 同一侧面边不允许有2处缺边；正面只允许2处缺边
	宽度		<1.5	<2.5	1.5~2.0	2.5~3.0	
	深度		<1.5	<2.5	1.5~2.0	2.5~3.0	
变形	翘曲		不明显				
	大小头		0.2		0.4		

注：来自《陶瓷马赛克》(JC/T 456—2005)。

4）最大边长大于25mm的陶瓷马赛克外观质量的允许范围应符合表4-16的规定。

表 4-16

缺陷名称	表示方法	单位	缺陷允许范围				备注
			优等品		合格品		
			正面	背面	正面	背面	
夹层、釉裂、开裂		mm	不允许				
斑点、粘疤、起泡、坯粉、麻面、波纹、缺釉、橘釉、棕眼、落脏、溶洞			不明显		不严重		
缺角	斜边长		<2.3	<4.5	2.3~4.3	4.5~6.5	正背面缺角不允许在同一角部 正面只允许缺角1处
	深度		不大于砖厚的2/3				
缺边	长度		<4.5	<8.0	4.5~7.0	8.0~10.0	正背面缺边不允许出现在同一侧面 同一侧面边不允许有2处缺边；正面只允许2处缺边
	宽度		<1.5	<3.0	1.5~2.0	3.0~3.5	
	深度		<1.5	<2.5	1.5~2.0	2.5~3.5	
变形	翘曲		0.3		0.5		
	大小头		0.6		1.0		

注：来自《陶瓷马赛克》(JC/T 456—2005)。

4.3 建筑琉璃制品

1）产品的规格及尺寸由供需双方商定，规格以长度和宽度的外形尺寸表示。

①板瓦（图 4-1）

②滴水瓦（图 4-2）

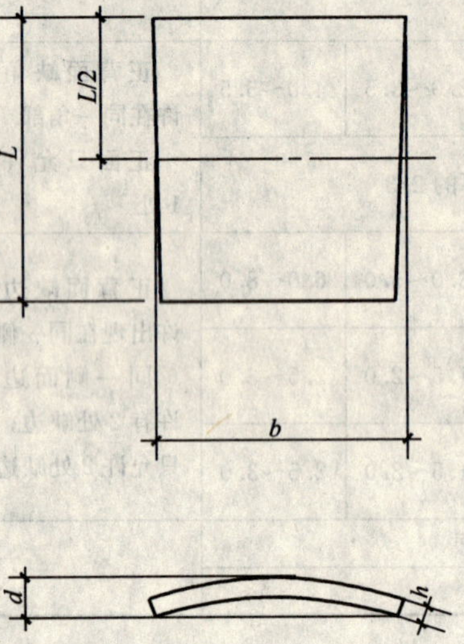

图 4-1

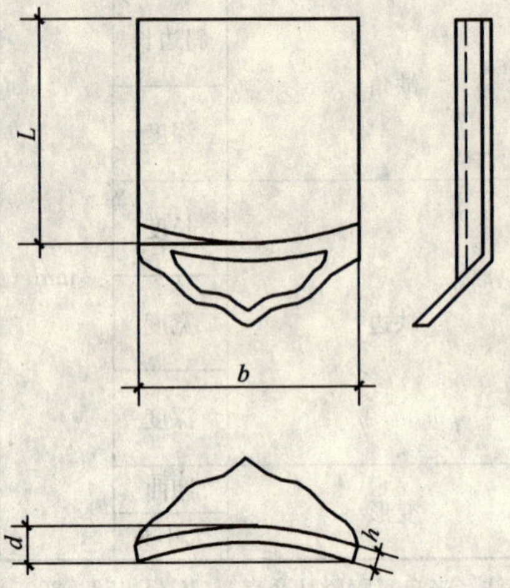

图 4-2

③筒瓦（图 4-3）

④沟头瓦（图 4-4）

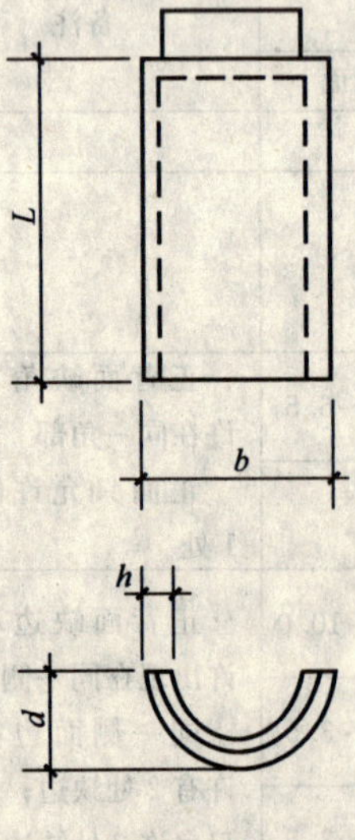

图 4-3

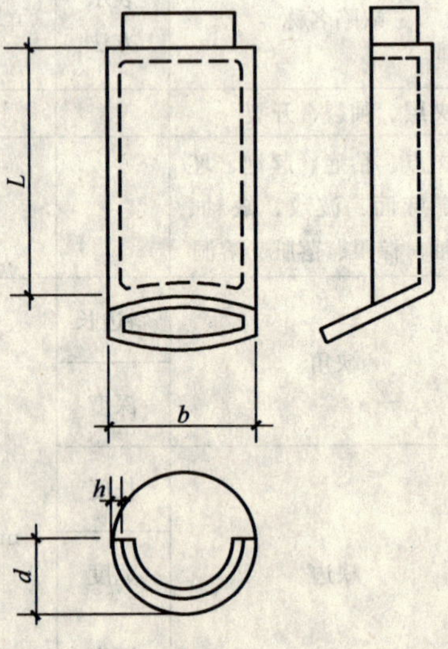

图 4-4

⑤J 形瓦（图 4-5）

⑥S 形瓦（图 4-6）

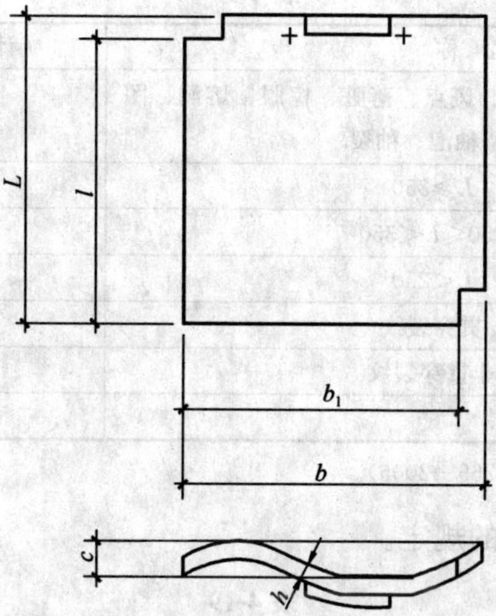

图 4-5

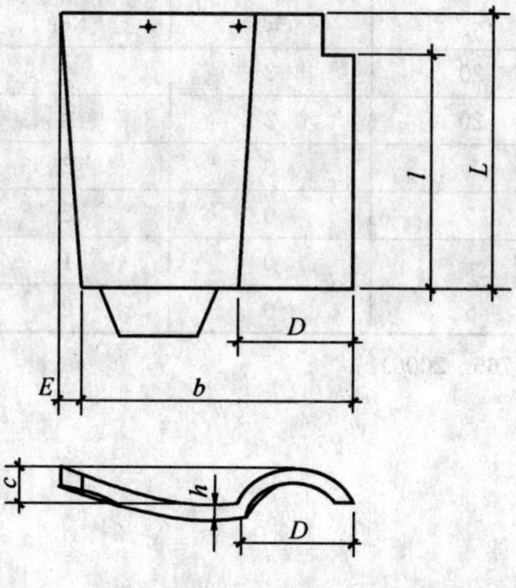

图 4-6

图 4-1～图 4-6 中：L（l）—（工作）长度；b（b_1）—（工作）宽度；h—厚度；d—曲度或弧度；c—谷深；D—峰宽；E—开度

2）尺寸允许偏差应符合表 4-17 的规定。

表 4-17　　mm

尺　寸	允许偏差	尺　寸	允许偏差
L（b）≥350	±4	L（b）<250	±2
250≤L（b）<350	±3		

注：来自《建筑琉璃制品》(JC/T 765—2006)。

3）外观质量应符合表 4-18 的规定。

表 4-18

缺陷名称		计量单位	要求
表面缺陷	磕碰、釉粘、缺釉、斑点、落脏、棕眼、熔洞、图案缺陷、烟熏、釉缕、釉泡、釉裂	—	不明显
变形	$L \geqslant 350$	mm	≤8
	$250 \leqslant L < 350$	mm	≤7
	$L < 250$	mm	≤6
裂纹	贯穿裂纹	mm	不允许
	非贯穿裂纹	mm	≤30
分层		—	不允许

注：来自《建筑琉璃制品》(JC/T 765—2006)。

4）判定规则按照表 4-19 的规定。

表 4-19

检验项目	样本大小 n		第一次抽样		第一次抽样加第二次抽样	
	第一次 n_1	第二次 n_2	接收数 Ac_1	拒收数 Re_1	接收数 Ac_2	拒收数 Re_2
尺寸	20	20	2	4	3	4
外观质量	20	20	2	4	3	4
吸水率	5	5	0	2	1	2
弯曲破坏荷重	5	5	0	2	1	2
抗冻性	5	—	0	1	—	—
耐急冷急热性	5	5	0	2	1	2

注：来自《建筑琉璃制品》(JC/T 765—2006)。

5 石　　材

5.1 天然饰面石材试验方法

D 型硬度计的主要技术参数见表 5-1，其示值误差不大于±2.5。

表 5-1

项　目	D 型	项　目	D 型
冲头的质量，g	36.2	冲头的顶端球面半径，mm	1
冲头的落下高度，mm	19	冲头的回弹比和肖氏硬度值的关系	$HSD=140\times(h/h_0)$

注：来自《天然饰面石材试验方法　第 5 部分：肖氏硬度试验方法》(GB/T 9966.5—2001)。

5.2 天然板石

1）饰面板规格尺寸允许偏差见表 5-2。

表 5-2　　mm

项　目	等　级	一等品	合格品
长、宽度	≤300	±1.0	±1.5
	＞300	±2.0	±3.0
厚度（定厚板①）		±2.0	±3.0

注：来自《天然板石》(GB/T 18600—2009)。

①定厚板是指合同中对厚度有规定要求的板材。

2）瓦板规格尺寸允许偏差见表 5-3。

表 5-3

项　目	等　级	一等品	合格品
长、宽度	≤300mm	±1.5mm	±2.0mm
	＞300mm	±2.0mm	±3.0mm
单块板材厚度，mm		±1.0mm	±1.5mm
100 块板材厚度变化率≤	厚度≤5mm	15%	20%
	厚度＞5mm	20%	25%

注：来自《天然板石》(GB/T 18600—2009)。

3）平整度允许极限公差见表 5-4。

表 5-4 mm

项目 \ 分类	饰面板		瓦板
	一等品	合格品	
长度≤300	1.5	3.0	不超过长度的 0.5%
长度>300	2.0	4.0	

注：来自《天然板石》(GB/T 18600—2009)。

4）角度允许偏差极限公差见表 5-5。

表 5-5 mm

项目 \ 分类	饰面板		瓦板	
	一等品	合格品	一等品	合格品
长度≤300	1.0	2.0	不超过长度的 0.5%	不超过长度的 1.0%
长度>300	1.5	3.0		

注：来自《天然板石》(GB/T 18600—2009)。

5）饰面板正面的外观质量要求应符合表 5-6 的规定。

表 5-6

缺陷名称	规定内容	一等品	合格品
缺角	沿板材边长，长度≤5mm，宽度≤5mm（长度≤2mm，宽度≤2mm 不计），每块板允许个数，个	1	2
色斑	面积不超过 15mm×15mm（面积小于 5mm×5mm 的不计），每块板允许个数，个	0	2
裂纹	贯穿其厚度方向的裂纹	不允许	
人工凿痕	劈分板石时产生的明显加工痕迹		
台阶高度	装饰面上阶梯部分的最大高度	≤3mm	≤5mm

注：来自《天然板石》(GB/T 18600—2009)。

6）瓦板正面的外观质量要求应符合表 5-7 的规定。

表 5-7

缺陷名称	规定内容	一等品	合格品
缺角	沿板材边长，长度不大于边长的 8%（长度小于边长 3%的不计），允许缺角部位见图 5-1。每块板允许个数，个	2	
白斑	面积不超过 15mm×15mm（面积小于 5mm×5mm 的不计），每块板允许个数，个	0	2
裂纹	可见裂纹和隐含裂纹	不允许	
人工凿痕	劈分板石时产生的明显加工痕迹		
台阶高度	装饰面上阶梯部分的最大高度	≤1mm	≤2mm
崩边	打边处理时产生的边缘损失	宽度≤15mm	

注：来自《天然板石》(GB/T 18600—2009)。

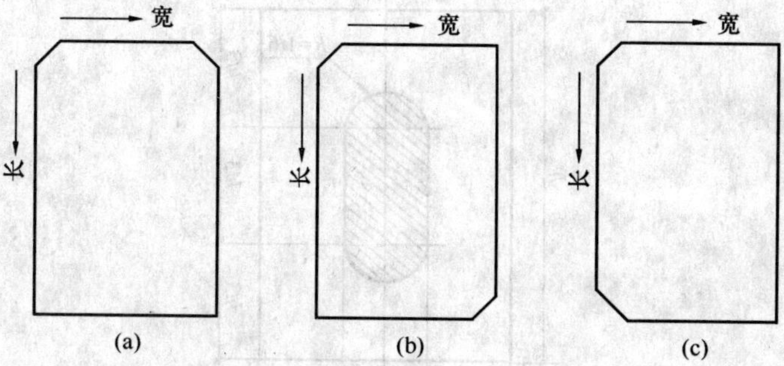

图 5-1

（a）可允许缺角类型；（b）、（c）不允许缺角类型

7）饰面板的理化性能指标应符合表 5-8 的规定。

表 5-8

项　目	技术指标			
	室　内		室　外	
	C_1 类	C_2 类	C_3 类	C_4 类
弯曲强度，MPa≥	10.0	50.0	20.0	62.0
吸水率，%≥	0.45		0.25	
耐气候性软化深度，mm≤	0.64			
耐磨性①，1/cm³≥	8			

注：来自《天然板石》(GB/T 18600—2009)。

①仅适用在地面、楼梯踏步、台面等易磨损部位。

8）瓦板的理化性能指标应符合表 5-9 的规定，干湿稳定性按表 5-10 中的规定划分等级。

表 5-9

项　目	技术指标		
	R_1 类	R_2 类	R_3 类
吸水率，%≤	0.25	0.36	0.45
破坏载荷，N≥	1800		
耐气候性软化深度，mm≤	0.35		

注：来自《天然板石》(GB/T 18600—2009)。

表 5-10

<table>
<tr><th colspan="3">项目 ＼ 等级</th><th>一等品</th><th>合格品</th></tr>
<tr><td colspan="3">含未氧化的黄铁矿结晶</td><td>允许有</td><td>允许有</td></tr>
<tr><td rowspan="3">含已氧化的黄铁矿结晶</td><td rowspan="2">非贯穿型</td><td>外观可见</td><td>不允许有</td><td rowspan="2">允许有</td></tr>
<tr><td>外观不可见</td><td>允许有</td></tr>
<tr><td colspan="2">贯穿型</td><td>不允许有</td><td>不允许在图 5-2 阴影部位出现</td></tr>
</table>

注：来自《天然板石》(GB/T 18600—2009)。

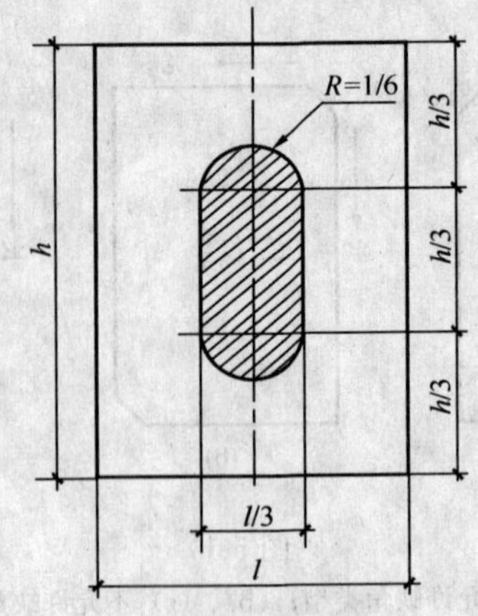

图 5-2 贯穿型可氧化黄铁矿结晶部位

5.3 天然花岗石建筑板材

1）毛光板的平面度公差和厚度偏差应符合表 5-11 的规定。

表 5-11 mm

项目		技术指标					
		镜面和细面板材			粗面板材		
		优等品	一等品	合格品	优等品	一等品	合格品
平面度		0.80	1.00	1.50	1.50	2.00	3.00
厚度	≤12	±0.5	±1.0	+1.0 −1.5	—		
	>12	±1.0	±1.5	±2.0	+1.0 −2.0	±2.0	+2.0 −3.0

注：来自《天然花岗石建筑板材》(GB/T 18601—2009)。

2）普型板规格尺寸允许偏差应符合表 5-12 的规定。

表 5-12 mm

项目		技术指标					
		镜面和细面板材			粗面板材		
		优等品	一等品	合格品	优等品	一等品	合格品
长度、宽度		0 −1.0		0 −1.5	0 −1.0		0 −1.5
厚度	≤12	±0.5	±1.0	+1.0 −1.5	—		
	>12	±1.0	±1.5	±2.0	+1.0 −2.0	±2.0	+2.0 −3.0

注：来自《天然花岗石建筑板材》(GB/T 18601—2009)。

3）圆弧板壁厚最小值应不小于 18mm，规格尺寸允许偏差应符合表 5-13 的规定。圆弧板各部位名称及尺寸标注如图 5-3 所示。

表 5-13

mm

项 目	镜面和细面板材			粗面板材		
	优等品	一等品	合格品	优等品	一等品	合格品
弦 长		0 −1.0	0 −1.5	0 −1.5	0 −2.0	0 −2.0
高 度				0 −1.0	0 −1.0	0 −1.5

注：来自《天然花岗石建筑板材》(GB/T 18601—2009)。

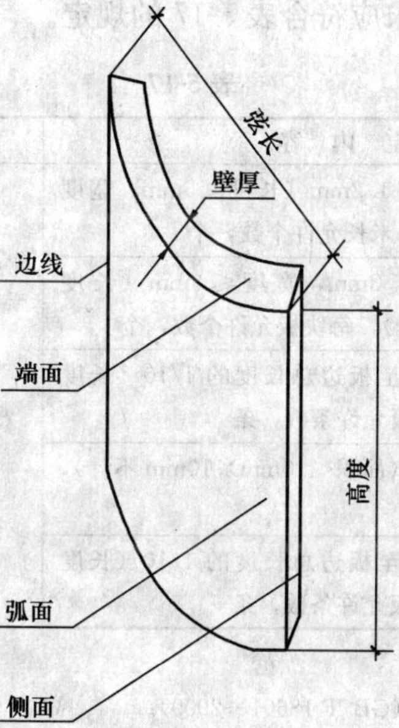

图 5-3

4）普型板平面度允许公差应符合表 5-14 的规定。

表 5-14

mm

板材长度	镜面和细面板材			粗面板材		
	优等品	一等品	合格品	优等品	一等品	合格品
$L \leqslant 400$	0.20	0.35	0.50	0.60	0.80	1.00
$400 < L \leqslant 800$	0.50	0.65	0.80	1.20	1.50	1.80
$L > 800$	0.70	0.85	1.00	1.50	1.80	2.00

注：来自《天然花岗石建筑板材》(GB/T 18601—2009)。

5）圆弧板直线度与线轮廓度允许公差应符合表 5-15 的规定。

表 5-15

mm

板材长度		镜面和细面板材			粗面板材		
		优等品	一等品	合格品	优等品	一等品	合格品
直线度（按板材高度）	≤800	0.80	1.00	1.20	1.00	1.20	1.50
	>800	1.00	1.20	1.50	1.50	1.50	2.00
线轮廓度		0.80	1.00	1.20	1.00	1.50	2.00

注：来自《天然花岗石建筑板材》(GB/T 18601—2009)。

6）普型板角度允许公差应符合表 5-16 的规定。

表 5-16 mm

板材长度	优等品	一等品	合格品
$L\leqslant400$	0.30	0.50	0.80
$L>400$	0.40	0.60	1.00

注：来自《天然花岗石建筑板材》(GB/T 18601—2009)。

7）板材正面的外观质量要求应符合表 5-17 的规定。

表 5-17

<table>
<tr><th>缺陷名称</th><th>规 定 内 容</th><th>优等品</th><th>一等品</th><th>合格品</th></tr>
<tr><td>缺 棱</td><td>长度≤10mm，宽度≤1.2mm（长度＜5mm，宽度＜1.0mm 不计），周边每米长允许个数，个</td><td rowspan="5">0</td><td rowspan="3">1</td><td rowspan="3">2</td></tr>
<tr><td>缺 角</td><td>沿板材边长，长度≤3mm，宽度≤3mm（长度≤2mm,宽度＜2mm 不计），每块板允许个数，个</td></tr>
<tr><td>裂 纹</td><td>长度不超过两端顺延至板边总长度的 1/10（长度＜20mm的不计），每块板允许条数，条</td></tr>
<tr><td>色 斑</td><td>面积≤15mm×30mm（面积＜10mm×10mm 不计），每块板允许个数，个</td><td rowspan="2">2</td><td rowspan="2">3</td></tr>
<tr><td>色 线</td><td>长度不超过两端顺延至板边总长度的 1/10（长度＜40mm的不计），每块板允许条数，条</td></tr>
</table>

注：1. 干挂板材不允许有裂纹存在。

2. 来自《天然花岗石建筑板材》(GB/T 18601—2009)。

8）天然花岗石建筑板材的物理性能技术指标应符合表 5-18 的规定。

表 5-18

<table>
<tr><th colspan="3" rowspan="2">项 目</th><th colspan="2">技 术 指 标</th></tr>
<tr><th>一般用途</th><th>功能用途</th></tr>
<tr><td colspan="2">体积密度，g/cm³</td><td>≥</td><td>2.56</td><td>2.56</td></tr>
<tr><td colspan="2">吸水率，%</td><td>≤</td><td>0.60</td><td>0.40</td></tr>
<tr><td rowspan="2">压缩强度，MPa≥</td><td colspan="2">干 燥</td><td rowspan="2">100</td><td rowspan="2">131</td></tr>
<tr><td colspan="2">水饱和</td></tr>
<tr><td rowspan="2">弯曲强度，MPa≥</td><td colspan="2">干 燥</td><td rowspan="2">8.0</td><td rowspan="2">8.3</td></tr>
<tr><td colspan="2">水饱和</td></tr>
<tr><td colspan="2">耐磨性①（1/cm³）</td><td>≥</td><td>25</td><td>25</td></tr>
</table>

注：来自《天然花岗石建筑板材》(GB/T 18601—2009)。

①使用在地面、楼梯踏步、台面等严重踩踏或磨损部位的花岗石石材应检验此项。

5.4 天然大理石建筑板材

1）普型板规格尺寸允许偏差应符合表 5-19 的规定。

表 5-19

mm

项目		允许偏差		
		优等品	一等品	合格品
长度、宽度		0 −1.0		0 −1.5
厚度	≤12	±0.5	±0.8	±1.0
	>12	±1.0	±1.5	±2.0
干挂板材厚度		+2.0 0		+3.0 0

注：来自《天然大理石建筑板材》(GB/T 19766—2005)。

2）圆弧板壁厚最小值应不小于 20mm，规格尺寸允许偏差应符合表 5-20 的规定。圆弧板各部位名称及尺寸标注见图 5-3。

表 5-20

mm

项目	允许偏差		
	优等品	一等品	合格品
弦长	0 −1.0		0 −1.5
高度	0 −1.0		0 −1.5

注：来自《天然大理石建筑板材》(GB/T 19766—2005)。

3）普型板平面度允许公差应符合表 5-21 的规定。

表 5-21

mm

板材长度	允许公差		
	优等品	一等品	合格品
≤400	0.2	0.3	0.5
>400～≤800	0.5	0.6	0.8
>800	0.7	0.8	1.0

注：来自《天然大理石建筑板材》(GB/T 19766—2005)。

4）圆弧板直线度与线轮廓度允许公差应符合表 5-22 的规定。

表 5-22

mm

板材长度		允许公差		
		优等品	一等品	合格品
直线度（按板材高度）	≤800	0.6	0.8	1.0
	>800	0.8	1.0	1.2
线轮廓度		0.8	1.0	1.2

注：来自《天然大理石建筑板材》(GB/T 19766—2005)。

5）普型板角度允许公差应符合表 5-23 的规定。

表 5-23　　mm

板材长度	允许公差		
	优等品	一等品	合格品
≤400	0.3	0.4	0.5
>400	0.4	0.5	0.7

注：来自《天然大理石建筑板材》(GB/T 19766—2005)。

6）板材正面的外观质量要求应符合表 5-24 的规定。

表 5-24

缺陷名称	规定内容	优等品	一等品	合格品
裂　纹	长度超过 10mm 的不允许条数，条	0	0	0
缺　棱	长度不超过 8mm，宽度不超过 1.5mm（长度≤4mm，宽度≤1mm 不计），每米长允许个数，个	0	1	2
缺　角	沿板材边长顺延方向，长度≤3mm，宽度≤3mm（长度≤2mm，宽度≤2mm 不计），每块板允许个数，个	0	1	2
色　斑	面积不超过 $6cm^2$（面积小于 $2cm^2$ 不计），每块板允许个数，个	0	1	2
砂　眼	直径在 2mm 以下	0	不明显	有，不影响装饰效果

注：来自《天然大理石建筑板材》(GB/T 19766—2005)。

7）物理性能技术指标应符合表 5-25 的规定。

表 5-25

项　目			指　标
体积密度，g/cm^3		≥	2.30
吸水率，%		≤	0.50
干燥压缩强度，MPa		≥	50.0
干　燥	弯曲强度，MPa	≥	7.0
水饱和	弯曲强度，MPa	≥	7.0
耐磨度①，$1/cm^3$		≥	10

注：来自《天然大理石建筑板材》(GB/T 19766—2005)。

①为了颜色和设计效果，以两块或多块大理石组合拼接时，耐磨度差异应不大于 5，建议适用于经受严重踩踏的阶梯、地面和月台使用的石材耐磨度最小为 12。

5.5　实体面材

板材外观质量应符合表 5-26 的规定。

表 5-26

项 目	要 求
色 泽	色泽均匀一致，不得有明显色差
板 边	板材四边平整，表面不得有缺棱掉角现象
花纹图案	图案清晰、花纹明显；对花纹图案有特殊要求的，由供需双方商定
表 面	光滑平整，无波纹、方料痕、刮痕、裂纹，不允许有气泡、杂质
拼 接	拼接不得有缝隙

注：来自《实体面材》(JC 908—2002)。

5.6 建筑水磨石制品

1）水磨石面层的外观缺陷规定见表 5-27。

表 5-27 mm

缺陷名称	优等品	一等品	合 格 品
返浆、杂质	不允许		长×宽≤10×10 不超过 2 处
色差、划痕、杂石、漏砂、气孔	不允许	不明显	
缺 口	不允许		长×宽＞5×3 的缺口不应有长×宽≤5×3 的缺口周边上不超过 4 处，但同一条棱上不得超过 2 处

注：1. 一个缺角应计为相邻两棱边各有缺口 1 处。
　　2. 来自《建筑水磨石制品》(JC/T 507—1993)。

2）水磨石磨光面有图案时，其越线和图案偏差应符合表 5-28 的规定。

表 5-28

缺陷名称	优等品	一等品	合格品
图案偏差	≤2	≤3	≤4
越线	不允许	越线距离≤2 长度≤10 允许 2 处	越线距离≤3 长度≤20 允许 2 处

注：来自《建筑水磨石制品》(JC/T 507—1993)。

3）水磨石的规格尺寸允许偏差、平面度、角度允许极限公差应符合表 5-29 的规定。

表 5-29 mm

类 别	等级 \ 项目	长度、宽度	厚 度	平面度	角 度
Q	优等品	0 −1	±1	0.6	0.6
	一等品	0 −1	+1 −2	0.8	0.8
	合格品	+ −2	+1 −3	1.0	1.0

续表

类别	等级＼项目	长度、宽度	厚度	平面度	角度
D	优等品	0 −1	+1 −2	0.6	0.6
	一等品	0 −1	±2	0.8	0.8
	合格品	0 −2	±3	1.0	1.0
T	优等品	±1	+1 −2	1.0	0.8
	一等品	±2	±2	1.5	1.0
	合格品	±3	±3	2.0	1.5
G	优等品	±2	+1 −2	1.5	1.0
	一等品	±3	±2	2.0	1.5
	合格品	±4	±3	3.0	2.0

注：来自《建筑水磨石制品》(JC/T 507—1993)。

4）抽取的样品数量见表 5-30。

表 5-30 块

批量范围	抽样数量			
	外观质量	尺寸偏差	光泽度 出石率 吸水率	抗折强度
20～500	20	13	5	5
501～1200	32	20		
1201～3200	50	32		
3201～10000	80	32		

注：1. 光泽度、出石率、吸水率的检验在同一组试件上依次进行。

2. 来自《建筑水磨石制品》(JC/T 507—1993)。

5）外观质量和尺寸偏差按表 5-31 判定。

表 5-31 块

栏号	1	2	3	4
检验项目	试件数量	H_e	B_u	H'_e
外观质量	20	3	4	2
	32	5	6	3
	50	7	8	5
	80	10	11	8
尺寸偏差	13	1	2	1
	20	2	3	1
	32	3	4	2

注：来自《建筑水磨石制品》(JC/T 507—1993)。

5.7　建筑装饰用天然石材防护剂

饰面型防护剂防水性、耐污性应符合表 5-32 的规定。

表 5-32

项　目		优等品	一等品	合格品
防水性,%		防水性≥85	70≤防水性<85	50≤防水性<70
耐污性①	食用植物油②	0		1
	蓝黑墨水			

注：来自《建筑装饰用天然石材防护剂》(JC/T 973—2005)。

①客户对污染源有特殊要求时，可按客户要求进行。

②防水型防护剂可不进行此项检验。

6 板　　材

6.1 半硬质聚氯乙烯块状地板

1）外观应符合表 6-1 的规定。

表 6-1

缺 陷 名 称	指　　标
缺损、龟裂、皱纹、孔洞	不允许
分层、剥离	不允许
杂质、气泡、擦伤、胶印、变色、异常凹痕、污迹等①	不明显

注：来自《半硬质聚氯乙烯块状地板》（GB/T 4085—2005）。
①可按供需双方合同约定。

2）厚度应符合表 6-2 的规定。

表 6-2　　mm

类　　型		厚　　度	类　　型		厚　　度
G 型	≥	1.00	H 型	≥	1.50

注：来自《半硬质聚氯乙烯块状地板》（GB/T 4085—2005）。

3）直角度应符合表 6-3 的规定。

表 6-3　　mm

边　　长		指　　标	边　　长		指　　标
≤400	≤	0.25	>400（焊接）	≤	0.50
>400	≤	0.35			

注：来自《半硬质聚氯乙烯块状地板》（GB/T 4085—2005）。

4）物理性能应符合表 6-4 的规定。

表 6-4

试 验 项 目			指　　标	
			G 型	H 型
单位面积质量，%			公称值$\pm^{13}_{10}$	
密度，kg/m^3			公称值±50	
残余凹陷，mm		≤	0.1	
色牢度，级		≥	3	
纵、横向加热尺寸变化率，%	M 型	≤	0.25	
	W 型	≤	0.40	

续表

试验项目			指标	
			G 型	H 型
加热翘曲，mm	M 型	⩽	2	
	W 型	⩽	8	
耐磨性①	HT 型，g/100 转	⩽	0.18	0.10
	CT 型，转	⩾	1500	5000

注：来自《半硬质聚氯乙烯块状地板》(GB/T 4085—2005)。
①特殊用途可按供需双方约定。

5) 有害物质限量应符合表 6-5 的规定。

表 6-5

试验项目		指标	试验项目		指标
氯乙烯单体，mg/kg	⩽	5	可溶性镉，mg/m^2	⩽	20
可溶性铅，mg/m^2	⩽	20	挥发物的限量，g/m^2	⩽	10

注：来自《半硬质聚氯乙烯块状地板》(GB/T 4085—2005)。

6) 试件尺寸和数量应符合表 6-6 的规定。

表 6-6

试验项目	尺寸，mm	数量，块	试验项目	尺寸，mm	数量，块
外观及尺寸	整块制品	5	色牢度	75×150	3
单位面积质量	100×100	5	加热尺寸变化率	250×250	3
密度	10×10	3	加热翘曲	250×250	3
残余凹陷	60×60	3	耐磨性	100×100 或 ϕ100	2

注：来自《半硬质聚氯乙烯块状地板》(GB/T 4085—2005)。

6.2 聚氯乙烯卷材地板

1. 带基材的聚氯乙烯卷材地板

1) 外观应符合表 6-7 的规定。

表 6-7

缺陷名称	指标	缺陷名称	指标
裂纹、断裂、分层	不允许	套印偏差、色差①	不明显
折皱、气泡①	轻微	污染①	不明显
漏印、缺膜①	轻微	图案变形①	轻微

注：来自《聚氯乙烯卷材地板 第 1 部分：带基材的聚氯乙烯卷材地板》(GB/T 11982.1—2005)。
①可按供需双方合同约定。

2) 尺寸允许偏差应符合表 6-8 的规定。

表 6-8

试验项目	指标	试验项目	指标
长度，m	不小于公称长度	总厚度，mm	平均值：公称值$^{+0.18}_{-0.15}$
宽度，mm	不小于公称宽度		单个值：公称值±20

注：来自《聚氯乙烯卷材地板　第 1 部分：带基材的聚氯乙烯卷材地板》(GB/T 11982.1—2005)。

3）物理性能应符合表 6-9 的规定。

表 6-9

试验项目			指标	试验项目			指标
单位面积质量,%			公称值$^{+13}_{-10}$	残余凹陷，mm	*G*	≤	0.35
纵、横向加热尺寸变化率,%		≤	0.40		*H*	≤	0.20
加热翘曲，mm		≤	8	耐磨性，转	*G*	≥	1500
色牢度，级		≥	3				
纵、横向抗剥离力，N/50mm	平均值	≥	50		*H*	≥	5000
	单个值	≥	40				

注：来自《聚氯乙烯卷材地板　第 1 部分：带基材的聚氯乙烯卷材地板》(GB/T 11982.1—2005)。

4）测厚仪应符合表 6-10 要求，分度值为 0.01mm。

表 6-10

卷材地板结构	平测头的直径，mm	通过平测头施加的总质量，g
FB	6.00±0.03	85±3
CB		28±1

注：来自《聚氯乙烯卷材地板　第 1 部分：带基材的聚氯乙烯卷材地板》(GB/T 11982.1—2005)。

2. 有基材有背涂层聚氯乙烯卷材地板

1）产品规格应符合表 6-11 的规定。

表 6-11

品种	FBF	FBC	品种	FBF	FBC
宽度，mm	2000	2000	长度，m 不小于	20	30
厚度，mm 不小于	2.0	1.5			

注：长度和宽度规格可由供需双方协商确定，但其实际尺寸不得小于双方商定的标准值，并且其技术要求也应符合《聚氯乙烯卷材地板　第 2 部分：有基材有背涂层聚氯乙烯卷材地板》(GB/T 11982.2—1996)。

2）外观质量应符合表 6-12 的规定。

表 6-12

缺陷名称 \ 等级	优等品	一等品	合格品
裂纹、空洞、疤痕、分层	不允许		
条纹、气泡、折皱	不允许		轻微
漏印、缺膜	不允许		轻微

续表

缺陷名称 \ 等级	优等品	一等品	合格品
套印偏差、色差	不允许	不明显	不影响美观
污 斑	不允许		不明显
图案变形	不允许		不明显
背面有非正常凹坑或凸起	不允许	不明显	不影响使用

注：来自《聚氯乙烯卷材地板 第2部分：有基材有背涂层聚氯乙烯卷材地板》(GB/T 11982.2—1996)。

3）尺寸允许偏差应符合表6-13的规定。

表6-13

项 目	总 厚 度	长 度	宽 度
允许偏差	总厚度＜3mm，不偏离规定尺寸0.2mm 总厚度≥3mm，不偏离规定尺寸0.3mm	不小于规定尺寸	不小于规定尺寸

注：来自《聚氯乙烯卷材地板 第2部分：有基材有背涂层聚氯乙烯卷材地板》(GB/T 11982.2—1996)。

4）每卷段数应符合表6-14的规定。分段的卷应注明小段的长度，每卷长度至少增加不得少于两个完整的图案的长度。

表6-14

名 称 \ 等级	优等品	一等品	合格品
每卷段数	1		≤2
段长，m 不小于	20		6

注：来自《聚氯乙烯卷材地板 第2部分：有基材有背涂层聚氯乙烯卷材地板》(GB/T 11982.2—1996)。

5）物理性能指标应符合表6-15的规定。

表6-15

项 目 \ 等级		优等品	一等品	合格品
耐磨层厚度，mm不小于		0.20	0.15	0.10
残余凹陷度，mm 不大于	总厚度＜3mm	0.20	0.25	0.30
	总厚度≥3mm	0.25	0.35	0.40
加热长度变化率，%不大于		0.20	0.25	0.40
翘曲度，mm不大于		2		5
磨耗量，g/cm^2不大于		0.0025	0.0030	0.0040
褪色性，级不小于		6		5
层间剥离力，N不小于		50		25
降低冲击声①，dB不小于		15		10

注：来自《聚氯乙烯卷材地板 第2部分：有基材有背涂层聚氯乙烯卷材地板》(GB/T 11982.2—1996)。
①仅FBF测该项指标。

6）试样尺寸、数量应符合表6-16的规定。

表 6-16

试验项目	代号	试样尺寸，mm	试样数量，个
总厚度	A	100×幅宽	1
耐磨层厚度	B	50×50	5
单位面积质量偏差	C	100×100	5
残余凹陷度	D	50×50	3
加热长度变化率	E	230×230	3
翘曲度	F	200×200	3
磨耗量	G	ϕ100	3
褪色性	H	150×70	3
层间剥离力	I	200×50	6
降低冲击声	J	1000×1000	1

注：来自《聚氯乙烯卷材地板　第 2 部分：有基材有背涂层聚氯乙烯卷材地板》(GB/T 11982.2—1996)。

7）试样制备时应从距卷材地板一端至少 300mm 处，切取长约 2m，与卷材地板等宽的一块样品，并参考图 6-1 布置裁取。

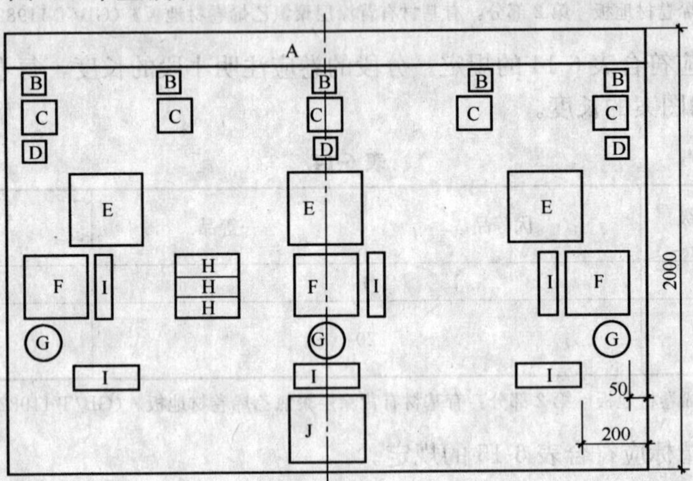

图 6-1

6.3 水泥花砖

1）水泥花砖的规格尺寸见表 6-17。

表 6-17　　mm

品种	规格		
	长	宽	厚
地砖（F）	200	200	12～16
	200	150	
	150	150	
墙砖（W）	200	150	10～14
	150	150	

注：1. 生产其他规格尺寸的花砖，由生产厂与用户协商确定。

2. 来自《水泥花砖》JC/T 410—1991 (1996)。

2）水泥花砖的缺棱、掉角、掉底、越线和图案偏差应符合表 6-18 的规定。

表 6-18 mm

项 目		一等品	合格品
正面	缺棱	长×宽＞10×2，不允许	长×宽＞20×2，不允许
	掉角	长×宽＞2×2，不允许	长×宽＞4×4，不允许
掉底		长×宽＜20×20，深≤$\frac{1}{3}$砖厚，允许 1 处	长×宽＜30×30，深≤$\frac{1}{3}$砖厚，允许 1 处
越线		越线距离＜1.0，长度＜10.0，允许 1 处	越线距离＜2.0，长度＜20.0，允许 1 处
图案偏差		≤1.0	≤3.0

注：来自《水泥花砖》JC/T 410—1991（1996）。

3）尺寸允许偏差应符合表 6-19 的规定。

表 6-19 mm

品种	一等品			合格品		
	长	宽	厚	长	宽	厚
F W	±0.5		±1.0	±1.0		±1.5

注：来自《水泥花砖》JC/T 410—1991（1996）。

4）平度、角度和厚度差不得大于表 6-20 的规定值。

表 6-20 mm

品种	平度		角度		厚度差	
	一等品	合格品	一等品	合格品	一等品	合格品
F	0.7	1.0	0.4	0.8	0.5	1.0
W	0.7	1.0	0.5	1.0		

注：来自《水泥花砖》JC/T 410—1991（1996）。

5）抗折破坏荷载不得小于表 6-21 的规定值。

表 6-21 N

品种	规格，mm	一等品		合格品	
		平均值	单块最小值	平均值	单块最小值
F	200×200	900	760	700	600
W		600	500	500	420
F	200×150	680	580	520	440
W		460	380	380	320
F	150×150	1080	920	840	720
W		720	610	600	500

注：来自《水泥花砖》JC/T 410—1991（1996）。

6）耐磨性能不得大于表 6-22 的规定值。

表 6-22 g

品种	等品		合格品	
	平均磨耗量	最大磨耗量	平均磨耗量	最大磨耗量
F	5.0	6.0	7.5	9.0

注：1. 墙砖（W）不要求耐磨指标。

2. 来自《水泥花砖》JC/T 410—1991（1996）。

7）出厂检验和型式检验所需样本在水泥花砖成品库随机抽取。当批量为 3000～10000 块时，各项检验按表 6-23 规定的样品量抽取。

表 6-23

检验类型 检验分类	出厂检验	型式检验
外观质量	80	80
尺寸偏差	32	32
物理力学性能和结构性能	10	15

注：来自《水泥花砖》[JC/T 410—1991（1996）]。

6.4 木材

建筑用木材的种类、特点及用途见表 6-24。

表 6-24

类　别	特　　点	用　途
水曲柳	纹理直，结构粗不均匀，木材较重，硬度中等，强度及冲击韧性中，干缩中等。木材干燥时常有翘裂、皱缩等缺陷；耐腐蚀，不耐虫蛀；加工容易，切削面光洁；胶粘性能良好；握钉力强	高级家具、胶合板及薄木、运动器械、乐器、车辆、船舶、室内装修等
柞　木	纹理直，结构略粗不均匀，材质重硬，干缩中至适度，冲击韧性高。切削面光洁，油漆粘接性能良好，钉钉难，握钉力强	家具、地板、室内装饰、胶合板、曲木制品等
椴　木	纹理直，结构略粗均匀质软，干缩中，强度低。干燥易翘曲，不耐腐，易加工，切削面光，油漆粘接性能好，钉钉易，握钉力稍弱	胶合板、装饰线条、器具等
楸　木	纹理交错，结构略细均匀，硬度中，干缩较大，强度低，干燥快，不易变形，不耐腐，易加工，切削面光，纹理美，油漆粘接性能好，握钉力小，不易劈裂	家具、室内装修
胡桃木	抗劈裂和韧性好，干燥慢，弯曲性好，加工性好，表面光滑，易雕刻，磨光，粘接性好	高档家具、装饰品、室内装修
核桃木	纹理直或斜，结构细均匀，质重、硬度及强度中，干缩小，干燥慢，但质稳定，不变形，易劈裂，耐腐，切削面光，油漆粘接性能好，握钉力强	家具、单板、室内装修
槐　木	纹理直，结构较粗不均匀，材质重硬，干缩中，强度中，耐磨性强，加工切削面光，油漆粘接性能好，握钉力强	家具、装修部件
香　樟	交错纹理，结构细均匀，材质中，硬度软，干缩小，强度低，冲击韧性中。干燥易，少翘曲，耐腐，耐温，易切削，面光洁，油漆粘接性能好，握钉力中等，不劈裂	家具、室内装饰、单板
榉　木	纹理直，结构中不均匀，干缩小，强度中或高，切削面光，纹理美，油漆粘接性能好，握钉力强，不易劈裂	家具、单板、室内装饰
柚　木	纹理直，结构中不均匀，密度中，干缩小，硬度、强度中，干燥较慢，干燥质量好，稳定，耐腐，抗虫，加工较难，刨切面光，油漆粘接性能好，握钉力强	高级家具、雕刻、单板、室内装修

续表

类别	特点	用途
红松	有光泽，松脂气味较浓，无特殊气味，纹理直，强度弱或中，锯刨加工易，刨面光滑，耐腐，干燥易。握钉力中	船舶、车辆、建筑、门窗、室内装修等
桐木	纹理直，结构粗不均匀，材质较软，干缩甚小，强度低，干燥易，不翘不裂，边材易变色，抗蛀力弱，不耐磨，易吸水，加工易，刨削面光，油漆粘接性能好，钉钉易，握钉力弱	雕刻、室内装修线条等
香椿	纹理直，结构中粗不均匀，密度、硬度、强度中，干缩小，干燥易，不翘裂，耐腐，加工易，切削面光，油漆粘接性能好，钉钉易，但握钉力弱	高级家具、雕刻、室内装饰
杉木	有光泽，有较浓杉木气味，纹理直，强度中，干缩率少，锯刨加工易，刨面光洁，不易被白蚁侵蚀，握钉力中	建筑门窗、室内装修、地板等
槭木	纹理斜，结构细均匀，材质硬，干缩中至大，强度高，冲击韧性高，干燥易翘裂，耐腐中等，防腐难，加工较难，切削面光，油漆性好，粘接性中，握钉力强，易劈裂	家具、胶合板、室内装饰
落叶松	有光泽，有松脂气味，无特殊气味，纹理直或略斜，结构中不均匀，重量中等，强度中等，干缩比率大，锯刨加工易，耐腐稍耐虫蛀，不易干燥，握钉力强	建筑门窗、檩、椽、梁、柱等，地板龙骨、混凝土模板等
榆木	纹理直，结构中不均匀，密度、硬度中，干缩中，强度低，干燥难，易翘裂，略耐腐，加工较难，刨光面光，油漆粘接性好，握钉力强，但钉钉难，易劈裂	家具、胶合板、室内装饰
铁杉	有光泽、无特殊气味，纹理直，结构中等不均匀，锯刨易刨面光洁强度中等握钉中等	建筑门窗、木箱等

6.5 纤维板

纤维板的规格、用途见表 6-25。

表 6-25

品种		规格，mm	用途
普通纤维板	硬质纤维板	610×1220、915×1830、915×2135、1000×2000、1220×1830、1220×2440 厚度：2.5、3.0、3.2、4.0、5.0	强度高，再加工性好，易弯曲和打孔。广泛用于建筑、车辆、船舶、家具、包装等
	半硬质和中密度纤维板		密度适中，强度较高，结构均匀，易加工。广泛用于家具、建筑、民用电器等
	软质纤维板		密度低，具有一定的强度，有良好的绝缘及吸声性。多用作绝热隔声材料
特种功能纤维板	油处理纤维板		采用干性油等处理的硬质纤维板，强度高，具有良好的防潮、防湿性能
	防火纤维板		经防火剂处理的纤维板，使其有良好的阻燃性能。多用于建筑
	防水纤维板		经防水剂处理的纤维板，产品有良好的防水、防潮性能。主要用于建筑和家具制造

续表

品种		规格，mm	用途
特种功能纤维板	防腐防霉纤维板	610×1220、915×1830、915×2135、1000×2000、1220×1830、1220×2440 厚度：2.5、3.0、3.2、4.0、5.0	经防腐防霉等药剂处理的纤维板，具有很好的防腐、防霉、防虫等性能
	表面装饰纤维板		纤维板表面经涂饰、贴面等处理，使其表面美观和提高强度等性能，为家具、建筑内装饰的好材料
	模压纤维板		压制成仿型体（如瓦楞形）包装及日常生活器皿用品的纤维制品，用途甚广
	浮雕纤维板		压制成有凹凸图等具有立体感花纹、外观美观的浮雕纤维板。广泛用于建筑内外装饰
	无机质复合纤维板		木质纤维和无机质复合制成的纤维板，如石膏纤维板、水泥纤维板、粉煤灰纤维板等。该产品具有强度高、隔热性、阻燃性好等特点。广泛用作建筑材料

注：1. 甲醛释放量必须符合 GB 18580—2001 的规定。

2. 硬质纤维板适宜作面板，中密度纤维板可作为基材使用。

6.6 防火板

防火板的规格、用途见表 6-26。

表 6-26

品种	规格，mm	用途
光面板、亚光面板、浮雕贴面板、小皮面板、石皮面板	0.8～1.5	用于各类装饰、装修。亚光面板是目前在装饰工程中比较流行的饰面板材；浮雕贴面板适用于室内装饰比较高的部位；成型贴面板适用于曲面墙脚或圆柱装饰

6.7 刨花板

1. 刨花板对所有板型的共同要求

1）对角线之差允许值按表 6-27 规定。

表 6-27 mm

板长度	允许值	板长度	允许值
≤1220	≤3	>1830～2440	≤5
>1220～1830	≤4	>2440	≤6

注：来自《刨花板　第 1 部分：对所有板型的共同要求》（GB/T 4897.1—2003）。

2）外观质量应符合表 6-28 的规定。

表 6-28

缺陷名称	允许值
断痕、透裂	不允许
单个面积＞40mm²的胶斑、石蜡斑、油污斑等污染点	不允许
边角残损	在公称尺寸内不允许

注：来自《刨花板 第1部分：对所有板型的共同要求》(GB/T 4897.1—2003)。

3）刨花板在出厂时的共同指标应符合表 6-29 的规定。

表 6-29

序号	项目		单位	指标
1	公称尺寸偏差	板内和板间厚度（砂光板）	mm	±0.3①
		板内和板间厚度（未砂光板）		−0.1，+0.9
		长度和宽度		0～5
2	板边缘不直度偏差		mm/m	1.0
3	翘曲度②		%	≤1.0
4	含水率		%	4～13
5	密度		g/cm³	0.4～0.9
6	板内平均密度偏差		%	±0.8
7	甲醛释放量（穿孔值）③	E_1	mm/100g	≤9.0
		E_2		＞9.0～30

注：来自《刨花板 第1部分：对所有板型的共同要求》(GB/T 4897.1—2003)。

①板内和板间厚度（砂光板）偏差要求更小者，由供需双方商定。

②刨花板厚度≤10mm的不测。

③甲醛释放量（穿孔值）为试样含水率在6.5%时测得的值。在测定时，如试件含水率（H）在 $3\% \leq H \leq 10\%$ 范围内，则乘以系数 F，$F=-0.133H+1.86$；如试件含水率＞10%，则乘以系数 F，$F=-0.636+3.12e^{(-0.346H)}$。

4）表面外观质量抽样方案见表 6-30。

表 6-30 张

批量范围 N	样本大小		第一判定数		第二判定数	
	$n_1=n_2$	Σn	接收 Ac_1	拒收 Re_1	接收 Ac_2	拒收 Re_2
≤500	13	26	0	3	3	4
501～1200	20	40	1	3	4	5
1201～3200	32	64	2	5	6	7
3201～10000	50	100	3	6	9	10
10001～35000	80	160	5	9	12	13
≥35001	125	250	7	11	18	19

注：来自《刨花板 第1部分：对所有板型的共同要求》(GB/T 4897.1—2003)。

5）规格尺寸抽样方案见表 6-31。

表 6-31

批量范围 N	样本大小		第一判定数		第二判定数	
	$n_1=n_2$	Σn	接收 Ac_1	拒收 Re_1	接收 Ac_2	拒收 Re_2
≤280	8	16	0	2	1	2
281～500	8	16	0	2	1	2
501～1200	13	26	0	3	3	4
1201～3200	20	40	1	3	4	5
3201～10000	20	40	1	3	4	5
10001～35000	32	64	2	5	6	7
≥35001	50	100	3	6	9	10

注：来自《刨花板　第 1 部分：对所有板型的共同要求》(GB/T 4897.1—2003)。

6）理化性能抽样方案见表 6-32。

表 6-32

批量范围 N	n_1	n_2
≤1200	1	2
1201～3200	2	4
3201～10000	3	6
≥10001	4	8

注：来自《刨花板　第 1 部分：对所有板型的共同要求》(GB/T 4897.1—2003)。

7）产量与检测时间间隔见表 6-33。

表 6-33

产量，张/天	检测时间间隔，h	产量，张/天	检测时间间隔，h
≤1200	24	≥3201	8
1201～3200	16		

注：来自《刨花板　第 1 部分：对所有板型的共同要求》(GB/T 4897.1—2003)。

8）不同颜色表示不同类型的刨花板。可用 25mm 宽的色带在刨花板一角的适当位置进行标志。不同类型刨花板的颜色标志应按表 6-34 规定。

表 6-34

刨花板类型	颜　色	刨花板类型	颜　色
普通刨花板	—	在潮湿状态下使用的结构用板	黄，黄，绿
家具及室内装修用板	白，蓝	在干燥状态下使用的增强结构用板	黄，蓝
在干燥状态下使用的结构用板	黄，黄，蓝	在潮湿状态下使用的增强结构用板	黄，绿

注：来自《刨花板　第 1 部分：对所有板型的共同要求》(GB/T 4897.1—2003)。

2. 在干燥状态下使用的普通用板要求

理化性能指标见表 6-35。

表 6-35

性 能	单 位	公称厚度范围，mm						
		>3～6	>6～13	>13～20	>20～25	>25～32	>32～40	>40
静曲强度	MPa	≥14	≥12.5	≥11.5	≥10	≥8.5	≥7	≥5.5
内结合强度	MPa	≥0.31	≥0.28	≥0.24	≥0.20	≥0.17	≥0.14	≥0.14
表面结合强度	MPa	≥0.7						
2h 吸水厚度膨胀率	%	≤8.0						

注：来自《刨花板 第 2 部分：在干燥状态下使用的普通用板要求》(GB/T 4897.2—2003)。

3. 在干燥状态下使用的家具及室内装修用板要求

1）家具及室内装修用板必须砂光，砂光后的板面外观质量应符合表 6-36 的规定。

表 6-36

缺 陷 名 称		允许值
压 痕		不允许
漏 砂		不允许
在任意 400cm² 板面上各种刨花尺寸的允许个数	≥20mm²	不允许
	≥5～20mm²	3

注：来自《刨花板 第 3 部分：在干燥状态下使用的家具及室内装修用板要求》(GB/T 4897.3—2003)。

2）理化性能指标见表 6-37。

表 6-37

性 能	单 位	公称厚度范围，mm							
		>3～4	>4～6	>6～13	>13～20	>20～25	>25～32	>32～40	>40
静曲强度	MPa	≥13	≥15	≥14	≥13	≥11.5	≥10	≥8.5	≥7
弯曲弹性模量	MPa	≥1800	≥1950	≥1800	≥1600	≥1500	≥1350	≥1200	≥1050
内结合强度	MPa	≥0.41		≥0.40	≥0.35	≥0.30	≥0.25	≥0.20	
表面结合强度	MPa	≥0.8							
2h 吸水厚度膨胀率	%	≤8.0							

注：来自《刨花板 第 3 部分：在干燥状态下使用的家具及室内装修用板要求》(GB/T 4897.3—2003)。

4. 在干燥状态下使用的结构用板要求

理化性能指标见表 6-38。

表 6-38

性 能	单位	公称厚度范围，mm							
		>3～4	>4～6	>6～13	>13～20	>20～25	>25～32	>32～40	>40
静曲强度	MPa	≥15	≥17		≥15	≥13	≥11	≥9	≥7
弯曲弹性模量	MPa	≥1950	≥2200	≥2300	≥2150	≥1900	≥1700	≥1500	≥1200
内结合强度	MPa	≥0.45		≥0.40	≥0.35	≥0.30	≥0.25	≥0.20	
表面结合强度	MPa	≥0.9							
24h 吸水厚度膨胀率	%	≤23	≤19	≤16	≤15			≤14	

注：来自《刨花板 第 4 部分：在干燥状态下使用的结构用板要求》(GB/T 4897.4—2003)。

5. 在潮湿状态下使用的结构用板要求

理化性能指标见表 6-39。

表 6-39

性　能	单 位	公称厚度范围，mm							
		>3～4	>4～6	>6～13	>13～20	>20～25	>25～32	>32～40	>40
静曲强度	MPa	≥20	≥19	≥18	≥16	≥14	≥12	≥10	≥9
弯曲弹性模量	MPa	≥2250	≥2250	≥2250	≥2400	≥2150	≥1900	≥1700	≥1550
内结合强度	MPa	≥0.50		≥0.45		≥0.40	≥0.35	≥0.30	≥0.25
表面结合强度	MPa	≥0.9							
2h 沸水煮后内结合强度	MPa	≥0.15	≥0.15	≥0.15	≥0.14	≥0.12	≥0.11	≥0.10	≥0.09
24h 吸水厚度膨胀率	%	≤3	≤12	≤11	≤10			≤9	

注：来自《刨花板　第 5 部分：在潮湿状态下使用的结构用板要求》(GB/T 4897.5—2003)。

6. 在干燥状态下使用的增强结构用板要求

理化性能指标见表 6-40。

表 6-40

性　能	单 位	公称厚度范围，mm					
		>6～13	>13～20	>20～25	>25～32	>32～40	>40
静曲强度	MPa	≥20	≥18	≥16	≥15	≥14	≥12
弯曲弹性模量	MPa	≥3150	≥3000	≥2550	≥2400	≥2200	≥2050
内结合强度	MPa	≥0.60	≥0.50	≥0.40	≥0.35	≥0.30	≥0.25
表面结合强度	MPa	≥0.9					
24h 吸水厚度膨胀率	%	≤15	≤14			≤13	

注：来自《刨花板　第 6 部分：在干燥状态下使用的增强结构用板要求》(GB/T 4897.6—2003)。

7. 在潮湿状态下使用的增强结构用板要求

理化性能指标见表 6-41。

表 6-41

性　能	单 位	公称厚度范围，mm					
		>6～13	>13～20	>20～25	>25～32	>32～40	>40
静曲强度	MPa	≥22	≥20	≥18.5	≥17	≥16	≥15
弯曲弹性模量	MPa	≥3350	≥3100	≥2900	≥2800	≥2600	≥2400
内结合强度	MPa	≥0.75	≥0.70	≥0.65	≥0.60	≥0.55	≥0.50
表面结合强度	MPa	≥0.9					
2h 沸水煮后内结合强度	MPa	≥0.25	≥0.23	≥0.20	≥0.18	≥0.17	≥0.15
24h 吸水厚度膨胀率	%	≤9	≤8			≤7	

注：来自《刨花板　第 7 部分：在潮湿状态下使用的增强结构用板要求》(GB/T 4897.7—2003)。

6.8　细木工板

1) 以阔叶树材单板为表板的各等级细木工板允许缺陷见表 6-42。

表 6-42

检量缺陷名称	检量项目		面板 细木工板等级 优等品	一等品	合格品	背板
针节	—		允许			
活节	最大单个直径，mm		10	20	不限	
半活节、死节、夹皮	每平方米板面上总个数		不允许	4	6	不限
	半活节	最大单个直径，mm		15（自5以下不计）	不限	
	死节	最大单个直径，mm		4（自2以下不计）	15	不限
	夹皮	最大单个长度，mm		20（自5以下不计）	不限	
木材异常结构	—		允许			
裂缝	每米板宽内条数		不允许	1	2	不限
	最大单个宽度，mm			1.5	3	6
	最大单个长度为板长的百分比，%			10	15	30
虫孔、排钉孔、孔洞	最大单个直径，mm		不允许	4	8	15
	每平方米板面上个数			4	不呈筛孔状不限	
变色①	不超过板面积的百分比，%		不允许	30	不限	
腐朽	—		不允许		允许初腐，但面积不超过板面积的1%	允许初腐
表板拼接离缝	最大单个宽度，mm		不允许	0.5	1	2
	最大单个长度为板长的百分比，%			10	30	50
	每米板宽内条数			1	2	不限
表板叠层	最大单个宽度，mm		不允许		8	10
	最大单个长度为板长的百分比，%				20	不限
芯板叠离	紧贴表板的芯板叠离	最大单个宽度，mm	不允许	2	8	10
		每米板长内条数		2	不限	
	其他各层离缝的最大宽度，mm			10		—
鼓泡、分层	—		不允许			
凹陷、压痕、鼓包	最大单个面积，mm^2		不允许	50	400	不限
	每平方米板面上个数			1	4	
毛刺沟痕	不超过板面积的百分比，%		不允许	1	20	不限
	深度			不允许穿透		
表板砂透	每平方米板面上不超过，mm^2		不允许		400	10000
透胶及其他人为污染	不超过板面积的百分比，%		不允许	0.5	10	30
补片、补条	允许制作适当且填补牢固的，每平方米板面上的数		不允许	3	不限	不限
	不超过板面积的百分比，%			0.5	3	
	缝隙不超过，mm			0.5	1	2
内含铝质书钉	—		不允许			

续表

检量缺陷名称	检量项目	面板			背板
		细木工板等级			
		优等品	一等品	合格品	
板边缺损	自基本幅面内不超过，mm	不允许		10	
其他缺陷	—	不允许	按最类似缺陷考虑		

注：来自《细木工板》(GB/T 5849—2006)。

①浅色斑条按变色计：一等品板深色斑条宽度不允许超过 2mm，长度不允许超过 20mm；桦木除优等品板外，允许有伪心材，但一等品板的色泽应调和；桦木一等品不允许有密集的褐色或黑色髓斑；优等品和一等品板的异色边心材按变色计。

2）以针叶树材单板为表板的各等级细木工板允许缺陷见表 6-43。

表 6-43

检量缺陷名称	检量项目		面板			背板
			细木工板等级			
			优等品	一等品	合格品	
针节	—		允许			
活节、半活节、死节	每平方米板面上总个数		5	8	10	不限
	活节	最大单个直径，mm	20	30（自 10 以下不计）	不限	
	半活节、死节	最大单个直径，mm	不允许	5	30（自 10 以下不计）	不限
木材异常结构	—		允许			
夹皮、树脂道	每平方米板面上总个数		3	4（自 10mm 以下不计）	10（自 15mm 以下不计）	不限
	最大单个长度		15	30	不限	
裂缝	每米板宽内条数		不允许	1	2	不限
	最大单个宽度，mm			1.5	3	6
	最大单个长度为板长的百分比，%			10	15	30
虫孔、排钉孔、孔洞	最大单个直径，mm		不允许	2	6	15
	每平方米板面上个数			4	10（自 3mm 以下不计）	不呈筛孔状不限
变色	不超过板面积的百分比，%		不允许	浅色 10	不限	
腐朽	—		不允许		允许初腐，但面积不超过板面积的 1%	允许初腐
树脂漏（树脂条）	最大单个长度，mm		不允许	150	不限	
	最大单个宽度，mm			10		
	每平方米板面上的个数			4		
表板拼接离缝	最大单个宽度，mm		不允许	0.5	1	2
	最大单个长度为板长的百分比，%			10	30	50
	每米板宽内条数			1	2	不限

续表

检量缺陷名称	检量项目		面板			背板
			细木工板等级			
			优等品	一等品	合格品	
表板叠层	最大单个宽度，mm		不允许		2	10
	最大单个长度为板长的百分比，%				20	不限
芯板叠离	紧贴表板的芯板叠离	最大单个宽度，mm	不允许	2	4	10
		每米板长内条数		2	不限	
	其他各层离缝的最大宽度，mm			10		—
鼓泡、分层	—		不允许			
凹陷、压痕、鼓包	最大单个面积，mm^2		不允许	50	400	不限
	每平方米板面上个数			2	6	
毛刺沟痕	不超过板面积的百分比，%		不允许	5	20	不限
	深度			不允许穿透		
表板砂透	每平方米板面上不超过，mm^2		不允许		400	10000
透胶及其他人为污染	不超过板面积的百分比，%		不允许	1	10	30
补片、补条	允许制作适当且填补牢固的，每平方米板面上的数		不允许	6	不限	
	不超过板面积的百分比，%			1	5	不限
	缝隙不超过，mm			0.5	1	2
内含铝质书钉	—		不允许			
板边缺损	自基本幅面内不超过，mm		不允许		10	
其他缺陷	—		不允许	按最类似缺陷考虑		

注：来自《细木工板》(GB/T 5849—2006)。

3）以热带阔叶树材单板为表板的各等级细木工板允许缺陷见表6-44。

表 6-44

检量缺陷名称	检量项目		面板			背板
			细木工板等级			
			优等品	一等品	合格品	
针节	—		允许			
活节	最大单个直径，mm		10	20	不限	
半活节、死节	每平方米板面上总个数		不允许	3	5	不限
	半活节	最大单个直径，mm		10（自5以下不计）	不限	
	死节	最大单个直径，mm		4（自2以下不计）	15	不限
木材异常结构	—		允许			
裂缝	每米板宽内条数		不允许	1	2	不限
	最大单个宽度，mm			1.5	2	6
	最大单个长度为板长的百分比，%			10	15	30
夹皮	每平方米板面上总个数		允许	2	4	不限
	最大单个长度，mm			10（自5以下不计）	不限	

续表

检量缺陷名称		检量项目	面板 细木工板等级 优等品	 一等品	 合格品	背板
蛀虫造成的缺陷	虫孔	每平方米板面上个数	不允许	8（自 1.5mm 以下不计）	不呈筛孔状不限	
		最大单个直径，mm		2		
	虫道	每平方米板面上个数	不允许	2	不呈筛孔状不限	
		最大单个长度，mm		10		
排钉孔、孔洞		最大单个直径，mm	不允许	2	8	15
		每平方米板面上个数		1	不限	
变色		不超过板面积的百分比，%	不允许	5	不限	
腐朽		—	不允许		允许初腐，但面积不超过板面积的 1%	允许初腐
表板拼接离缝		最大单个宽度，mm	不允许		1	2
		最大单个长度为板长的百分比，%			30	50
		每米板宽内条数			2	不限
表板叠层		最大单个宽度，mm	不允许		2	10
		最大单个长度为板长的百分比，%			10	不限
芯板叠离	紧贴表板的芯板叠离	最大单个宽度，mm	不允许	2	4	10
		每米板长内条数		2	不限	
	其他各层离缝的最大宽度，mm			10		—
鼓泡、分层		—	不允许			
凹陷、压痕、鼓包		最大单个面积，mm^2	不允许	50	400	不限
		每平方米板面上个数		1	4	
毛刺沟痕		不超过板面积的百分比，%	不允许	1	25	不限
		深度		不允许穿透		
表板砂透		每平方米板面上不超过，mm^2	不允许		400	10000
透胶及其他人为污染		不超过板面积的百分比，%	不允许	0.5	10	30
补片、补条		允许制作适当且填补牢固的，每平方米板面上的数	不允许	3	不限	不限
		不超过板面积的百分比，%		0.5	3	
		缝隙不超过，mm		0.5	1	2
内含铝质书钉		—	不允许			
板边缺损		自基本幅面内不超过，mm	不允许		10	
其他缺陷		—	不允许	按最类似缺陷考虑		

注：1. 髓斑和斑条按变色计。

2. 优等品和一等品板的异色边心材按变色计。

3. 来自《细木工板》（GB/T 5849—2006）。

4）宽度和长度见表 6-45。

表 6-45

mm

宽 度	长 度				
915	915	—	1830	2135	—
1220	—	1220	1830	2135	2440

注：来自《细木工板》（GB/T 5849—2006）。

5）厚度偏差应符合表 6-46 的规定。

表 6-46

mm

基本厚度	不 砂 光		砂光（单面或双面）	
	每张板内厚度公差	厚度偏差	每张板内厚度公差	厚度偏差
≤16	1.0	±0.6	0.6	±0.4
>16	1.2	±0.8	0.8	±0.6

注：来自《细木工板》（GB/T 5849—2006）。

6）含水率、横向静曲强度、浸渍剥离性能和表面胶合强度应符合表 6-47 的规定。

表 6-47

检验项目		单 位	指 标 值
含水率		%	6.0～14.0
横向静曲强度	平均值	MPa	≥15.0
	最小值	MPa	≥12.0
浸渍剥离性能		mm	试件每个胶层上的每一边剥离长度均不超过 25mm
表面胶合强度		MPa	≥0.60

注：来自《细木工板》（GB/T 5849—2006）。

7）胶合强度应符合表 6-48 的规定。

表 6-48

MPa

树 种	指标值
椴木、杨木、拟赤杨、泡桐、柳桉、杉木、奥克榄、白梧桐、异翅香、海棠木	≥0.70
水曲柳、荷木、枫香、槭木、榆木、柞木、阿必东、克隆、山樟	≥0.80
桦木	≥1.00
马尾松、云南松、落叶松、云杉、辐射松	≥0.80

注：来自《细木工板》（GB/T 5849—2006）。

8）室内用细木工板甲醛释放量应符合表 6-49 的规定。

表 6-49

mg/L

级别标志	限 量	使用范围
E_0	≤0.5	可直接用于室内
E_1	≤1.5	可直接用于室内
E_2	≤5.0	经饰面处理后达到 E_1 级方可用于室内

注：来自《细木工板》（GB/T 5849—2006）。

9）外观抽样方案见表 6-50。

表 6-50 张

批量范围	样　本	样本量	累计样本量	接收数	拒收数
≤150	第一	13	13	0	3
	第二	13	26	3	4
150～280	第一	20	20	1	3
	第二	20	40	4	5
281～500	第一	32	32	2	5
	第二	32	64	6	7
501～1200	第一	50	50	3	6
	第二	50	100	9	10
1201～3200	第一	80	80	5	9
	第二	80	160	12	13

注：来自《细木工板》（GB/T 5849—2006）。

10）规格尺寸抽样方案见表 6-51。

表 6-51 张

批量范围	样　本	样本量	累计样本量	接收数	拒收数
≤150	第一	5	5	0	2
	第二	5	10	1	2
150～280	第一	8	8	0	2
	第二	8	16	1	2
281～500	第一	13	13	0	3
	第二	13	26	3	4
501～1200	第一	20	20	1	3
	第二	20	40	4	5
1201～3200	第一	32	32	2	5
	第二	32	64	6	7

注：来自《细木工板》（GB/T 5849—2006）。

11）板芯质量和理化性能抽样方案见表 6-52。

表 6-52 张

提交检查批的成品板数量	初检抽样数	复检抽样数
1000 以下	1	2
1000～2000	2	4
2001～3000	3	6
3000 以上	4	8

注：来自《细木工板》（GB/T 5849—2006）。

6.9 胶合板

1）胶合板的幅面尺寸按表 6-53 的规定。

表 6-53

mm

宽 度	长 度				
	915	1220	1830	2135	2440
915	915	1220	1830	2135	—
1220	—	1220	1830	2135	2440

注：1. 特殊尺寸由供需双方协议。

2. 来自《胶合板　第 2 部分：尺寸公差》(GB/T 9846.2—2004)。

2）胶合板厚度公差应符合表 6-54 的规定。

表 6-54

mm

公称厚度（t）	未砂光板		砂光板（单面）	
	每张板内的厚度允差	厚度的允差	每张板内的厚度允差	厚度的允差
2.7，3	0.5	+0.4 −0.2	0.3	±0.2
3<t<5	0.7	+0.5 −0.3	0.5	±0.3
5≤t≤12	1.0	+（0.8+0.03t） −（0.4+0.03t）	0.6	+（0.2+0.03t） −（0.4+0.03t）
12<t≤25	1.5			

注：1. 有特殊要求由供需双方协议。

2. 来自《胶合板　第 2 部分：尺寸公差》(GB/T 9846.2—2004)。

3）胶合板出厂时的含水率应符合表 6-55 的规定。

表 6-55

胶合板材种	Ⅰ、Ⅱ类，%	Ⅲ类，%
阔叶树材（含热带阔叶树材）	6～14	6～16
针叶树材		

注：来自《胶合板　第 3 部分：普通胶合板通用技术条件》(GB/T 9846.3—2004)。

4）各类胶合板的胶合强度指标值应符合表 6-56 的规定。

表 6-56

MPa

树种名称或木材名称或国外商品材名称	类 别	
	Ⅰ、Ⅱ类	Ⅲ 类
椴木、杨木、拟赤杨、泡桐、橡胶木、柳桉、奥克榄、白梧桐、异翅香、海棠木	≥0.70	0.70
水曲柳、荷木、枫香、槭木、榆木、柞木、阿必东、克隆、山樟	≥0.80	
桦木	≥1.00	
马尾松、云南松、落叶松、云杉、辐射松	≥0.80	

注：来自《胶合板　第 3 部分：普通胶合板通用技术条件》(GB/T 9846.3—2004)。

5）室内用胶合板的甲醛释放量应符合表 6-57 的规定。

表 6-57 mg/L

级别标志	限　量	使用范围
E_0	≤0.5	可直接用于室内
E_1	≤1.5	可直接用于室内
E_2	≤5.0	经饰面处理后达到 E_1 级方可用于室内

注：来自《胶合板　第 3 部分：普通胶合板通用技术条件》(GB/T 9846.3—2004)。

6）以阔叶树材单板为表板的各等级普通胶合板的允许缺陷见表 6-58。

表 6-58

检量缺陷名称	检量项目	面板 细木工板等级			背　板
		优等品	一等品	合格品	
针　节	—	允　许			
活节	最大单个直径，mm	10	20	不　限	
半活节、死节、夹皮	每平方米板面上总个数	不允许	4	6	不　限
半活节	最大单个直径，mm		15（自 5 以下不计）	不　限	
死　节	最大单个直径，mm		4（自 2 以下不计）	15	不　限
夹　皮	最大单个长度，mm		20（自 5 以下不计）	不　限	
木材异常结构	—	允　许			
裂　缝	单个最大宽度，mm	不允许	1.5 椴木 0.5	3 椴木 1.5 南方材 4	6
	单个最大长度，mm		200 南方材 250	400 南方材 450	800 南方材 1000
虫孔、排钉孔、孔洞	最大单个直径，mm	不允许	4	8	15
	每平方米板面上个数		4	不呈筛孔状不限	
变　色	不超过板面积的百分比，%	不允许	30	不　限	
		注：1. 浅色斑条按变色计 2. 一等品板深色斑条宽度不得超过 2mm，长度不得超过 20mm 3. 桦木除优等品板外，允许有伪心材，但一等品板的色泽应调和 4. 桦木一等品板不允许有密集的褐色或黑色髓斑 5. 优等品和一等品板的异色边心材按变色计			
腐　朽	—	不　允　许		允许有不影响强度的初腐象征，但面积不超过板面的 1%	允许初腐

续表

检量缺陷名称	检量项目		面板 细木工板等级		背板
		优等品	一等品	合格品	
表板拼接离缝	单个最大宽度，mm	不允许	0.5	1	2
	单个最大长度为板长，%		10	30	50
	每米板宽内条数		1	2	不限
表板叠层	单个最大宽度，mm	不允许		8	10
	最大单个长度为板长，%			20	不限
芯板叠离	紧贴表板的芯板叠离	单个最大宽度，mm	不允许	2	8	10
		每米板宽内条数		2	不限	
	其他各层离缝的最大宽度，mm			10		—
长中板叠离	单个最大宽度，mm	不允许	10		—
鼓泡、分层	—	不允许			
凹陷、压痕、鼓包	单个最大面积，mm^2	不允许	50	400	不限
	每平方米板面上个数		1	4	
毛刺沟痕	不超过板面积，%	不允许	1	20	不限
	深度不得超过，mm		0.2	不允许穿透	
表板砂透	每平方米板面上，mm^2	不允许		400	不限
透胶及其他人为污染	不超过板面积，%	不允许	0.5	30	不限
补片、补条	允许制作适当且填补牢固的，每平方米板面上的数	不允许	3	不限	不限
	累计面积不超过板面积，%		0.5	3	
	缝隙不得超过，mm		0.5	1	2
内含铝质书钉	—	不允许			
板边缺损	自公称幅面内不超过，mm	不允许		10	
其他缺陷	—	不允许	按最类似缺陷考虑		

注：来自《胶合板 第4部分：普通胶合板外观分等技术条件》(GB/T 9846.4—2004)。

7) 以针叶树材单板为表板的各等级普通胶合板允许缺陷见表6-59。

表6-59

检量缺陷名称	检量项目	面板 细木工板等级			背板
		优等品	一等品	合格品	
针节	—	允许			
活节、半活节、死节	每平方米板面上总个数	5	8	10	不限
活节	最大单个直径，mm	20	30 (自10以下不计)	不限	
半活节、死节	最大单个直径，mm	不允许	5	30 (自10以下不计)	不限
木材异常结构	—	允许			

续表

检量缺陷名称	检量项目		面板			背板
			细木工板等级			
			优等品	一等品	合格品	
夹皮、树脂道	每平方米板面上总个数		3	4（自10以下不计）	10（自15以下不计）	不限
	单个最大长度，mm		15	30	不限	
裂缝	单个最大宽度，mm		不允许	1	2	6
	单个最大长度，mm			200	400	1000
虫孔、排钉孔、孔洞	最大单个直径，mm		不允许	2	6	15
	每平方米板面上个数			4	10（自3mm以下不计）	不呈筛孔状不限
变色	不超过板面积,%		不允许	浅色10	不限	
腐朽	—		不允许		允许有不影响强度的初腐象征，但面积不超过板面的1%	允许有初腐
树脂漏（树脂条）	单个最大长度，mm		不允许	150	不限	
	单个最大宽度，mm			10		
	每平方米板面上的个数			4		
表板拼接离缝	单个最大宽度，mm		不允许	0.5	1	2
	单个最大长度为板长,%			10	30	50
	每米板宽内条数			1	2	不限
表板叠层	单个最大宽度，mm		不允许		2	10
	单个最大长度为板长,%				20	不限
芯板叠离	紧贴表板的芯板叠离	单个最大宽度，mm	不允许	2	4	10
		每米板宽内条数		2	不限	
	其他各层离缝的最大宽度，mm			10		—
长中板叠离	单个最大宽度，mm		不允许	10		—
鼓泡、分层	—		不允许			—
凹陷、压痕、鼓包	单个最大面积，mm²		不允许	50	400	不限
	每平方米板面上个数			2	6	
毛刺沟痕	不超过板面积,%		不允许	5	20	不限
	深度不得超过，mm			0.5	不允许穿透	
表板砂透	每平方米板面上，mm²		不允许		400	不限
透胶及其他人为污染	不超过板面积,%		不允许	1	不限	
补片、补条	允许制作适当且填补牢固的，每平方米板面上个数		不允许	6	不限	
	累计面积不超过板面积,%			1	5	不限
	缝隙不得超过，mm			0.5	1	2

续表

检量缺陷名称	检量项目	面板 细木工板等级 优等品	面板 细木工板等级 一等品	面板 细木工板等级 合格品	背板
内含铝质书钉	—	不允许			—
板边缺损	自公称幅面内不得超过，mm	不允许		10	
其他缺陷	—	不允许	按最类似缺陷考虑		

注：来自《胶合板　第4部分：普通胶合板外观分等技术条件》(GB/T 9846.4—2004)。

8）以热带阔叶树材单板为表板的各等级胶合板允许缺陷见表6-60。

表6-60

检量缺陷名称	检量项目	面板 细木工板等级 优等品	面板 细木工板等级 一等品	面板 细木工板等级 合格品	背板
针节	—	允许			
活节	最大单个直径，mm	10	20	不限	
半活节、死节	每平方米板面上总个数	不允许	3	5	不限
半活节	最大单个直径，mm		10（自5以下不计）	不限	
死节	最大单个直径，mm		4（自2以下不计）	15	不限
木材异常结构	—	允许			
裂缝	单个最大宽度，mm	不允许	1.5	2	6
	单个最大长度，mm		250	350	800
夹皮	每平方米板面上总个数	不允许	2	4	不限
	单个最大长度，mm		10（自5以下不计）	不限	
蛀虫造成的缺陷 虫孔	每平方米板面上个数	不允许	8（自1.5mm以下不计）	不呈筛孔状不限	
	单个最大直径，mm		2		
蛀虫造成的缺陷 虫道	每平方米板面上个数	不允许	2	不呈筛孔状不限	
	单个最大长度，mm		10		
排钉孔、孔洞	单个最大直径，mm	不允许	2	8	15
	每平方米板面上个数		1	不限	
变色	不超过板面积的百分比（%）	不允许	5	不限	
腐朽	—	不允许		允许有不影响强度的初腐象征，但面积不超过板面积的1%	允许有初腐
表板拼接离缝	单个最大宽度，mm	不允许		1	2
	单个最大长度，相对于板长的百分比，%			30	50
	每米板宽内条数			2	不限
表板叠层	单个最大宽度，mm	不允许		2	10
	单个最大长度，相对于板长的百分比，%			10	不限

续表

检量缺陷名称	检量项目		面板			背板
			细木工板等级			
			优等品	一等品	合格品	
芯板叠离	紧贴表板的芯板叠离	单个最大宽度，mm	不允许	2	4	10
		每米板宽内条数		2	不限	
	其他各层离缝的最大宽度，mm			10		—
长中板叠离	单个最大宽度，mm		不允许	10		—
鼓泡、分层	—		不允许			—
凹陷、压痕、鼓包	单个最大面积，mm^2		不允许	50	400	不限
	每平方米板面上个数			1	4	
毛刺沟痕	不超过板面积，%		不允许	1	25	不限
	最大深度，mm			0.4	不允许穿透	
表板砂透	每平方米板面上，mm^2		不允许		400	不限
透胶及其他人为污染	不超过板面积，%		不允许	0.5	30	不限
补片、补条	允许制作适当且填补牢固的，每平方米板面上的数		不允许	3	不限	不限
	累计面积不超过板面积，%			0.5	3	
	最大缝隙，mm			0.5	1	2
内含铝质书钉	—		不允许			—
板边缺损	自公称幅面内不得超过，mm		不允许		10	
其他缺陷	—		不允许	按最类似缺陷考虑		

注：1. 髓斑和斑条按变色计。

2. 优等品和一等品板的异色边心材按变色计。

3. 来自《胶合板　第4部分：普通胶合板外观分等技术条件》（GB/T 9846.4—2004）。

9）外观等级抽样方案见表6-61。

表6-61　　张

批量范围	样本数	接收数 *Ac*	拒收数 *Re*
51～90	13	1	2
91～150	20	2	3
151～280	32	3	4
281～500	50	5	6
501～1200	80	7	8
1201～3200	125	10	11
3201～10000	200	14	15
10001～35000	315	21	22

注：来自《胶合板　第5部分：普通胶合板检验规则》（GB/T 9846.5—2004）。

10）规格尺寸抽样方案见表6-62。

表 6-62

张

批量范围	样本数	接收数 Ac	拒收数 Re
51～90	5	1	2
91～150	8	1	2
151～280	13	2	3
281～500	13	2	3
501～1200	20	3	4
1201～3200	32	5	6
3201～10000	32	5	6
10001～35000	50	7	8

注：来自《胶合板　第 5 部分：普通胶合板检验规则》(GB/T 9846.5—2004)。

11）板芯质量和理化性能抽样方案见表 6-63。

表 6-63

成批的张数	第一次抽样张数	复检时抽样张数
＜1000	1	2
1000～2999	2	4
3000～4999	3	6
≥5000	4	8

注：来自《胶合板　第 5 部分：普通胶合板检验规则》(GB/T 9846.5—2004)。

7 装饰与吸声板材

7.1 膨胀珍珠岩装饰吸声板

1）板的外观质量应符合表 7-1 的规定。

表 7-1

项　　目	要　　求	
	优等品、一等品	合格品
缺棱、掉角、裂缝、脱落、剥离等现象	不允许	不影响使用
正面的图案破损、夹杂物	图案清晰、色差 $\Delta E \leqslant 3$ 无夹杂物混入	
色差 ΔE	$\leqslant 3$	

注：来自《膨胀珍珠岩装饰吸声板》JC/T 430—1991（1996）。

2）板的尺寸允许偏差应符合表 7-2 的规定。

表 7-2　　　　mm

项　　目		优等品	一等品	合格品
边长		0 −0.3	0 −1.0	
厚度		±0.5	±1.0	
直角偏离度	不大于	0.10	0.40	0.60
不平度	不大于	0.8	1.0	2.5

注：来自《膨胀珍珠岩装饰吸声板》JC/T 430—1991（1996）。

3）板的物理力学性能应符合表 7-3 和表 7-4 的规定。

表 7-3

性能 类别	体积密度，kg/m^3 不大于	吸湿率，% 不大于			表面吸水量，g	断裂荷载，N 不大于			吸声系数 $\bar{\alpha}_s$	不燃性
		优等品	一等品	合格品		优等品	一等品	合格品	混响室法	
PB	500	5	6.5	8	—	245	196	157	0.40～0.60	不燃
FB		3.5	4	5	0.6～2.5	294	245	176	0.35～0.45	

注：1. 本表所示的断裂荷载为均布加荷抗弯断裂荷载。

2. 来自《膨胀珍珠岩装饰吸声板》JC/T430—1991（1996）。

表 7-4

公称厚度，mm \ 热阻值	$m^2 \cdot K/W$	公称厚度，mm \ 热阻值	$m^2 \cdot K/W$
15	0.14～0.19	20	0.19～0.26
17	0.16～0.22		

注：来自《膨胀珍珠岩装饰吸声板》JC/T 430—1991（1996）。

7.2 美铝曲面装饰板

1）幅面尺寸、有效尺寸、厚度及允许偏差应符合表 7-5 的规定。

表 7-5 mm

沟 距	基本尺寸	有效尺寸	厚 度	尺寸允许偏差		
				长度	宽度	厚度
窄沟	2440×1220	2440×1209	3.50	±5	±5	±0.30
中沟	2440×1220	2440×1197				
宽沟	2440×1220	2440×1188				

注：来自《美铝曲面装饰板》（JC/T 489—1992）。

2）沟间距尺寸及允许偏差应符合表 7-6 的规定。

表 7-6 mm

沟 距	基本尺寸	允 许 偏 差		
		优等品	一等品	合格品
窄 沟	13（12.7）	±0.10	±0.20	±0.40
中 沟	21（19）			
宽 沟	33（31）			

注：1. 其他规格可按供需双方协议供货。
2. 来自《美铝曲面装饰板》（JC/T 489—1992）。

3）外观质量应符合表 7-7 的规定。

表 7-7

<table>
<tr><th>项 目 \ 等 级</th><th>优等品</th><th>一等品</th><th>合格品</th></tr>
<tr><td>色 差</td><td rowspan="4">不允许</td><td rowspan="2">不允许</td><td>不允许</td></tr>
<tr><td>污 迹</td><td rowspan="2">不明显</td></tr>
<tr><td>划 痕</td><td>轻微</td></tr>
<tr><td>色 斑</td><td>不允许</td><td>轻 微</td></tr>
</table>

续表

项目 \ 等级	优等品	一等品	合格品
开 胶	极轻微	轻 微	不明显
凹 痕	极轻微	轻 微	不明显
凸 点	极轻微	轻 微	不明显
波 纹	不允许	轻 微	不明显
沟面裂纹	不允许	不允许	不允许
沟边铝箔损伤	不允许	不允许	极轻微
沟距不均	不允许	不允许	极轻微
底面纸刻透、皱、断	不允许	不允许	不允许
整板翘曲	不允许	不允许	不允许

注：来自《美铝曲面装饰板》(JC/T 489—1992)。

4）物理性能应符合表 7-8 的规定。

表 7-8

项目 \ 等级		优等品	一等品	合格品
湿粘结		不得剥离		
热翘曲量，mm	≤	1.50	1.80	2.50
剥离力，(N/cm)	≥	20.0	16.0	12.0
褪色性，级		>4	4	3

注：来自《美铝曲面装饰板》(JC/T 489—1992)。

7.3 粉刷石膏

1）粉刷石膏按其用途分类见表 7-9。

表 7-9

类 别	面层粉刷石膏	底层粉刷石膏	保温层粉刷石膏
代 号	F	B	T

注：来自《粉刷石膏》(JC/T 517—2004)。

2）粉刷石膏的细度以 1.0mm 和 0.2mm 方孔筛的筛余百分数计，其值应符合表 7-10 规定的数值。

表 7-10 %

产品类别	面层粉刷石膏	底层和保温层粉刷石膏
1.0mm 方孔筛筛余	0	—
0.2mm 方孔筛筛余	≤40	

注：来自《粉刷石膏》(JC/T 517—2004)。

3）粉刷石膏的保水率应不小于表 7-11 规定的数值。

表 7-11

产品类别	面层粉刷石膏	底层粉刷石膏	保温层粉刷石膏
保水率，%	90	75	60

注：来自《粉刷石膏》(JC/T 517—2004)。

4）粉刷石膏的强度应不小于表 7-12 规定的数值。

表 7-12

MPa

产品类别	面层粉刷石膏	底层粉刷石膏	保温层粉刷石膏
抗折强度	3.0	2.0	—
抗压强度	6.0	4.0	0.6
剪切粘结强度	0.4	0.3	—

注：来自《粉刷石膏》(JC/T 517—2004)。

7.4 混凝土和砂浆用颜料

1）混凝土和砂浆用颜料应符合表 7-13 的规定。

表 7-13

项目			指标	
			一级品	合格品
颜料性能	颜色（与标准样比）		近似～微	稍
	粉末颜料水湿润性		亲水	亲水
	粉末颜料 105℃挥发物，% 不大于		1.0	1.5
	水溶物，% 不大于		1.5	2.0
	耐碱性		近似～微	近似～微
	耐光性		近似～微	近似～微
	三氧化硫含量，% 不大于		2.5	5.0
混凝土性能	凝结时间差，min	初凝	−60～+90	−60～+120
		终凝	−60～+90	−60～+120
	抗压强度比，% 不小于		95	90

注：1. “近似”—用肉眼基本看不出色差。

“微”—用肉眼看似乎有点色差。

“稍”—用肉眼观察可以看得出有色差存在。

2. 凝结时间指标“−”号表示提前，“+”号表示延缓。

3. 来自《混凝土和砂浆用颜料及其试验方法》(JC/T 539—1994)。

2）颜料用量应符合表 7-14 的规定。

表 7-14

色调	红	黄	蓝	绿	棕	紫
颜料用量,%	5.6	3.9	2.8	3.9	3.9	5.6

注：1. 颜料用量是指占白色硅酸盐水泥的重量百分比。

2. 来自《混凝土和砂浆用颜料及其试验方法》(JC/T 539—1994)。

7.5 矿物棉装饰吸声板

1）常用规格的公称尺寸见表 7-15。

表 7-15 mm

长度	宽度	厚度
600，1200，1800	300，400，600	9，12，15，19

注：1. 其他规格由供需双方协商确定。

2. 来自《矿物棉装饰吸声板》(JC/T 670—2005)。

2）吸声板的尺寸允许偏差应符合表 7-16 的规定。

表 7-16

项目	加工级别及吊装方式			
	精加工		粗加工	混合加工
	复合粘贴板及暗架板	明架跌级板	明架平板	明暗架板
长度，mm	±0.5	±1.5	±2.0	±2.0
宽度，mm				±0.5
厚度，mm	±0.5	±1.0	±1.0	
直角偏离度	≤1/1000	≤2/1000	≤5/1000	

注：来自《矿物棉装饰吸声板》(JC/T 670—2005)。

3）湿法吸声板的弯曲破坏载荷和热阻应符合表 7-17 的规定。

表 7-17

厚度，mm	弯曲破坏载荷，N	热阻，$m^2 \cdot K/W$（平均温度为 25℃±5℃）
9	≥40	≥0.14
12	≥60	≥0.19
15	≥90	≥0.23
19	≥130	≥0.28

注：来自《矿物棉装饰吸声板》(JC/T 670—2005)。

4）干法吸声板的弯曲破坏载荷和热阻应符合表 7-18 的规定。

表 7-18

类　别	厚度，mm	弯曲破坏载荷，N	热阻，$m^2 \cdot K/W$（平均温度为 25℃±5℃）
玻璃棉干法板	15	≥40	≥0.40
岩棉、矿渣棉干法板	15	≥60	≥0.40
	20		≥0.50

注：来自《矿物棉装饰吸声板》（JC/T 670—2005）。

5）吸声板的降噪系数应符合表 7-19 的规定，并应注明试验方法。除非另有规定，混响室法为仲裁试验方法。

表 7-19

类　别		降噪系数（NRC）	
		混响室法（刚性壁）	驻波管法（后空腔 50mm）
湿法板	滚　花	≥0.45	≥0.25
	其　他	≥0.30	≥0.15
干法板		≥0.60	≥0.30

注：来自《矿物棉装饰吸声板》（JC/T 670—2005）。

7.6 玻璃纤维增强水泥（GRC）装饰制品

1）GRC 装饰制品根据用途分为：柱、栏杆、扶手、门窗套、山花、支托、线脚、块石、窗棂、透窗、斗拱、筒瓦、瓦当、假山、雕塑等，主要产品类型与规格尺寸见表 7-20。

表 7-20　　mm

规格尺寸	类　型								
	ZT	ZS	ZJ	CT	MT	XJ	LG	MGS	DFS
D	150～1000	150～1000	150～1000	—	—	—	120～250	—	—
L（*H′*）	—	—	—	600～3600	900～6000	120～400	—	600～900	600～900
H（*W*）	—	—	—	900～3600	2000～3600	200～900	380～1000	300～450	300～450

注：1. 代号含义：ZT—柱头；ZS—柱身；ZJ—柱基；CT—窗套；MT—门套；XJ—线脚；LG—栏杆；MGS—蘑菇石；DFS—剁斧石。
2. 规格尺寸代号 *D*、*L*（*H′*）、*H*（*W*）在不同类型构件中所代表的尺寸见图 7-1～图 7-5。
3. 方柱系列尺寸、仿中式古典建筑构件尺寸、其他制品要求的尺寸，由设计确定。
4. 来自《玻璃纤维增强水泥（GRC）装饰制品》（JC/T 940—2004）。

①窗套（CT）（图 7-1）
②柱（Z）（图 7-2）
③栏杆（LG）（图 7-3）
④线脚（XJ）（图 7-4）
⑤块石（图 7-5）
2）基本材料的推荐配合比见表 7-21。

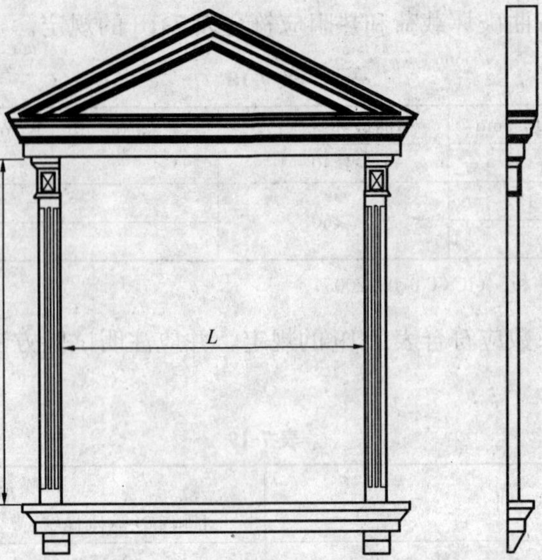

图 7-1

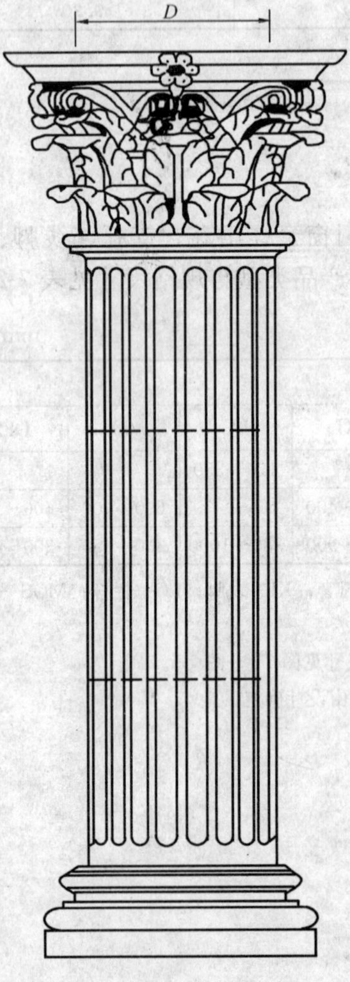

图 7-2

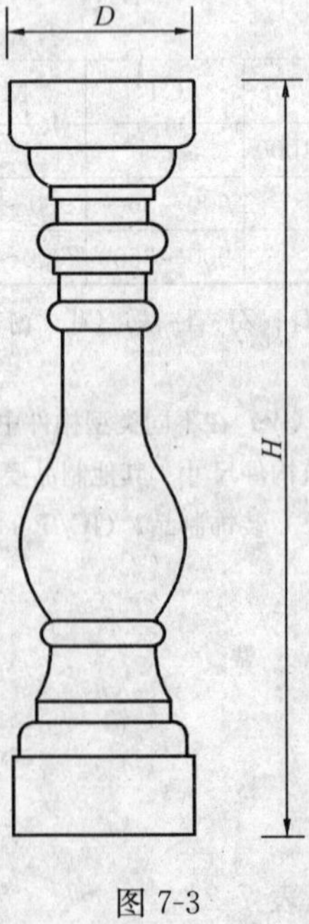

图 7-3

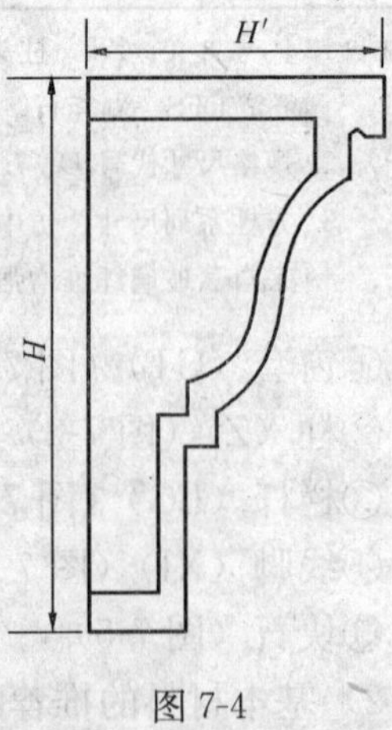

图 7-4

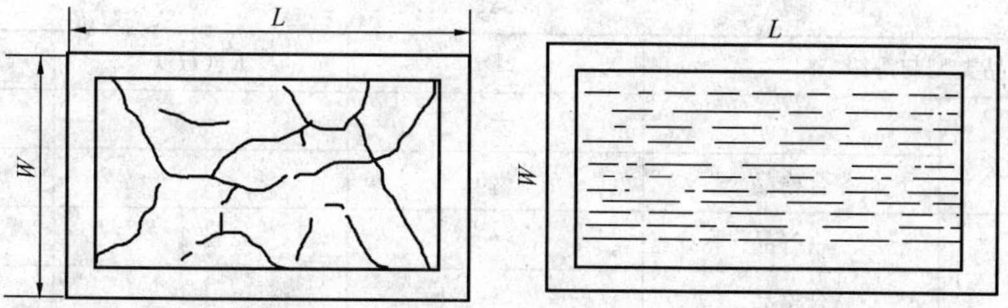

(MGS)　　　　(DFS)

图 7-5

表 7-21

项　　目	喷射成型	预混成型	铺网抹浆成型
砂灰比（质量比）	0.5～1.0	0.5～1.5	0.5～1.5
水灰比（质量比）	0.35～0.38	0.35～0.40	0.35～0.40
玻璃纤维含量，%（按砂浆质量计）	4.0～5.0	2.0～3.5	—
网格布层数（按 10mm 厚度制品计）	—	—	2
高效减水剂，%（按水泥质量计）		0.30～0.75	

注：1. 混合成型工艺用材料配比，根据所采用的混合方式确定。

2. 来自《玻璃纤维增强水泥（GRC）装饰制品》（JC/T 940—2004）。

3）外观质量应符合表 7-22 的规定。

表 7-22

项　　目		一　等　品	合　格　品
缺棱掉角	长　度	≤20mm	≤30mm
	宽　度	≤20mm	≤30mm
	数　量	不多于 2 处	不多于 3 处
裂　纹	长　度		≤30mm
	宽　度	不允许	≤0.2mm
	数　量		不多于 2 处
蜂窝麻面	占总面积	≤1.0%	≤2.0%
	单处面积	≤0.5%	≤1.0%
	数　量	不多于 1 处	不多于 2 处
飞边毛刺	厚　度	≤1.0mm	≤2.0mm

注：来自《玻璃纤维增强水泥（GRC）装饰制品》（JC/T 940—2004）。

4）尺寸允许偏差不得超过表 7-23 中的规定。

表 7-23

mm

产品类型与等级		D	L（H'）	H（W）
ZT、ZJ	一等品	±3	—	—
	合格品	±5	—	—

续表

产品类型与等级		D	L（H'）	H（W）
ZS	一等品	±3	—	—
	合格品	±5	—	—
CT、MT	一等品	—	±2	±3
	合格品	—	±4	±5
XJ	一等品	—	±2	±3
	合格品	—	±4	±5
LG	一等品	±2	—	±2
	合格品	±3	—	±4
MGS、DFS	一等品	—	±3	±2
	合格品	—	±5	±4

注：来自《玻璃纤维增强水泥（GRC）装饰制品》（JC/T 940—2004）。

5）物理力学性能应符合表7-24的规定。

表 7-24

项目		喷射工艺		预混工艺		铺网抹浆工艺		混合工艺	
		一等品	合格品	一等品	合格品	一等品	合格品	一等品	合格品
体积密度，g/cm³	≥	1.8		1.7					
抗压强度（面外），MPa	≥	40							
抗弯极限强度，MPa	≥	18	14	10	8	14	12	14	12
抗拉极限强度，MPa	≥	5	4	4	3	4	3	5	4
抗冲击强度，kJ/m²	≥	8	6	8	6	8	6	8	6
吸水率，%	≤	14	16	14	16	14	16	14	16
抗冻性，25次		经25次冻融循环，无起层、剥落等破坏现象							

注：1. 喷射工艺、铺网抹浆工艺、混合工艺适合制作平面、薄壁、细长的制品；预混工艺仅适合制作粗、短、壁厚的构件，如柱头、柱基、支托等。

2. 来自《玻璃纤维增强水泥（GRC）装饰制品》（JC/T 940—2004）。

8 玻 璃 制 品

8.1 平板玻璃

1）平板玻璃应切裁成矩形，其长度和宽度的尺寸偏差应不超过表 8-1 的规定。

表 8-1 mm

公称厚度	尺寸偏差		公称厚度	尺寸偏差	
	尺寸≤3000	尺寸＞3000		尺寸≤3000	尺寸＞3000
2～6	±2	±3	12～5	±3	±4
8～10	＋2，－3	＋3，－4	19～25	±5	±5

注：来自《平板玻璃》(GB 11614—2009)。

2）平板玻璃的厚度偏差和厚薄差应不超过表 8-2 的规定。

表 8-2 mm

公称厚度	厚度偏差	厚薄差	公称厚度	厚度偏差	厚薄差
2～6	±0.2	0.2	19	±0.7	0.7
8～12	±0.3	0.3	22～25	±1.0	1.0
15	±0.5	0.5			

注：来自《平板玻璃》(GB 11614—2009)。

3）平板玻璃合格品外观质量应符合表 8-3 的规定。

表 8-3

缺陷种类	质量要求	
点状缺陷[①]	尺寸（L），mm	允许个数限度
	$0.5 \leq L \leq 1.0$	$2 \times S$
	$1.0 < L \leq 2.0$	$1 \times S$
	$2.0 < L \leq 3.0$	$0.5 \times S$
	$L > 3.0$	0
点状缺陷密集度	尺寸≥0.5mm 的点状缺陷最小间距不小于 300mm，直径 100mm 圆内尺寸≥0.3mm 的点状缺陷不超过 3 个	
线　道	不允许	
裂　缝	不允许	

续表

缺陷种类	质量要求		
划伤	允许范围		允许条数限度
	宽≤0.5mm，长≤60mm		3×S
光学变形	公称厚度	无色透明平板玻璃	本体着色平板玻璃
	2mm	≥40°	≥40°
	3mm	≥45°	≥40°
	≥4mm	≥50°	≥45°
断面缺陷	公称厚度不超过8mm时，不超过玻璃板的厚度；8mm以上时，不超过8mm		

注：(1) S是以平方米为单位的玻璃板面积数值，按GB/T 8170修约，保留小数点后两位。点状缺陷的允许个数限度及划伤的允许条数限度为各系数与S相乘所得的数值，按GB/T 8170修约至整数。

(2) 来自《平板玻璃》(GB 11614—2009)。

①光畸变点视为0.5～1.0mm的点状缺陷。

4）平板玻璃一等品外观质量应符合表8-4的规定。

表 8-4

缺陷种类	质量要求		
点状缺陷①	尺寸(L)，mm		允许个数限度
	$0.3 \leq L \leq 0.5$		2×S
	$0.5 < L \leq 1.0$		0.5×S
	$1.0 < L \leq 1.5$		0.2×S
	$L > 1.5$		0
点状缺陷密集度	尺寸≥0.3mm的点状缺陷最小间距不小于300mm；直径100mm圆内尺寸≥0.2mm的点状缺陷不超过3个		
线道	不允许		
裂缝	不允许		
划伤	允许范围		允许条数限度
	宽≤0.2mm，长≤40mm		2×S
光学变形	公称厚度	无色透明平板玻璃	本体着色平板玻璃
	2mm	≥50°	≥45°
	3mm	≥55°	≥50°
	4～12mm	≥60°	≥55°
	≥15mm	≥55°	≥50°
断面缺陷	公称厚度不超过8mm时，不超过玻璃板的厚度；8mm以上时，不超过8mm		

注：(1) S是以平方米为单位的玻璃板面积数值，按GB/T 8170修约，保留小数点后两位。点状缺陷的允许个数限度及划伤的允许条数限度为各系数与S相乘所得的数值，按GB/T 8170修约至整数。

(2) 来自《平板玻璃》(GB 11614—2009)。

①点状缺陷中不允许有光畸变点。

5）平板玻璃优等品外观质量应符合表 8-5 的规定。

表 8-5

缺陷种类	质　量　要　求		
点状缺陷①	尺寸（L），mm	允许个数限度	
	$0.3 \leqslant L \leqslant 0.5$	$1 \times S$	
	$0.5 < L \leqslant 1.0$	$0.2 \times S$	
	$L > 1.0$	0	
点状缺陷密集度	尺寸≥0.3mm 的点状缺陷最小间距不小于 300mm；直径 100mm 圆内尺寸≥0.1mm 的点状缺陷不超过 3 个		
线　道	不允许		
裂　缝	不允许		
划　伤	允许范围	允许条数限度	
	宽≤0.1mm，长≤30mm	$2 \times S$	
光学变形	公称厚度	无色透明平板玻璃	本体着色平板玻璃
	2mm	≥50°	≥50°
	3mm	≥55°	≥50°
	4～12mm	≥60°	≥55°
	≥15mm	≥55°	≥50°
断面缺陷	公称厚度不超过 8mm 时，不超过玻璃板的厚度；8mm 以上时，不超过 8mm		

注：（1）S 是以平方米为单位的玻璃板面积数值，按 GB/T 8170 修约，保留小数点后两位。点状缺陷的允许个数限度及划伤的允许条数限度为各系数与 S 相乘所得的数值，按 GB/T 8170 修约至整数。

（2）来自《平板玻璃》（GB 11614—2009）。

①点状缺陷中不允许有光畸变点。

6）无色透明平板玻璃可见光透射比应不小于表 8-6 的规定。

表 8-6

公称厚度，mm	可见光透射比最小值，%	公称厚度，mm	可见光透射比最小值，%
2	89	10	81
3	88	12	79
4	87	15	76
5	86	19	72
6	85	22	69
8	83	25	67

注：来自《平板玻璃》（GB 11614—2009）。

7）本体着色平板玻璃可见光透射比、太阳光直接透射比、太阳能总透射比偏差应不超过表 8-7 的规定。

表 8-7

种　　类	偏差，%
可见光（380～780nm）透射比	2.0
太阳光（300～2500nm）直接透射比	3.0
太阳能（300～2500nm）总透射比	4.0

注：来自《平板玻璃》（GB 11614—2009）。

8.2 夹层玻璃

1）可视区的点状缺陷数应满足表 8-8 的规定。

表 8-8

<table>
<tr><td colspan="3">缺陷尺寸 λ，mm</td><td>0.5＜λ≤1.0</td><td colspan="4">1.0＜λ≤3.0</td></tr>
<tr><td colspan="3">玻璃面积 S，mm²</td><td>S 不限</td><td>S≤1</td><td>1＜S≤2</td><td>2＜S≤8</td><td>S＞8</td></tr>
<tr><td rowspan="4">允许缺陷数，个</td><td rowspan="4">玻璃层数</td><td>2</td><td rowspan="4">不得密集存在</td><td>1</td><td>2</td><td>1.0/m²</td><td>1.2/m²</td></tr>
<tr><td>3</td><td>2</td><td>3</td><td>1.5/m²</td><td>1.8/m²</td></tr>
<tr><td>4</td><td>3</td><td>4</td><td>2.0/m²</td><td>2.4/m²</td></tr>
<tr><td>≥5</td><td>4</td><td>5</td><td>2.5/m²</td><td>3.0/m²</td></tr>
</table>

注：1. 不大于 0.5mm 的缺陷不考虑，不允许出现大于 3mm 的缺陷。
2. 当出现下列情况之一时，视为密集存在：
1）两层玻璃时，出现 4 个或 4 个以上的缺陷，且彼此相距＜200mm。
2）三层玻璃时，出现 4 个或 4 个以上的缺陷，且彼此相距＜180mm。
3）四层玻璃时，出现 4 个或 4 个以上的缺陷，且彼此相距＜150mm。
4）五层以上玻璃时，出现 4 个或 4 个以上的缺陷，且彼此相距＜100mm。
3. 单层中间层单层厚度大于 2mm 时，上表允许缺陷数总数增加 1。
4. 来自《建筑用安全玻璃　第 3 部分：夹层玻璃》（GB 15763.3—2009）。

2）可视区的线状缺陷数应满足表 8-9 的规定。

表 8-9

<table>
<tr><td>缺陷尺寸（长度 L，宽度 B），mm</td><td>L≤30 且 B≤0.2</td><td colspan="3">L＞30 或 B＞0.2</td></tr>
<tr><td>玻璃面积（S），m²</td><td>S 不限</td><td>S≤5</td><td>5＜S≤8</td><td>S＞8</td></tr>
<tr><td>允许缺陷数，个</td><td>允许存在</td><td>不允许</td><td>1</td><td>2</td></tr>
</table>

注：来自《建筑用安全玻璃　第 3 部分：夹层玻璃》（GB 15763.3—2009）。

3）夹层玻璃最终产品的长度和宽度允许偏差应符合表 8-10 的规定。

表 8-10　　mm

<table>
<tr><td rowspan="2">公称尺寸（边长 L）</td><td rowspan="2">公称厚度≤8</td><td colspan="2">公称厚度＞8</td></tr>
<tr><td>每块玻璃公称厚度＜10</td><td>至少一块玻璃公称厚度≥10</td></tr>
<tr><td>L≤1100</td><td>+2.0
−2.0</td><td>+2.5
−2.0</td><td>+3.5
−2.5</td></tr>
</table>

续表

公称尺寸（边长 L）	公称厚度≤8	公称厚度＞8	
		每块玻璃公称厚度＜10	至少一块玻璃公称厚度≥10
1100＜L≤1500	+3.0 −2.0	+3.5 −2.0	+4.5 −3.0
1500＜L≤2000	+3.0 −2.0	+3.5 −2.0	+5.0 −3.5
2000＜L≤2500	+4.5 −2.5	+5.0 −3.0	+6.0 −4.0
L＞2500	+5.0 −3.0	+5.5 −3.5	+6.5 −4.5

注：来自《建筑用安全玻璃　第3部分：夹层玻璃》(GB 15763.3—2009)。

4）夹层玻璃最大叠差应符合表8-11的规定。

表 8-11

mm

长度或宽度 L	最大允许叠差 δ	长度或宽度 L	最大允许叠差 δ
L≤1000	2.0	2000＜L≤4000	4.0
1000＜L≤2000	3.0	L＞4000	6.0

注：来自《建筑用安全玻璃　第3部分：夹层玻璃》(GB 15763.3—2009)。

5）湿法夹层玻璃的厚度偏差不能超过构成夹层玻璃的原片允许偏差与中间层的允许偏差之和。湿法中间层厚度允许偏差见表8-12。

表 8-12

mm

中间层厚度 d	允许偏差 δ	中间层厚度 d	允许偏差 δ
d＜1	±0.4	2≤d＜3	±0.6
1≤d＜2	±0.5	d≥3	±0.7

注：来自《建筑用安全玻璃　第3部分：夹层玻璃》(GB 15763.3—2009)。

8.3 建筑用安全玻璃

1. 防火玻璃

1）防火玻璃的尺寸、厚度允许偏差

①复合防火玻璃的尺寸和厚度允许偏差见表8-13。

表 8-13

mm

玻璃的总厚度 d	长度或宽度（L）允许偏差		厚度允许偏差
	L≤1200	1200＜L≤2400	
5≤d＜11	±2	±3	±1.0
11≤d＜17	±3	±4	±1.0

续表

<table>
<tr><th rowspan="2">玻璃的总厚度 d</th><th colspan="2">长度或宽度（L）允许偏差</th><th rowspan="2">厚度允许偏差</th></tr>
<tr><th>$L≤1200$</th><th>$1200<L≤2400$</th></tr>
<tr><td>$17≤d<24$</td><td>±4</td><td>±5</td><td>±1.3</td></tr>
<tr><td>$24≤d<35$</td><td>±5</td><td>±6</td><td>±1.5</td></tr>
<tr><td>$d≥35$</td><td>±5</td><td>±6</td><td>±2.0</td></tr>
</table>

注：1. 当 L 大于 2400mm 时，尺寸允许偏差由供需双方商定。

2. 来自《建筑用安全玻璃　第 1 部分：防火玻璃》（GB 15763.1—2009）。

②单片防火玻璃的尺寸和厚度允许偏差见表 8-14。

表 8-14　　mm

<table>
<tr><th rowspan="2">玻璃厚度</th><th colspan="3">长度或宽度（L）允许偏差</th><th rowspan="2">厚度允许偏差</th></tr>
<tr><th>$L≤1000$</th><th>$1000<L≤2000$</th><th>$L>2000$</th></tr>
<tr><td>5
6</td><td>+1
−2</td><td rowspan="3">±3</td><td rowspan="4">±4</td><td>±0.2</td></tr>
<tr><td>8
10</td><td rowspan="2">+2
−3</td><td>±0.3</td></tr>
<tr><td>12</td><td>±0.4</td></tr>
<tr><td>15</td><td>±4</td><td>±4</td><td>±0.5</td></tr>
<tr><td>19</td><td>±5</td><td>±5</td><td>±6</td><td>±7</td></tr>
</table>

注：来自《建筑用安全玻璃　第 1 部分：防火玻璃》（GB 15763.1—2009）。

2）防火玻璃的外观质量要求

①复合防火玻璃的外观质量见表 8-15。

表 8-15

缺陷名称	要　　求
气　　泡	直径 300mm 圆内允许长 0.5～1.0mm 的气泡 1 个
胶合层杂质	直径 500mm 圆内允许长 2.0mm 以下的杂质 2 个
划　　伤	宽度≤0.1mm，长度≤50mm 的轻微划伤，每平方米面积内不超过 4 条
	0.1mm<宽度<0.5mm，长度≤50mm 的轻微划伤，每平方米面积内不超过 1 条
爆　　边	每米边长允许有长度不超过 20mm、自边部向玻璃表面延伸深度不超过厚度一半的爆边 4 个
叠差、裂纹、脱胶	脱胶、裂纹不允许存在；总叠差不应大于 3mm

注：1. 复合防火玻璃周边 15mm 范围内的气泡、胶合层杂质不作要求。

2. 来自《建筑用安全玻璃　第 1 部分：防火玻璃》（GB 15763.1—2009）。

②单片防火玻璃的外观质量见表 8-16。

表 8-16

缺陷名称	要　　求
爆　　边	不允许存在
划　　伤	宽度≤0.1mm，长度≤50mm 的轻微划伤，每平方米面积内不超过 2 条
	0.1mm<宽<0.5mm，长度≤50mm 的轻微划伤，每平方米面积内不超过 1 条
结石、裂纹、缺角	不允许存在

注：来自《建筑用安全玻璃　第 1 部分：防火玻璃》（GB 15763.1—2009）。

3）隔热型防火玻璃（A类）和非隔热型防火玻璃（C类）的耐火性能应满足表8-17的要求。

表 8-17

分类名称	耐火极限等级	耐火性能要求
隔热型防火玻璃（A类）	3.00h	耐火隔热性时间≥3.00h，且耐火完整性时间≥3.00h
	2.00h	耐火隔热性时间≥2.00h，且耐火完整性时间≥2.00h
	1.50h	耐火隔热性时间≥1.50h，且耐火完整性时间≥1.50h
	1.00h	耐火隔热性时间≥1.00h，且耐火完整性时间≥1.00h
	0.50h	耐火隔热性时间≥0.50h，且耐火完整性时间≥0.50h
非隔热型防火玻璃（C类）	3.00h	耐火完整性时间≥3.00h，耐火隔热性无要求
	2.00h	耐火完整性时间≥2.00h，耐火隔热性无要求
	1.50h	耐火完整性时间≥1.50h，耐火隔热性无要求
	1.00h	耐火完整性时间≥1.00h，耐火隔热性无要求
	0.50h	耐火完整性时间≥0.50h，耐火隔热性无要求

注：来自《建筑用安全玻璃　第1部分：防火玻璃》（GB 15763.1—2009）。

4）防火玻璃的可见光透射比应符合表8-18的要求。

表 8-18

项目	允许偏差最大值（明示标称值）	允许偏差最大值（未明示标称值）
可见光透射比	±3%	≤5%

注：来自《建筑用安全玻璃　第1部分：防火玻璃》（GB 15763.1—2009）。

2. 钢化玻璃

1）长方形平面钢化玻璃边长的允许偏差应符合表8-19的规定。

表 8-19　　mm

厚度	边长（L）允许偏差			
	$L\leqslant1000$	$1000<L\leqslant2000$	$2000<L\leqslant3000$	$L>3000$
3、4、5、6	+1 −2	±3	±4	±5
8、10、12	+2 −3			
15	±4	±4		
19	±5	±5	±6	±7
>19	供需双方商定			

注：来自《建筑用安全玻璃　第2部分：钢化玻璃》（GB 15763.2—2005）。

2）长方形平面钢化玻璃的对角线差应符合表8-20的规定。

表 8-20　　mm

玻璃公称厚度	对角线差允许值		
	边长≤2000	2000<边长≤3000	边长>3000
3、4、5、6	±3.0	±4.0	±5.0
8、10、12	±4.0	±5.0	±6.0
15、19	±5.0	±6.0	±7.0
>19	供需双方商定		

注：来自《建筑用安全玻璃　第2部分：钢化玻璃》（GB 15763.2—2005）。

3）孔径一般不小于玻璃的公称厚度，孔径的允许偏差应符合表 8-21 的规定。

表 8-21　　mm

公称孔径（D）	允许偏差	公称孔径（D）	允许偏差
$4 \leqslant D \leqslant 50$	±1.0	$D > 100$	供需双方商定
$50 < D \leqslant 100$	±2.0		

注：来自《建筑用安全玻璃　第 2 部分：钢化玻璃》（GB 15763.2—2005）。

4）钢化玻璃厚度的允许偏差应符合表 8-22 的规定。

表 8-22　　mm

公称厚度	厚度允许偏差	公称厚度	厚度允许偏差
3、4、5、6	±0.2	15	±0.6
8、10	±0.3	19	±1.0
12	±0.4	>19	供需双方商定

注：来自《建筑用安全玻璃　第 2 部分：钢化玻璃》（GB 15763.2—2005）。

5）钢化玻璃的外观质量应符合表 8-23 的规定。

表 8-23

缺陷名称	说　　明	允许缺陷数
爆　边	每片玻璃每米边长上允许有长度不超过 10mm，自玻璃边部向玻璃板表面延伸深度不超过 2mm，自板面向玻璃厚度延伸深度不超过厚度 1/3 的爆边个数	1 处
划　伤	宽度在 0.1mm 以下的轻微划伤，每平方米面积内允许存在条数	长度≤100mm 时 4 条
	宽度大于 0.1mm 的划伤，每平方米面积内存在条数	宽度 0.1～1mm 长度≤100mm 时 4 条
夹钳印	夹钳印与玻璃边缘的距离≤20mm，边部变形量≤2mm（见图 8-1）	
裂纹、缺角	不允许存在	

注：来自《建筑用安全玻璃　第 2 部分：钢化玻璃》（GB 15763.2—2005）。

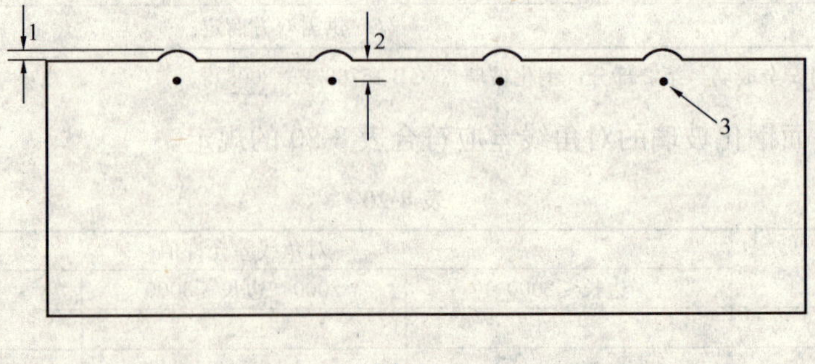

图 8-1

1—边部变形；2—夹钳印与玻璃边缘的距离；3—夹钳印

6）最少允许碎片数应符合表 8-24 的规定。

表 8-24

玻璃品种	公称厚度，mm	最少碎片数，片
平面钢化玻璃	3	30
	4～12	40
	≥15	30
曲面钢化玻璃	≥4	30

注：来自《建筑用安全玻璃　第2部分：钢化玻璃》(GB 15763.2—2005)。

7）产品的尺寸和偏差、外观质量、弯曲度按表8-25规定进行随机抽样。

表 8-25　片

批量范围	样本大小	合格判定数	不合格判定数
1～8	2	1	2
9～15	3	1	2
16～25	5	1	2
26～50	8	2	3
51～90	13	3	4
91～150	20	5	6
151～280	32	7	8
281～500	50	10	11
501～1000	80	14	15

注：来自《建筑用安全玻璃　第2部分：钢化玻璃》(GB 15763.2—2005)。

8.4　中空玻璃

1）常用中空玻璃形状和最大尺寸见表8-26。

表 8-26　mm

玻璃厚度	间隔厚度	长边最大尺寸	短边最大尺寸（正方形除外）	最大面积，m^2	正方形边长最大尺寸
3	6	2110	1270	2.4	1270
	9～12	2110	1270	2.4	1270
4	6	2420	1300	2.86	1300
	9～10	2440	1300	3.17	1300
	12～20	2440	1300	3.17	1300
5	6	3000	1750	4.00	1750
	9～10	3000	1750	4.80	2100
	12～20	3000	1815	5.10	2100
6	6	4550	1980	5.88	2000
	9～10	4550	2280	8.54	2440
	12～20	4550	2440	9.00	2440

续表

玻璃厚度	间隔厚度	长边最大尺寸	短边最大尺寸（正方形除外）	最大面积，m^2	正方形边长最大尺寸
10	6	4270	2000	8.54	2440
	9～10	5000	3000	15.00	3000
	12～20	5000	3180	15.90	3250
12	12～20	5000	3180	15.90	3250

注：来自《中空玻璃》（GB/T 11944—2002）。

2）中空玻璃的长度及宽度允许偏差见表 8-27。

表 8-27 mm

长（宽）度 L	允许偏差	长（宽）度 L	允许偏差
$L<1000$	±2	$L\geqslant2000$	±3
$1000\leqslant L<2000$	+2、−3		

注：来自《中空玻璃》（GB/T 11944—2002）。

3）中空玻璃厚度允许偏差见表 8-28。

表 8-28 mm

公称厚度 T	允许偏差	公称厚度 T	允许偏差
$T<17$	±1.0	$T\geqslant22$	±2.0
$17\leqslant T<22$	±1.5		

注：1. 中空玻璃的公称厚度为玻璃原片的玻璃厚度与间隔厚度之和。
2. 来自《中空玻璃》（GB/T 11944—2002）。

4）产品的外观、尺寸偏差按表 8-29 从交货批中随机抽样进行检验。

表 8-29 块

批量范围	抽检数	合格判定数	不合格判定数
1～8	2	1	2
9～15	3	1	2
16～25	5	1	2
26～50	8	2	3
51～90	13	3	4
91～150	20	5	6
151～280	32	7	8
281～500	50	10	11

注：来自《中空玻璃》（GB/T 11944—2002）。

8.5 夹丝玻璃

1）厚度允许偏差应符合表 8-30 的规定。

表 8-30 mm

厚度	允许偏差范围		厚度	允许偏差范围	
	优等品	一等品、合格品		优等品	一等品、合格品
6	±0.5	±0.6	10	±0.9	±1.0
7	±0.6	±0.7			

注：来自《夹丝玻璃》(JC 433—1991)。

2）产品外观质量应符合表 8-31 的规定。

表 8-31

项目	说明	优等品	一等品	合格品
气泡	直径 3～6mm 的圆泡，每平方米面积内允许个数	5	数量不限，但不允许密集	
	长泡，每平方米面积内允许个数	长 6～8mm 2	长 6～10mm 10	长 6～10mm 10 长 10～20mm 4
花纹变形	花纹变形程度	不许有明显的花纹变形		不规定
异物	破坏性的	不允许		
	直径 0.5～2mm 非破坏性的，每平方米面积内允许个数	3	5	10
裂纹		目测不能识别		不影响使用
磨伤		轻微	不影响使用	
金属丝	金属丝夹入玻璃内状态	应完全夹入玻璃内，不得露出表面		
	脱焊	不允许	距边部 30mm 内不限	距边部 100mm 内不限
	断线	不允许		
	接头	不允许	目测看不见	

注：来自《夹丝玻璃》(JC 433—1991)。

3）对产品的尺寸偏差、厚度偏差、弯曲度、玻璃边部凸出、缺口、偏斜缺角及外观质量等项目，按表 8-32 随机抽样检验。

表 8-32 片

批量	抽样数	允许不合格数	批量	抽样数	允许不合格数
1～20	全部	0	1501～3000	50	7
21～100	20	3	3001～5000	70	10
101～500	30	5	多于 5000	80	11
501～1500	40	6			

注：来自《夹丝玻璃》(JC 433—1991)。

8.6 光栅玻璃

1）光栅玻璃的长度和宽度偏差应符合表 8-33 的规定。

表 8-33　　mm

长度或宽度 L	允许偏差	长度或宽度 L	允许偏差
$L \leqslant 500$	+1 −2	$50 < L \leqslant 1000$	±2
		$L > 1000$	±3

注：来自《光栅玻璃》(JC/T 510—1993)。

2）光栅玻璃的厚度偏差应符合表 8-34 的规定。

表 8-34　　mm

厚　度		允许偏差
单　层		±0.4
夹　层	≤8	+0.8 −0.5
	>8	+1 −0.5

注：来自《光栅玻璃》(JC/T 510—1993)。

3）光栅玻璃的外观质量必须符合表 8-35 的规定。

表 8-35

缺陷种类	说　明	允许数量
光栅层气泡	长 0.5～1mm，每 $0.1m^2$ 面积内允许个数	3
	长>1～3mm 距离边部 10mm 范围内允许个数	2
	其他部位	不允许
划　伤	宽度在 0.1mm 以下的轻划伤	不限
	宽度在 0.1～0.5mm 之间，每 $0.1m^2$ 面积内允许条数	4
爆　边	每片玻璃每米长度上允许有长度不超过 20mm，自玻璃边部向玻璃板表面延伸长度不超过 6mm，自板面向玻璃厚度延伸深度不超过厚度一半，允许个数	6
	小于 1m 的，允许个数	2
缺　角	玻璃的角残缺以等分角线计算，长度不超过 5mm，允许个数	1
图　案	图案清晰，色泽均匀，不允许有明显漏缺	
折　皱	不允许有明显折皱	
叠　差	由供需双方商定	

注：来自《光栅玻璃》(JC/T 510—1993)。

4）产品的尺寸偏差、外观质量、弯曲度按表 8-36 规定进行随机抽样。

表 8-36

块

批量范围	抽样数	合格判定数	不合格判定数
26～50	8	2	3
51～90	13	3	4
91～150	20	5	6
151～280	32	7	8
281～500	50	10	11

注：来自《光栅玻璃》(JC/T 510—1993)。

8.7 压花玻璃

1）压花玻璃长度和宽度尺寸允许偏差应符合表 8-37 的规定。

表 8-37

mm

厚 度	尺寸允许偏差	厚 度	尺寸允许偏差
3	±2	6	±2
4	±2	8	±3
5	±2		

注：来自《压花玻璃》(JC/T 511—2002)。

2）压花玻璃的厚度偏差应符合表 8-38 的规定。

表 8-38

mm

厚 度	厚度允许偏差	厚 度	厚度允许偏差
3	±0.3	6	±0.5
4	±0.4	8	±0.6
5	±0.4		

注：来自《压花玻璃》(JC/T 511—2002)。

3）压花玻璃外观质量应符合表 8-39 的规定。

表 8-39

缺陷类型	说 明	一 等 品			合 格 品		
图案不清	目测可见	不允许					
气 泡	长度范围，mm	2≤L<5	5≤L<10	L≥10	2≤L<5	5≤L<15	L≥15
	允许个数	6.0×S	3.0×S	0	9.0×S	4.0×S	0
杂 物	长度范围，mm	2≤L<3		L≥3	2≤L<3		L≥3
	允许个数	1.0×S		0	2.0×S		0
线 条	长度范围，mm	不允许			长度 100≤L<200，宽度 W<0.5		
	允许个数				3.0×S		

续表

缺陷类型	说明	一等品	合格品	
皱纹	目测可见	不允许	边部 50mm 以内轻微的允许存在	
压痕	长度范围，mm	不允许	$2\leqslant L<5$	$L\geqslant 5$
	允许个数		$2.0\times S$	0
划伤	长度范围，mm	不允许	长度 $L\leqslant 60$，宽度 $W<0.5$	
	允许个数		$3.0\times S$	
裂纹	目测可见	不允许		
断面缺陷	爆边、凹凸、缺角等	不应超过玻璃板的厚度		

注：1. 上表中，L 表示相应缺陷的长度，W 表示其宽度，S 是以平方米为单位的玻璃板的面积，气泡、杂物、压痕和划伤的数量允许上限值是以 S 乘以相应系数所得的数值，此数值应按 GB/T 8170 修约至整数。

2. 对于 2mm 以下的气泡，在直径为 100mm 的圆内不允许超过 8 个。

3. 破坏性的杂物不允许存在。

4. 来自《压花玻璃》(JC/T 511—2002)。

4）抽样表见表 8-40。

表 8-40

批量范围	抽样数	合格判定数	不合格判定数
1～8	2	0	1
9～15	3	0	1
16～50	8	1	2
51～90	13	2	3
91～150	20	3	4
151～280	32	5	6
281～500	50	7	8
501～1200	80	10	11

注：来自《压花玻璃》(JC/T 511—2002)。

8.8 建筑门窗密封毛条

1）品种型式及标记代号见图 8-2 和表 8-41。

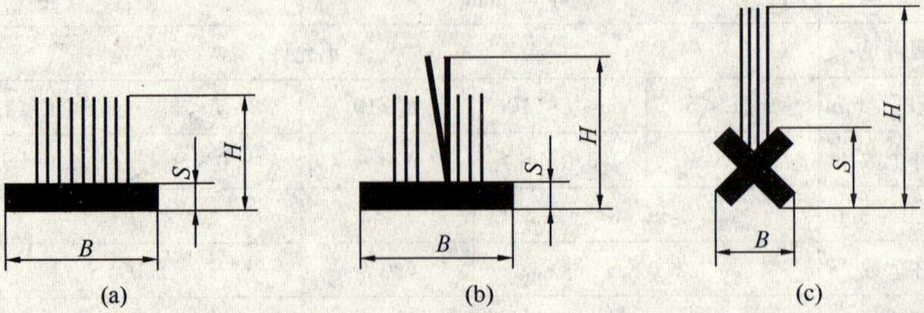

图 8-2

(a) 平板型；(b) 平板加片型；(c) X 型

表 8-41

品　　种	平板型	平板加片型	X型
代　　号	Ⅰ	Ⅱ	Ⅲ

注：来自《建筑门窗密封毛条技术条件》(JC/T 635—1996)。

2）绒毛密度分类及标记代号见表 8-42。

表 8-42

绒毛密度	普通密度	中密度	高密度
代　　号	S	E	P

注：来自《建筑门窗密封毛条技术条件》(JC/T 635—1996)。

3）颜色分类及标记代号见表 8-43。

表 8-43

颜　　色	黑	灰	白	棕
代　　号	BL	GR	WH	BR

注：来自《建筑门窗密封毛条技术条件》(JC/T 635—1996)。

4）毛条基本尺寸系列见表 8-44 和表 8-45。

表 8-44

名称	底板宽度	毛条总高度	底板厚度
代　　号	B	H	S

注：来自《建筑门窗密封毛条技术条件》(JC/T 635—1996)。

表 8-45

mm

名　　称	B	H	S
Ⅰ、Ⅱ型	4.8，5.8，6.8，9.8，10.8，12.7	3～13 每 0.5 一档	1
Ⅲ型	2.8	9～19 每 0.5 一档	3

注：1. 其他规格尺寸可由使用单位与制造厂协商制定。
　　2. 来自《建筑门窗密封毛条技术条件》(JC/T 635—1996)。

5）空气渗透性能（q）应符合表 8-46 的规定。

表 8-46

品　　种	单　　位	优等品	一等品	合格品
Ⅰ型	m^3/（m·h）	$q\leqslant 1.0$	$q\leqslant 1.5$	$q\leqslant 2.0$
Ⅱ型	m^3/（m·h）	$q\leqslant 0.7$	$q\leqslant 1.0$	$q\leqslant 1.5$
Ⅲ型	m^3/（m·h）	$q\leqslant 2.5$	$q\leqslant 3.0$	$q\leqslant 3.0$

注：来自《建筑门窗密封毛条技术条件》(JC/T 635—1996)。

6）机械性能：试验 2 万次后测量其高度应符合表 8-47 的规定。

表 8-47

方式	品种	单位	优等品	一等品	合格品
正压	Ⅰ、Ⅱ型	mm	≤0.5	≤1.0	≤1.5
挤压	Ⅰ、Ⅱ型	mm	≤0.5	≤1.0	≤1.5
扫刮	Ⅰ、Ⅱ型	mm	≤0.5	≤1.0	≤1.5
摩擦	Ⅲ型		不许倒伏	不许倒伏	轻微倒伏

注：来自《建筑门窗密封毛条技术条件》(JC/T 635—1996)。

7）尺寸允许偏差应符合表 8-48 的规定。

表 8-48

项目	范围	单位	优等品	一等品	合格品
底板宽度差	$B\leqslant10$	mm	0 −0.2	0 −0.25	0 −0.25
	$B>10$	mm	0 −0.3	0 −0.35	0 −0.35
毛条高度差	$H\leqslant8$	mm	±0.25	±0.5	±0.5
	$H>8$	mm	±0.5	±0.75	±0.75
底板厚度差	Ⅰ、Ⅱ、Ⅲ型	mm	0 −0.3	0 −0.3	0 −0.3
偏边（绒毛）（底板）	$B\leqslant10$	mm	±0.25	±0.25	±0.5
	$B>10$	mm	±0.5	±0.5	±0.75
长度	工艺规定	%	±1.0	±2.0	±3.0

注：来自《建筑门窗密封毛条技术条件》(JC/T 635—1996)。

8.9 建筑用 U 形玻璃

1）U 形玻璃的规格尺寸及偏差应符合表 8-49 的规定，其他规格尺寸的 U 形玻璃由供需双方商定。

表 8-49

mm

种类	正面宽 $b\pm2$	翼高 $h\pm2$	厚度 $d\pm0.5$	最大出厂长度 $L\pm3$	肋宽 $b_2\pm5$
U 形玻璃	260	41	6	6000	—
	260	60	7	7000	—
	330	41	6	6000	—
	330	60	7	7000	—
	500	41	6	4000	—
	500	60	7	4000	—
双 U 形玻璃	600	50	5.5	3600	35

注：1. 最大出厂长度不等于使用长度。

2. 来自《建筑用 U 形玻璃》(JC/T 867—2000)。

2）U形玻璃的外观质量应符合表8-50的规定。

表 8-50

缺陷名称		1m延长玻璃	
		优等品	合格品
开口气泡		不允许有	
闭口气泡	$\phi<1$mm	在10cm直线距离内不允许有相邻的气泡	不　　限
	$\phi=1\sim3$mm	不允许多于6个	不限
	3mm$<\phi<$8mm	1个	20个
	$\phi>8$mm	不允许有	
破坏性疙瘩（未熔化的耐火材料颗粒）		不允许有	
非破坏性疙瘩（未熔化的耐火材料颗粒、结晶体等）	$\phi<1$mm	不限	不限
	$\phi=1\sim2$mm	不允许多于3个	不允许多于5个
丝状气泡、波筋、划痕、褶皱		不允许有	不限
突出玻璃表面的线道或条纹及有损外观的花纹变形（压花U形玻璃）		不允许有	
缺角和端头缺口		不允许超过5mm	不允许超过10mm
端头突出		不允许有	
开口裂痕和小裂痕		不允许有	
斑点、条带等色调不均现象（本体着色玻璃）		不允许有	
夹丝玻璃	被氧化着色的夹丝	不允许有	总长不允许超过2mm
	夹丝接头	不允许有	不超过1处
	夹丝断开超过30mm	不允许有	不超过1处
	夹丝露头	不允许有	

注：来自《建筑用U形玻璃》（JC/T 867—2000）。

3）U形玻璃的可见光透射比应符合表8-51的规定。

表 8-51

玻璃的种类	玻璃的表面特征	可见光透射比，%
不夹丝的U形玻璃和双U形玻璃	平　　滑	≥65
	带波纹或花纹图案	≥55
夹丝U形玻璃和双U形玻璃	平　　滑	≥55

注：来自《建筑用U形玻璃》（JC/T 867—2000）。

4）U形玻璃的抗弯曲性能不得低于表8-52的规定。

表 8-52

玻璃摆放方式	产品规格		允许荷载×9.8N
	厚度，mm	正面宽，mm	
翼朝上	6	260	100
	6	330	110
	6	500	120
翼朝下	6	260	40
	6	330	40
	6	500	40

注：来自《建筑用 U 形玻璃》(JC/T 867—2000)。

5）产品的尺寸偏差、外观质量按表 8-53 规定进行随机抽样。

表 8-53　块

每批玻璃数	检验阶段	一次样品量	二次样品累计量	允许的不合格品数	基准不合格品数
51～90	第一次	8	8	1	4
	第二次	8	16	4	5
91～150	第一次	13	13	2	5
	第二次	13	26	6	7
151～280	第一次	20	20	3	7
	第二次	20	40	8	9
281～500	第一次	32	32	5	9
	第二次	32	64	12	13
500～1200	第一次	50	50	7	11
	第二次	50	100	18	19

注：来自《建筑用 U 形玻璃》(JC/T 867—2000)。

8.10 镀银玻璃镜

1）厚度允许偏差应符合表 8-54 的规定。

表 8-54　mm

厚　度	允许偏差	厚　度	允许偏差
2，3，4	±0.25	8，10	±0.40
5，6	±0.30		

注：来自《镀银玻璃镜》(JC/T 871—2000)。

2）矩形固定尺寸允许偏差应符合表 8-55 的规定。

表 8-55 mm

厚度	允许偏差		厚度	允许偏差	
	≤1500	>1500		≤1500	>1500
2，3，4，5，6	±1.5	±2.0	8，10	±2.0	±3.0

注：1. 对于非矩形产品尺寸偏差由供需双方商定。
2. 来自《镀银玻璃镜》(JC/T 871—2000)。

3）标准尺寸允许偏差见表 8-56。

表 8-56 mm

厚度	允许偏差		厚度	允许偏差	
	≤1500	>1500		≤1500	>1500
2，3，4，5，6	±3	±4	8，10	±4	±5

注：来自《镀银玻璃镜》(JC/T 871—2000)。

4）银镜的外观质量应符合表 8-57 的规定。

表 8-57

缺陷名称	质量要求
划伤	长<30mm，宽≤0.1mm，2 条/m² 银镜 宽>0.1mm，不许有
发霉斑迹	肉眼不应看见
疵点	直径为 0.2～0.3mm，2 条/m² 银镜 直径≥0.4mm，不许有

注：来自《镀银玻璃镜》(JC/T 871—2000)。

5）产品出厂检验在每批中随机取样，批量及抽样数应符合表 8-58 的规定。

表 8-58 片

批量范围	样本片数	合格判定数	批量范围	样本片数	合格判定数
≤50	8	≤1	151～280	32	≤5
51～90	13	≤2	281～500	50	≤7
91～150	20	≤3	501～1000	80	≤10

注：来自《镀银玻璃镜》(JC/T 871—2000)。

8.11 建筑装饰用微晶玻璃

1）普通板规格尺寸允许极限偏差应符合表 8-59 规定。

表 8-59 mm

等级	优等品	合格品	等级	优等品	合格品
长、宽度	0 −1.0	0 −1.5	厚度	±2.0	±2.5

注：1. 以干挂方式安装时参考 JC 830.1～830.2—1998，可将长、宽度数值调整为优等（+0.5，−1.0），合格(+0.5，−1.5)。
2. 来自《建筑装饰用微晶玻璃》(JC/T 872—2000)。

2）平面度公差应符合表 8-60 规定。

表 8-60 mm

长、宽度范围	优等品	合格品	长、宽度范围	优等品	合格品
≤600×900	1.0	1.5	>900×1200	由供需双方商定	
>600×900～≤900×1200	1.2	2.0			

注：来自《建筑装饰用微晶玻璃》(JC/T 872—2000)。

3）板材正面的外观缺陷应符合表 8-61 规定。

表 8-61

缺陷名称	规定内容	优等品	合格品
缺棱	长度、宽度不超过 10mm×1mm（长度小于 5mm 不计)，周边允许，个	不允许	2
缺角	面积不超过 5mm×2mm（面积小于 2mm×2mm 不计)		
气孔	直径 ϕmm ϕ>2.5 2.5≥ϕ≥1	不允许 5 个/m²	不允许 ≤10 个/m²
杂质	在距离板面 2m 处目视观察，≥3mm²	不大于 3 个/m²	不大于 5 个/m²

注：来自《建筑装饰用微晶玻璃》(JC/T 872—2000)。

4）耐酸碱性应符合表 8-62 规定。

表 8-62

项目	条件	质量损失率，K
耐酸性	1.0%硫酸溶液室温浸泡 650h	K≤0.2%且外观无变化
耐碱性	1.0%氢氧化钠室温浸泡 650h	K≤0.2%且外观无变化

注：来自《建筑装饰用微晶玻璃》(JC/T 872—2000)。

8.12 热弯玻璃

1）热弯玻璃的高度偏差应符合表 8-63 的规定。

表 8-63 mm

高度 C	高度允许偏差		高度 C	高度允许偏差	
	玻璃厚度≤12	玻璃厚度>12		玻璃厚度≤12	玻璃厚度>12
C≤2000	±3.0	±5.0	C>2000	±5.0	±5.0

注：来自《热弯玻璃》(JC/T 915—2003)。

2）热弯玻璃的弧长偏差应符合表 8-64 的规定。

表 8-64 mm

弧长 D	弧长允许偏差		弧长 D	弧长允许偏差	
	玻璃厚度≤12	玻璃厚度>12		玻璃厚度≤12	玻璃厚度>12
D≤1520	±3.0	±5.0	D>1520	±5.0	±6.0

注：来自《热弯玻璃》(JC/T 915—2003)。

3）弧长≤1/3 圆周的热弯玻璃的吻合度应符合表 8-65 的规定。弧长＞1/3 圆周的热弯玻璃的吻合度由供需双方商定。

表 8-65

mm

弧长 D	吻合度允许偏差		弧长 D	吻合度允许偏差	
	玻璃厚度≤12	玻璃厚度＞12		玻璃厚度≤12	玻璃厚度＞12
D≤2440	±3.0	±3.0	D＞3350	±5.0	±6.0
2440＜D≤3350	±5.0	±5.0			

注：来自《热弯玻璃》（JC/T 915—2003）。

4）弧面弯曲偏差应符合表 8-66 的规定。

表 8-66

mm

高度 C	弧面允许弯曲偏差			
	玻璃厚度＜6	玻璃厚度 6～8	玻璃厚度 10～12	玻璃厚度＞12
C≤1220	2.0	3.0	3.0	3.0
1220＜C≤2440	3.0	3.0	5.0	5.0
2440＜C≤3350	5.0	5.0	5.0	5.0
C＞3350	5.0	5.0	5.0	6.0

注：来自《热弯玻璃》（JC/T 915—2003）。

5）曲率半径＞460mm、厚度为 3～12mm 的矩形热弯玻璃的扭曲应符合表 8-67 的规定。其他厚度和曲率半径的热弯玻璃的扭曲由供需双方商定。

表 8-67

mm

高度 C	允 许 扭 曲 值			
	弧长＜2440	弧长＞2440～3050	弧长＞3050～3660	弧长＞3660
C≤1830	2.0	3.0	3.0	3.0
1830＜C≤2440	3.0	3.0	5.0	5.0
2440＜C≤3050	5.0	5.0	5.0	5.0
C＞3050	5.0	5.0	5.0	6.0

注：来自《热弯玻璃》（JC/T 915—2003）。

6）产品按表 8-68 的规定进行随机抽样。当产品批量大于 500 块时，以 500 块为一批分批抽取试样。

表 8-68

批量范围	抽检数	合格判定数	不合格判定数
1～8	3	1	2
9～15	5	1	2
16～25	8	2	3

续表

批量范围	抽检数	合格判定数	不合格判定数
26～50	13	3	4
51～90	20	5	6
91～150	32	7	8
151～280	50	10	11
281～500	80	14	15

注：来自《热弯玻璃》(JC/T 915—2003)。

8.13 镶嵌玻璃

1）矩形中空镶嵌玻璃的长度及宽度允许偏差见表8-69。

表8-69

mm

长（宽）度 L	允许偏差	长（宽）度 L	允许偏差
$L<1000$	±2	$2000\leqslant L<3000$	±3
$1000\leqslant L<2000$	+2、−3		

注：来自《镶嵌玻璃》(JC/T 979—2005)。

2）中空镶嵌玻璃的厚度允许偏差见表8-70。

表8-70

mm

公称厚度 t	允许偏差	公称厚度 t	允许偏差
$t\leqslant 22$	±1.5	$t>22$	±2.0

注：1. 中空镶嵌玻璃的公称厚度为玻璃原片的公称厚度与间隔层厚度之和。
2. 来自《镶嵌玻璃》(JC/T 979—2005)。

3）矩形镶嵌玻璃的最大允许叠差见表8-71。

表8-71

mm

长（宽）度 L	最大允许叠差	长（宽）度 L	最大允许叠差
$L<1000$	2.0	$2000\leqslant L<3000$	4.0
$1000\leqslant L<2000$	3.0		

注：来自《镶嵌玻璃》(JC/T 979—2005)。

4）产品的外观质量、尺寸偏差按表8-72从交货批中随机抽样进行检验。

表8-72

批量范围	抽检数	合格判定数	不合格判定数
1～8	2	0	1
9～15	3	0	1

续表

批量范围	抽检数	合格判定数	不合格判定数
16～25	5	1	2
26～50	8	1	2
51～90	13	2	3
91～150	20	3	4
151～280	32	5	6
281～500	50	7	8

注：来自《镶嵌玻璃》(JC/T 979—2005)。

8.14 居室用玻璃台盆、台面

1）不同种类的玻璃台盆、台面的要求应符合表8-73的规定。

表 8-73

技术要求	种类								试验方法
	Ⅰ		Ⅱ		Ⅲ		Ⅳ		
	A	B	A	B	A	B	A	B	
外观质量	6.1	6.1	6.1	6.1	6.1	6.1	6.1	6.1	7.1
尺寸和偏差	6.2	6.2	6.2	6.2	6.2	6.2	6.2	6.2	7.2
弯曲度	6.3	6.3	6.3	6.3	6.3	6.3	6.3	6.3	7.3
抗冲击性	6.4	6.4	6.4	6.4	6.4	6.4	6.4	6.4	7.4
碎片状态	6.5	6.5	—	—	—	—	—	—	7.5
耐热冲击性	6.6	6.6	6.6	6.6	—	—	6.6	6.6	7.6
耐酸性	6.7	—	6.7	—	6.7	—	6.7	—	7.7
耐碱性	6.8	—	6.8	—	6.8	—	6.8	—	7.8

注：来自《居室用玻璃台盆、台面》(JC 981—2005)。

2）Ⅰ类、Ⅱ类、Ⅳ类玻璃台盆、台面的外观质量应符合表8-74的规定，Ⅲ类玻璃台面的外观质量应符合《夹层玻璃》(GB 9962) 的规定，涂层产品的色泽必须均匀，无明显色差。

表 8-74

缺陷名称		要求	
		Ⅰ类、Ⅱ类	Ⅳ类
爆边	裸露边	不允许存在	供需商定
	非裸露边	600mm 边长上允许有一个长度不超过 2mm、自玻璃边部向玻璃板表面延伸深度不超过 0.5mm、自板面向玻璃厚度延伸深度不超过 1/3 的爆边	
	孔的爆边	不允许有大于 0.5mm 的爆边存在	

续表

<table>
<tr><th rowspan="2">缺陷名称</th><th colspan="2">要　求</th></tr>
<tr><th>Ⅰ类、Ⅱ类</th><th>Ⅳ类</th></tr>
<tr><td>划　伤</td><td colspan="2">宽度在 0.1mm 以下、长度小于 50mm 的轻微划伤，每平方米面积内允许存在四条；宽度 0.1～0.5mm，长度小于 50mm 的划伤，每平方米面积内允许两条；宽度大于 0.5mm 的划伤不允许存在</td></tr>
<tr><td>裂　纹</td><td colspan="2">不允许存在</td></tr>
<tr><td>结　石</td><td>不允许存在</td><td>供需商定</td></tr>
<tr><td>气泡及其他外观缺陷</td><td colspan="2">供需双方商定</td></tr>
</table>

注：来自《居室用玻璃台盆、台面》(JC 981—2005)。

3) Ⅰ类、Ⅱ类、Ⅳ类玻璃台面的允许偏差应符合表 8-75 的规定，Ⅲ类玻璃台面的允许偏差（包括长度及宽度的允许偏差、叠差、厚度偏差）应符合《夹层玻璃》(GB 9962) 的规定；台盆的外形尺寸及允许偏差由供需双方商定。

表 8-75

mm

<table>
<tr><th rowspan="2">玻璃厚度</th><th rowspan="2">厚度允许偏差</th><th colspan="3">长度或宽度 L 允许偏差</th></tr>
<tr><th>L≤1000</th><th>1000<L≤2000</th><th>2000<L≤3000</th></tr>
<tr><td>4</td><td rowspan="3">±0.3</td><td rowspan="3">+1
−2</td><td rowspan="6">±3</td><td rowspan="7">±4</td></tr>
<tr><td>5</td></tr>
<tr><td>6</td></tr>
<tr><td>8</td><td rowspan="2">±0.6</td><td rowspan="3">+2
−3</td></tr>
<tr><td>10</td></tr>
<tr><td>12</td><td rowspan="2">±0.8</td></tr>
<tr><td>15</td><td>±4</td><td>±4</td></tr>
<tr><td>19</td><td>±1.2</td><td>±5</td><td>±5</td><td>±5</td></tr>
</table>

注：来自《居室用玻璃台盆、台面》(JC 981—2005)。

4) Ⅰ类、Ⅱ类、Ⅳ类台面靠近角的开孔：从角顶到孔边缘的最近距离应大于或等于玻璃厚度的 6.5 倍；玻璃任一边到孔边缘上最近一点的距离或一个孔边缘到另一个孔边缘最近一点的距离应符合表 8-76 的规定。Ⅰ类、Ⅱ类、Ⅳ类台面玻璃除圆孔外，任何角必须进行倒圆角处理。Ⅲ类台面的孔配置及间距由供需双方商定。

表 8-76

mm

<table>
<tr><th>孔径 φ①</th><th>玻璃厚度 t</th><th>孔到边部的距离或孔之间的距离 d</th><th>孔径 φ①</th><th>玻璃厚度 t</th><th>孔到边部的距离或孔之间的距离 d</th></tr>
<tr><td rowspan="2">φ<50</td><td>t≤12</td><td>d>2t</td><td rowspan="2">φ≥50</td><td>t≤12</td><td rowspan="2">供需商定</td></tr>
<tr><td>t>12</td><td>d>2.5t</td><td>t>12</td></tr>
</table>

注：来自《居室用玻璃台盆、台面》(JC 981—2005)。

①当孔为非圆形时，φ 为最大孔径。

5）孔径应比玻璃厚度大 1.6mm；孔径的允许偏差应符合表 8-77 的规定。

表 8-77

mm

孔径 ϕ	允许偏差	孔径 ϕ	允许偏差
$\phi<50$	±1.0	$\phi>100$	供需商定
$50<\phi\leqslant100$	±1.5		

注：来自《居室用玻璃台盆、台面》(JC 981—2005)。

6）玻璃台盆、台面或连体台盆的外观质量、尺寸和偏差按表 8-78 规定进行随机抽样。

表 8-78

件

批量范围	抽样数	合格判定数	不合格判定数
2～8	2	0	1
9～15	3	0	1
16～25	5	1	2
26～50	8	2	3
51～90	13	3	4
91～150	20	5	6
151～280	32	7	8
281～500	50	10	11

注：来自《居室用玻璃台盆、台面》(JC 981—2005)。

8.15 建筑幕墙

1. 产品分类和标记

1）按主要支承结构形式分类及标记代号见表 8-79。

表 8-79

主要支承结构	构件式	单元式	点支承	全玻	双层
代号	GJ	DY	DZ	QB	SM

注：来自《建筑幕墙》(GB/T 21086—2007)。

2）按密闭形式分类及标记代号见表 8-80。

表 8-80

密闭形式	封闭式	开放式
代　号	FB	KF

注：来自《建筑幕墙》(GB/T 21086—2007)。

3）金属板面板材料分类及标记代号见表 8-81。

表 8-81

材料名称	单层铝板	铝塑复合板	蜂窝铝板	彩色涂层钢板	搪瓷涂层钢板	锌合金板	不锈钢板	铜合金板	钛合金板
代号	DL	SL	FW	CG	TG	XB	BG	TN	TB

注：来自《建筑幕墙》(GB/T 21086—2007)。

4）人造板材材料分类及标记代号见表 8-82。

表 8-82

材料名称	瓷　板	陶　板	微晶玻璃
标记代号	CB	TB	WJ

注：来自《建筑幕墙》(GB/T 21086—2007)。

5）构件式玻璃幕墙面板支承形式分类及标记代号见表 8-83。

表 8-83

支承形式	隐框结构	半隐框结构	明框结构
代号	YK	BY	MK

注：来自《建筑幕墙》(GB/T 21086—2007)。

6）石材幕墙、人造板材幕墙面板支承形式分类及标记代号见表 8-84。

表 8-84

支承形式	嵌入	钢销	短槽	通槽	钩托	平挂	穿透	碟形背卡	背栓
代号	QR	GX	DC	TC	GT	PG	CT	BK	BS

注：来自《建筑幕墙》(GB/T 21086—2007)。

7）单元式幕墙单元部件间接口形式分类及标记代号见表 8-85。

表 8-85

接口形式	插接型	对接型	连接型
标记代号	CJ	DJ	LJ

注：来自《建筑幕墙》(GB/T 21086—2007)。

8）点支承玻璃幕墙面板支承形式分类及标记代号见表 8-86。

表 8-86

支承形式	钢结构	索杆结构	玻璃肋
标记代号	GG	RG	BLL

注：来自《建筑幕墙》(GB/T 21086—2007)。

9）全玻幕墙面板支承形式分类及标记代号见表 8-87。

表 8-87

支承形式	落地式	吊挂式
标记代号	LD	DG

注：来自《建筑幕墙》(GB/T 21086—2007)。

10）双层幕墙通风方式分类及标记代号见表 8-88。

表 8-88

通风方式	外通风	内通风
代　号	WT	NT

注：来自《建筑幕墙》(GB/T 21086—2007)。

2. 建筑幕墙通用要求

1）在抗风压性能指标值作用下，幕墙的支承体系和面板的相对挠度和绝对挠度不应大于表 8-89 的要求。

表 8-89

支承结构类型		相对挠度（L 跨度）	绝对挠度，mm
构件式玻璃幕墙 单元式幕墙	铝合金型材	$L/180$	20（30）①
	钢型材	$L/250$	20（30）①
	玻璃面板	短边距/60	—
石材幕墙 金属板幕墙 人造板材幕墙	铝合金型材	$L/180$	—
	钢型材	$L/250$	—
点支承玻璃幕墙	钢结构	$L/250$	—
	索杆结构	$L/200$	—
	玻璃面板	长边孔距/60	—
全玻幕墙	玻璃肋	$L/200$	—
	玻璃面板	跨距/60	—

注：来自《建筑幕墙》（GB/T 21086—2007）。

①括号内数据适用于跨距超过 4500mm 的建筑幕墙产品。

2）建筑幕墙抗风压性能分级指标应符合表 8-90 的规定。

表 8-90

分级代号	分级指标值 P_3，kPa	分级代号	分级指标值 P_3，kPa
1	$1.0 \leqslant P_3 < 1.5$	6	$3.5 \leqslant P_3 < 4.0$
2	$1.5 \leqslant P_3 < 2.0$	7	$4.0 \leqslant P_3 < 4.5$
3	$2.0 \leqslant P_3 < 2.5$	8	$4.5 \leqslant P_3 < 5.0$
4	$2.5 \leqslant P_3 < 3.0$	9	$P_3 \geqslant 5.0$
5	$3.0 \leqslant P_3 < 3.5$		

注：1. 9 级时需同时标注 P_3 的测试值。如：属 9 级（5.5kPa）。

2. 分级指标值 P_3 为正、负风压测试值绝对值的较小值。

3. 来自《建筑幕墙》（GB/T 21086—2007）。

3）水密性能分级指标值应符合表 8-91 的要求。

表 8-91

分级代号	分级指标值 ΔP，Pa		分级代号	分级指标值 ΔP，Pa	
	固定部分	可开启部分		固定部分	可开启部分
1	$500 \leqslant \Delta P < 700$	$250 \leqslant \Delta P < 350$	4	$1500 \leqslant \Delta P < 2000$	$700 \leqslant \Delta P < 1000$
2	$700 \leqslant \Delta P < 1000$	$350 \leqslant \Delta P < 500$	5	$\Delta P \geqslant 2000$	$\Delta P \geqslant 1000$
3	$1000 \leqslant \Delta P < 1500$	$500 \leqslant \Delta P < 700$			

注：1. 5 级时需同时标注固定部分和开启部分 ΔP 的测试值。

2. 来自《建筑幕墙》（GB/T 21086—2007）。

4）建筑幕墙气密性能设计指标一般规定见表 8-92。

表 8-92

地区分类	建筑层数、高度	气密性能分级	气密性能指标小于	
			开启部分 q_L，$m^3/(m \cdot h)$	幕墙整体 q_A，$m^3/(m^2 \cdot h)$
夏热冬暖地区	10层以下	2	2.5	2.0
	10层及以上	3	1.5	1.2
其他地区	7层以下	2	2.5	2.0
	7层及以上	3	1.5	1.2

注：来自《建筑幕墙》(GB/T 21086—2007)。

5）开启部分气密性能分级指标 q_L 应符合表 8-93 的要求。

表 8-93

分级代号	分级指标值 q_L，$m^3/(m \cdot h)$	分级代号	分级指标值 q_L，$m^3/(m \cdot h)$
1	$4.0 \geqslant q_L > 2.5$	3	$1.5 \geqslant q_L > 0.5$
2	$2.5 \geqslant q_L > 1.5$	4	$q_L \leqslant 0.5$

注：来自《建筑幕墙》(GB/T 21086—2007)。

6）幕墙整体（含开启部分）气密性能分级指标 q_A 应符合表 8-94 的要求。

表 8-94

分级代号	分级指标值 q_A，$m^3/(m^2 \cdot h)$	分级代号	分级指标值 q_A，$m^3/(m^2 \cdot h)$
1	$4.0 \geqslant q_A > 2.0$	3	$1.2 \geqslant q_A > 0.5$
2	$2.0 \geqslant q_A > 1.2$	4	$q_A \leqslant 0.5$

注：来自《建筑幕墙》(GB/T 21086—2007)。

7）建筑幕墙传热系数分级指标 K 应符合表 8-95 的要求。

表 8-95

分级代号	分级指标值 K，$W/(m^2 \cdot K)$	分级代号	分级指标值 K，$W/(m^2 \cdot K)$
1	$K \geqslant 5.0$	5	$2.5 > K \geqslant 2.0$
2	$5.0 > K \geqslant 4.0$	6	$2.0 > K \geqslant 1.5$
3	$4.0 > K \geqslant 3.0$	7	$1.5 > K \geqslant 1.0$
4	$3.0 > K \geqslant 2.5$	8	$K < 1.0$

注：1. 8 级时需同时标注 K 的测试值。
2. 来自《建筑幕墙》(GB/T 21086—2007)。

8）玻璃幕墙的遮阳系数分级指标 SC 应符合表 8-96 的要求。

表 8-96

分级代号	分级指标值 SC	分级代号	分级指标值 SC
1	$0.9 \geqslant SC > 0.8$	5	$0.5 \geqslant SC > 0.4$
2	$0.8 \geqslant SC > 0.7$	6	$0.4 \geqslant SC > 0.3$
3	$0.7 \geqslant SC > 0.6$	7	$0.3 \geqslant SC > 0.2$
4	$0.6 \geqslant SC > 0.5$	8	$SC \leqslant 0.2$

注：1. 8 级时需同时标注 SC 的测试值。
2. 玻璃幕墙遮阳系数＝幕墙玻璃遮阳系数×外遮阳的遮阳系数×$\left(1-\frac{\text{非透光部分面积}}{\text{玻璃幕墙总面积}}\right)$
3. 来自《建筑幕墙》(GB/T 21086—2007)。

9）空气声隔声性能分级指标 R_w 应符合表 8-97 的要求。

表 8-97

分级代号	分级指标值 R_w，dB	分级代号	分级指标值 R_w，dB
1	$25 \leqslant R_w < 30$	4	$40 \leqslant R_w < 45$
2	$30 \leqslant R_w < 35$	5	$R_w \geqslant 45$
3	$35 \leqslant R_w < 40$		

注：1. 5 级时需同时标注 R_w 测试值。

2. 来自《建筑幕墙》(GB/T21086—2007)。

10）主体结构楼层最大弹性层间位移角控制值可按表 8-98 的规定执行。

表 8-98

结构类型		建筑高度 H，m		
		$H \leqslant 150$	$150 < H \leqslant 250$	$H > 250$
钢筋混凝土结构	框架	1/550	—	—
	板柱-剪力墙	1/800	—	—
	框架-剪力墙、框架-核心筒	1/800	线性插值	—
	筒中筒	1/1000	线性插值	1/500
	剪力墙	1/1000	线性插值	—
	框支层	1/1000	—	—
多、高层钢结构		1/300		

注：1. 表中弹性层间位移角$=\Delta/h$，Δ 为最大弹性层间位移量，h 为层高。

2. 线性插值系指建筑高度在 150～250m 间，层间位移角取 1/800（1/1000）与 1/500 线性插值。

3. 来自《建筑幕墙》(GB/T 21086—2007)。

11）平面内变形性能分级指标 γ 应符合表 8-99 的要求。

表 8-99

分级代号	分级指标值 γ	分级代号	分级指标值 γ
1	$\gamma < 1/300$	4	$1/150 \leqslant \gamma < 1/100$
2	$1/300 \leqslant \gamma < 1/200$	5	$\gamma \geqslant 1/100$
3	$1/200 \leqslant \gamma < 1/150$		

注：1. 表中分级指标为建筑幕墙层间位移角。

2. 来自《建筑幕墙》(GB/T 21086—2007)。

12）撞击能量 E 和撞击物体的降落高度 H 分级指标和表示方法应符合表 8-100 的要求。

表 8-100

分级指标	室内侧		室外侧	
	撞击能量 E，N·m	降落高度 H，mm	撞击能量 E，N·m	降落高度 H，mm
1	700	1500	300	700
2	900	2000	500	1100

续表

分级指标	室内侧		室外侧	
	撞击能量 E，N·m	降落高度 H，mm	撞击能量 E，N·m	降落高度 H，mm
3	>900	>2000	800	1800
4	—	—	>800	>1800

注：1. 性能标注时应按：室内侧定级值/室外侧定级值。例如 2/3 为室内 2 级，室外 3 级。

2. 当室内侧定级值为 3 级时标注撞击能量实际测试值，当室外侧定级值为 4 级时标注撞击能量实际测试值。例如：1200/1900 室内 1200N·m，室外 1900N·m。

3. 来自《建筑幕墙》(GB/T 21086—2007)。

13）建筑幕墙采光性能分级指标透光折减系数 T_T 应符合表 8-101 的要求。

表 8-101

分级代号	分级指标值 T_T	分级代号	分级指标值 T_T
1	$0.2 \leqslant T_T < 0.3$	4	$0.5 \leqslant T_T < 0.6$
2	$0.3 \leqslant T_T < 0.4$	5	$T_T \geqslant 0.6$
3	$0.4 \leqslant T_T < 0.5$		

注：1. 5 级时需同时标注 T_T 的测试值。

2. 来自《建筑幕墙》(GB/T 21086—2007)。

14）铝合金型材表面处理要求应符合表 8-102 的要求。

表 8-102

表面处理方法		膜层级别（涂层种类）	厚度 t，μm 平均膜厚	厚度 t，μm 局部膜厚	检测方法
阳极氧化		AA15	$t \geqslant 15$	$t \geqslant 12$	测厚仪
电泳涂漆	阳极氧化膜	B	$t \geqslant 10$	$t \geqslant 8$	测厚仪
	漆膜	B	—	$t \geqslant 7$	测厚仪
	复合膜	B	—	$t \geqslant 16$	测厚仪
粉末喷涂		—	—	$40 \leqslant t \leqslant 120$	
氟碳喷涂	二涂	—	$t \geqslant 30$	$t \geqslant 25$	测厚仪
	三涂		$t \geqslant 40$	$t \geqslant 35$	测厚仪

注：来自《建筑幕墙》(GB/T 21086—2007)。

3. 构件式玻璃幕墙专项要求

1）幕墙框架竖向构件和横向构件的尺寸允许偏差应符合表 8-103 的要求。

表 8-103 mm

构件	材料	允许偏差	检测方法
主要竖向构件长度	铝型材	±1.0	钢卷尺
	钢型材	±2.0	钢卷尺

续表

构件	材料	允许偏差	检测方法
主要横向构件长度	铝型材	±0.5	钢卷尺
	钢型材	±1.0	钢卷尺
端头斜度	—	−15′	量角器

注：来自《建筑幕墙》(GB/T 21086—2007)。

2）玻璃面板边长尺寸允许偏差、对角线允许偏差应分别符合表 8-104、表 8-105 的要求。

表 8-104

mm

玻璃厚度	玻璃面板边长尺寸允许偏差		检测方法
	边长≤2000	边长>2000	
5～12	±1.5	±2.0	钢卷尺

注：来自《建筑幕墙》(GB/T 21086—2007)。

表 8-105

mm

厚度	对角线允许偏差		检测方法
	长边边长≤2000	长边边长>2000	
5～12	≤2.0	≤3.0	钢卷尺

注：来自《建筑幕墙》(GB/T 21086—2007)。

3）钢化玻璃与半钢化玻璃板的弯曲度要求应符合表 8-106 的要求。

表 8-106

弯曲变形种类	弯曲度最大值		检测方法
	水平法	垂直法	
弓形变形，mm/mm	0.3%	0.5%	钢直尺
波形变形，mm/300mm	0.2%	0.3%	钢直尺

注：来自《建筑幕墙》(GB/T 21086—2007)。

4）夹层玻璃板的边长尺寸允许偏差及对角线允许偏差应分别符合表 8-107、表 8-108 的要求。干法夹层玻璃的厚度允许偏差不能超过原片允许偏差和中间层允许偏差（中间层总厚度小于 2mm 时其允许偏差不予考虑，中间层总厚度大于 2mm 时其允许偏差为±0.2）之和。弯曲度不应超过 0.3%。

表 8-107

mm

夹层玻璃板边长允许偏差		检测方法
边长≤2000	边长>2000	
±2.0	±2.5	钢卷尺

注：来自《建筑幕墙》(GB/T 21086—2007)。

表 8-108

mm

夹层玻璃板对角线允许偏差		检测方法
长边长度≤2000	长边长度>2000	
≤2.5	≤3.5	钢卷尺

注：来自《建筑幕墙》(GB/T 21086—2007)。

5）中空玻璃板的边长、厚度尺寸允许偏差及对角线允许偏差应分别符合表 8-109、表 8-110 和表 8-111 的要求。

表 8-109 mm

中空玻璃板边长尺寸允许偏差			检测方法
边长<1000	1000≤边长<2000	边长>2000	
±2.0	+2.0 −3.0	±3.0	钢卷尺

注：来自《建筑幕墙》(GB/T 21086—2007)。

表 8-110 mm

公称厚度（T）	中空玻璃板厚度尺寸允许偏差	检测方法
$T<22$	±1.5	卡尺
$T\geqslant22$	±2.0	卡尺

注：来自《建筑幕墙》(GB/T 21086—2007)。

表 8-111 mm

中空玻璃板对角线允许偏差		检测方法
边长≤2000	边长>2000	
≤2.5	≤3.5	钢卷尺

注：来自《建筑幕墙》(GB/T 21086—2007)。

6）单向热弯玻璃的尺寸和形状允许偏差应符合表 8-112～表 8-116 的要求。

表 8-112 mm

高度允许偏差		检测方法
高度≤2000	高度>2000	
±3.0	±5.0	平放状态，钢卷尺

注：来自《建筑幕墙》(GB/T 21086—2007)。

表 8-113 mm

弧长允许偏差		检测方法
弧长≤1500	弧长>1500	
±3.0	±5.0	钢卷尺

注：来自《建筑幕墙》(GB/T 21086—2007)。

表 8-114 mm

弧长吻合度允许偏差		检测方法
弧长≤2400	弧长>2400	
±3.0	±5.0	钢卷尺

注：来自《建筑幕墙》(GB/T 21086—2007)。

表 8-115 mm

弧面弯曲允许偏差			检测方法
弧长<1200	1200≤弧长<2400	弧长>2400	
2.0	3.0	5.0	钢卷尺

注：来自《建筑幕墙》(GB/T 21086—2007)。

表 8-116 mm

高度（H）	弧面扭曲允许偏差		检测方法
	弧长≤2400	弧长>2400	
$H\leqslant1800$	3.0	5.0	钢卷尺
$1800<H\leqslant2400$	5.0	5.0	钢卷尺
$H>2400$	5.0	6.0	钢卷尺

注：来自《建筑幕墙》(GB/T 21086—2007)。

7）明框玻璃幕墙装配质量要求：玻璃面板与型材槽口的配合尺寸应符合表 8-117 及表 8-118 的要求。最小配合尺寸见图 8-3 和图 8-4。尺寸 c 应经过计算确定，满足玻璃面板温度变化和幕墙平面内变形的要求。

表 8-117

mm

厚　度	单层玻璃、夹层玻璃与槽口的配合尺寸			检测方法
	a	*b*	*c*	
6	⩾3.5	⩾15	⩾5	卡尺
8～10	⩾4.5	⩾16	⩾5	卡尺
12 以上	⩾5.5	⩾18	⩾5	卡尺

注：1. 夹层玻璃以总厚度计算。
　　2. 来自《建筑幕墙》(GB/T 21086—2007)。

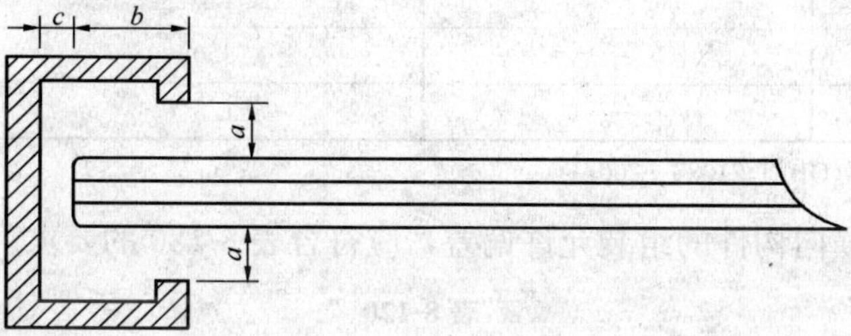

玻璃与槽口的配合尺寸

图 8-3

表 8-118

mm

厚　度	中空玻璃与槽口的配合尺寸			检测方法
	a	*b*	*c*	
$6+d_a+6$	⩾5	⩾17	⩾5	卡尺
$8+d_a+8$ 以上	⩾6	⩾18	⩾5	卡尺

注：1. d_a 为空气层厚度。
　　2. 来自《建筑幕墙》(GB/T 21086—2007)。

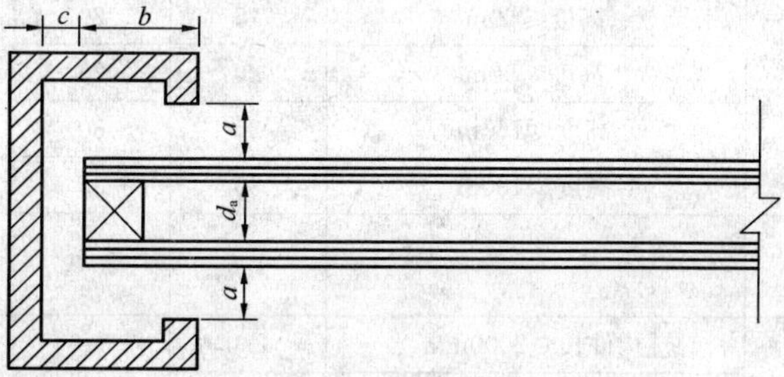

中空玻璃与槽口的配合尺寸

图 8-4

8）结构胶完全固化后，隐框玻璃幕墙玻璃组件的尺寸偏差应符合表 8-119 的要求。

表 8-119

mm

项　目	尺寸范围	允许偏差	检测方法
框长宽尺寸	—	±1.0	钢卷尺
组件长宽尺寸	—	±2.5	钢卷尺
框接缝高度差	—	⩽0.5	深度尺
框内侧对角线差及组件对角线差	长边⩽2000	⩽2.5	钢卷尺
	长边＞2000	⩽3.5	

续表

项　目	尺寸范围	允许偏差	检测方法
框组装间隙	—	≤0.5	塞尺
胶缝宽度	—	+2.0 0	卡尺或钢板尺
胶缝厚度	≥6	+0.5 0	卡尺或钢板尺
组件周边玻璃与铝框位置差	—	≤1.0	深度尺
组件平面度	—	≤3.0	1m 靠尺
组件厚度	—	±1.5	卡尺或钢板尺

注：来自《建筑幕墙》(GB/T 21086—2007)。

9）幕墙竖向和横向构件的组装允许偏差，应符合表 8-120 的要求。

表 8-120　mm

项　目	尺寸范围	允许偏差（不大于）		检测方法
		铝构件	钢构件	
相邻两竖向构件间距尺寸（固定端头）	—	±2.0	±3.0	钢卷尺
相邻两横向构件间距尺寸	间距≤2000mm	±1.5	±2.5	钢卷尺
	间距>2000mm	±2.0	±3.0	
分格对角线差	对角线长≤2000mm	3.0	4.0	钢卷尺或伸缩尺
	对角线长>2000mm	3.5	5.0	
竖向构件垂直度	高度≤30m	10	15	经纬仪或铅垂仪
	高度≤60m	15	20	
	高度≤90m	20	25	
	高度≤150m	25	30	
	高度>150m	30	35	
相邻两横向构件的水平高差	—	1.0	2.0	钢板尺或水平仪
横向构件水平度	构件长≤2000mm	2.0	3.0	水平仪或水平尺
	构件长>2000mm	3.0	4.0	
竖向构件直线度	—	2.5	4.0	2m 靠尺
竖向构件外表面平面度	相邻三立柱	2	3	经纬仪
	宽度≤20m	5	7	
	宽度≤40m	7	10	
	宽度≤60m	9	12	
	宽度>60m	10	15	
同高度内横向构件的高度差	长度≤35m	5	7	水平仪
	长度>35m	7	9	

注：来自《建筑幕墙》(GB/T 21086—2007)。

10）幕墙组装就位后允许偏差应符合表 8-121 的要求。

表 8-121

mm

项目		允许偏差	检测方法
竖缝及墙面垂直度（幕墙高度 H）	$H\leqslant30$m	≤10	激光仪或经纬仪
	30m$<H\leqslant$60m	≤15	
	60m$<H\leqslant$90m	≤20	
	90m$<H\leqslant$150m	≤25	
	$H>150$m	≤30	
幕墙平面度		≤2.5	2m 靠尺、钢板尺
竖缝直线度		≤2.5	2m 靠尺、钢板尺
横缝直线度		≤2.5	2m 靠尺、钢板尺
缝宽度（与设计值比较）		±2	卡尺
两相邻面板之间接缝高低差		≤1.0	深度尺

注：来自《建筑幕墙》(GB/T 21086—2007)。

11）每平方米玻璃的表面质量应符合表 8-122 的要求。

表 8-122

项目	质量要求	检测方法
0.1～0.3mm 宽度划伤痕	长度＜100mm；不超过 8 条	观察
擦伤总面积	≤500mm²	钢直尺

注：来自《建筑幕墙》(GB/T 21086—2007)。

12）一个分格铝合金型材表面质量应符合表 8-123 要求。

表 8-123

项目	质量要求	检测方法
擦伤、划伤深度	不大于处理膜层厚度的 2 倍	观察
擦伤总面积	不大于 500mm²	钢直尺
划伤总长度	不大于 150mm	钢直尺
擦伤和划伤处数	不大于 4	观察

注：来自《建筑幕墙》(GB/T 21086—2007)。

4. 石材幕墙专项要求

1）石材面板的弯曲强度、吸水率、最小厚度和单块面积要求见表 8-124。

表 8-124

项目	天然花岗石	天然大理石	其他型材	
（干燥及水饱和）弯曲强度标准值，MPa	≥8.0	≥7.0	≥8.0	$8.0\geqslant f\geqslant4.0$
吸水率，%	≤0.6	≤0.5	≤5	≤5
最小厚度，mm	≥25	≥35	≥35	≥40
单块面积，m²	不宜大于 1.5	不宜大于 1.5	不宜大于 1.5	不宜大于 1.0

注：来自《建筑幕墙》(GB/T 21086—2007)。

2）石材面板外形尺寸允许误差应符合表 8-125 的要求。

表 8-125　　mm

项　目	长度、宽度	对角线差	平面度	厚　度	检测方法
亚光面、镜面板	±1.0	±1.5	1	+2.0 −1.0	卡尺
粗面板	±1.0	±1.5	2	+3.0 −1.0	卡尺

注：来自《建筑幕墙》(GB/T 21086—2007)。

3）每块板材正面外观缺陷的要求应符合表 8-126 的要求。

表 8-126

项　目	规　定　内　容	质量要求
缺　棱	长度不超过 10mm，宽度不超过 1.2mm（长度小于 5mm 不计，宽度小于 1.0mm 不计），周边每米长允许个数，个	1 个
缺　角	面积不超过 5mm×2mm（面积小于 2mm×2mm 不计），每块板允许个数，个	1 个
色　斑	面积不超过 20mm×30mm（面积小于 10mm×10mm 不计），每块板允许个数，个	1 个
色　线	长度不超过两端顺延至板边总长的 1/10（长度小于 40mm 的不计），每块板允许条数，条	2 条
裂　纹		不允许
窝　坑	粗面板的正面出现窝坑	不明显

注：来自《建筑幕墙》(GB/T 21086—2007)。

4）石材面板宜在工厂加工，安装槽、孔的加工尺寸及允许误差应符合表 8-127、表 8-128的要求。

表 8-127　　mm

石材面板固定形式		孔径		孔中心线到板边的距离	孔底到板面保留厚度		检测方法
		孔类别	允许误差		最小尺寸	误　差	
背栓式	M6	直孔	+0.4 −0.2	最小 50	8.0	−0.4 +0.1	卡尺 深度尺
		扩孔	±0.3 软质石材+1/−0.3				
	M8	直孔	+0.4 −0.2				
		扩孔	±0.3 软质石材+1/−0.3				

注：来自《建筑幕墙》(GB/T 21086—2007)。

表 8-128　　mm

项　目	通槽（短平槽、弧形短槽）		短　槽		碟形背卡		检测方法
	最小尺寸	允许偏差	最小尺寸	允许偏差	最小尺寸	允许偏差	
槽宽度	7.0	±0.5	7.0	±0.5	3	±0.5	卡尺
槽有效长度（短平槽槽底处）	—	±2	100	±2	180	—	卡尺

续表

项 目	通槽（短平槽、弧形短槽）		短 槽		碟形背卡		检测方法
	最小尺寸	允许偏差	最小尺寸	允许偏差	最小尺寸	允许偏差	
槽深（槽角度）	—	槽深/20	—	矢高/20	45°	+5° 0	卡尺 量角器
两（短平槽）槽中心线距离（背卡上下两组槽）	—	±2	—	±2	—	±2	卡尺
槽外边到板端边距离（碟形背卡外槽到与其平行板端边距离）	—	±2	不小于板材厚度和85，不大于180	±2	50	±2	卡尺
内边到板端边距离	—	±3	—	±3	—	—	卡尺
槽任一端侧边到板外表面距离	8.0	±0.5	8.0	±0.5	—	—	卡尺
槽任一端侧边到板内表面距离（含板厚偏差）	—	±1.5	—	±1.5	—	—	卡尺
槽深度（有效长度内）	16	±1.5	16	±1.5	垂直10	+2 0	深度尺
背卡的两个斜槽石材表面保留宽度	—	—	—	—	31	±2	卡尺
背卡的两个斜槽槽底石材保留宽度	—	—	—	—	13	±2	卡尺

注：来自《建筑幕墙》(GB/T 21086—2007)。

5）石材面板挂装系统安装偏差应符合表8-129的规定。

表 8-129

mm

<table>
<tr><th>项 目</th><th>通槽长钩</th><th>通槽短钩</th><th>短 槽</th><th>背 卡</th><th>背 栓</th><th>检测方法</th></tr>
<tr><td>托板（转接件）标高</td><td colspan="4">±1.0</td><td>—</td><td>卡尺</td></tr>
<tr><td>托板（转接件）前后高低差</td><td colspan="4">≤1.0</td><td>—</td><td>卡尺</td></tr>
<tr><td>相邻两托板（转接件）高低差</td><td colspan="4">≤1.0</td><td>—</td><td>卡尺</td></tr>
<tr><td>托板（转接件）中心线偏差</td><td colspan="4">≤2.0</td><td>—</td><td>卡尺</td></tr>
<tr><td>钩锚入石材槽深度偏差</td><td colspan="3">+1.0
0</td><td>—</td><td>—</td><td>深度尺</td></tr>
<tr><td>短钩中心线与托板中心线偏差</td><td>—</td><td colspan="2">≤2.0</td><td>—</td><td>—</td><td>卡尺</td></tr>
<tr><td>短钩中心线与短槽中心线偏差</td><td>—</td><td colspan="2">≤2.0</td><td>—</td><td>—</td><td>卡尺</td></tr>
<tr><td>挂钩与挂槽搭接深度偏差</td><td>—</td><td colspan="2">+1.0
0</td><td>—</td><td>—</td><td>卡尺</td></tr>
<tr><td>插件与插槽搭接深度偏差</td><td>—</td><td colspan="2">+1.0
0</td><td>—</td><td>—</td><td>卡尺</td></tr>
<tr><td>挂钩（插槽）中心线偏差</td><td colspan="4">—</td><td>≤2.0</td><td>钢直尺</td></tr>
<tr><td>挂钩（插槽）标高</td><td colspan="4">—</td><td>±1.0</td><td>卡尺</td></tr>
<tr><td>背栓挂（插）件中心线与孔中心线偏差</td><td colspan="4">—</td><td>≤1.0</td><td>卡尺</td></tr>
<tr><td>背卡中心线与背卡槽中心线偏差</td><td colspan="3">—</td><td>≤1.0</td><td>—</td><td>卡尺</td></tr>
</table>

续表

项目		通槽长钩	通槽短钩	短槽	背卡	背栓	检测方法
左右两背卡中心线偏差		—			≤3.0	—	卡尺
通长钩距板两端偏差		±1.0	—				卡尺
同一行石材上端水平偏差	相邻两板块	≤1.0					水平尺
	长度≤35m	≤2.0					
	长度>35m	≤3.0					
同一列石材边部垂直偏差	相邻两板块	≤1.0					卡尺
	长度≤35m	≤2.0					
	长度>35m	≤3.0					
石材外表面平整度	相邻两板块高低差	≤1.0					卡尺
相邻两石材缝宽（与设计值比）		±1.0					卡尺

注：来自《建筑幕墙》（GB/T 21086—2007）。

6）每平方米亚光面和镜面板材的正面质量应符合表 8-130 的要求。

表 8-130

项目	规定内容
划伤	宽度不超过 0.3mm（宽度小于 0.1mm 不计），长度小于 100mm，不多于 2 条
擦伤	面积总和不超过 500mm²（面积小于 100mm² 不计）

注：1. 石材花纹出现损坏的为划伤。

2. 石材花纹出现模糊现象的为擦伤。

3. 来自《建筑幕墙》（GB/T 21086—2007）。

5. 金属板幕墙专项要求

1）搪瓷涂层钢板用钢板主要化学成分见表 8-131。钢板的内外表层应上底釉，外表面搪瓷瓷层厚度要求见表 8-132。

表 8-131

元素	碳	锰	磷	硫
质量分数，%	≤0.008	≤0.40	≤0.020	≤0.030

注：来自《建筑幕墙》（GB/T 21086—2007）。

表 8-132

瓷层		瓷层厚度最大值，mm	检测方法
底釉		0.08～0.15	测厚仪
底釉+层面釉	干法涂釉	0.12～0.30（总厚度）	测厚仪
	湿法涂釉	0.30～0.45（总厚度）	测厚仪

注：来自《建筑幕墙》（GB/T 21086—2007）。

2）锌合金板的化学成分要求应符合表 8-133 的要求。产品表面应光滑、无水泡、无开裂纹。

表 8-133

元素	铜（Cu）	钛（Ti）	铝（Al）	锌（Zn）
质量分数，%	0.08～1.0	0.06～0.2	≤0.015	余留部分且含锌量不低于 99.995

注：来自《建筑幕墙》（GB/T 21086—2007）。

3）金属板幕墙组件装配尺寸应符合表 8-134 的要求。

表 8-134

mm

项　目	尺寸范围	允许偏差	检测方法
长度尺寸	≤2000	±2.0	钢直尺或钢卷尺
	>2000	±2.5	钢直尺或钢卷尺
对边尺寸	≤2000	≤2.5	钢直尺或钢卷尺
	>2000	≤3.0	钢直尺或钢卷尺
对角线尺寸	≤2000	≤2.5	钢直尺或钢卷尺
	>2000	≤3.0	钢直尺或钢卷尺
折弯高度		≤1.0	钢直尺或钢卷尺

注：来自《建筑幕墙》(GB/T 21086—2007)。

4）金属板幕墙组件平面度允许偏差应符合表 8-135 的要求。

表 8-135

板材厚度，mm	允许偏差（长边），%	检测方法
≥2	≤0.2	钢直尺、塞尺
<2	≤0.5	钢直尺、塞尺

注：来自《建筑幕墙》(GB/T 21086—2007)。

5）金属板幕墙组件中金属面板表面处理层厚度应满足表 8-136 的要求。

表 8-136

mm

表面处理方法	平均厚度 t		检测方法
氧化着色	$t\geqslant15$		测厚仪
静电粉末喷涂	$120\geqslant t\geqslant40$		测厚仪
氟碳喷涂	喷涂	$t\geqslant30$	测厚仪
	辊涂	$t\geqslant25$	
聚氨酯喷涂	$t\geqslant40$		测厚仪
搪瓷涂层	$450\geqslant t\geqslant120$		测厚仪

注：来自《建筑幕墙》(GB/T 21086—2007)。

6）金属板外观应整洁，涂层不得有漏涂。装饰表面不得有明显压痕、印痕和凹凸等残迹。装饰表面每平方米内的划伤、擦伤应符合表 8-137 的要求。

表 8-137

项　目	要　求	检测方法	项　目	要　求	检测方法
划伤深度	不大于表面处理厚度	目测观察	擦伤总面积，mm^2	≤300	钢直尺
划伤总长度，mm	≤100	钢直尺	划伤、擦伤总处数	≤4	目测观察

注：来自《建筑幕墙》(GB/T 21086—2007)。

6. 人造板材幕墙专项要求

1）人造板材单板面积、厚度应符合表 8-138 的要求。

表 8-138

板材类别	厚度，mm		单片面积，m^2	检测方法
	背栓式	其他连接方式		
瓷　板	≥12	≥13	≤1.5	卡　尺
陶　板	≥15		—	卡　尺
微晶玻璃板	≥20		≤1.5	卡　尺

注：来自《建筑幕墙》（GB/T 21086—2007）。

2）人造板材尺寸偏差应符合表 8-139 的要求。

表 8-139

人造板材分类		长度、宽度		对角线	平整度		厚　度		检测方法
		允许偏差 %	允许最大偏差 mm	允许最大偏差 mm	允许偏差 %	允许最大偏差 mm	允许偏差 %	允许最大偏差 mm	
瓷板	平面板	±0.5	±1.5	±2.0	±0.3	±2.0	±5.0	±1.0	卡尺
	抛光板	±0.5	±1.5	±2.0	±0.2	±1.0	±5.0	±1.0	
	毛面板	±0.5	±1.5	±2.0	±0.3	±1.5 侧背面	±5.0	±1.5	
	釉面板	±0.5	±1.5	±2.0	±0.3	±2.0	±5.0	±1.0	
陶　板		±1.0	宽±2.0 长±1.0	+2.0 0	±0.5	±2.0	±10	±2.0	
微晶玻璃板		±0.5	±1.0	±1.5	±0.5	±1.5	±10	±2.0	

注：来自《建筑幕墙》（GB/T 21086—2007）。

3）人造板材正面的外观缺陷应符合表 8-140 的要求。

表 8-140

项　　目	质　量　要　求			检测方法
	瓷　板	陶　板	微晶玻璃	
缺棱：长宽度不超过 10mm×1mm（长度小于 5mm 不计），周边允许，个	1	1	1	钢直尺
缺角：面积不超过 5mm×2mm（面积小于 2mm×2mm 不计）	1	2	1	钢直尺
色差，距板面 1m 处肉眼观察	不明显	不明显	不明显	目测观察
裂纹（包括隐裂、釉面龟裂）	不允许	不允许	不允许	目测观察
窝坑（毛面除外）	不明显	不明显	不明显	目测观察

注：来自《建筑幕墙》（GB/T 21086—2007）。

4）瓷板槽加工尺寸及允许误差应符合表 8-141 的要求。

表 8-141

mm

固定形式	槽宽度允许误差	槽长度	槽深度允许误差	槽边到端边距离	槽边到板面距离		检测方法
					最小尺寸	允许偏差	
短槽式	+0.5 0.0	100～200	+1.0 0.0	50～200	5	+0.5 0.0	卡尺
通槽式	+0.5 0.0	通长	+1.0 0.0	通长	5	+0.5 0.0	

注：来自《建筑幕墙》(GB/T 21086—2007)。

5）微晶玻璃、瓷板孔加工尺寸及允许误差应符合表 8-142 的要求。

表 8-142

mm

固定形式	孔径允许误差	扩孔直径允许误差	锚固深度		孔中心到板边距离	孔底距板面保留厚度	检测方法
			最小值	允许误差			
背栓式	+0.4 0	±0.3	6	±0.2	最小 50	≥3.0	卡尺

注：来自《建筑幕墙》(GB/T 21086—2007)。

6）人造板材幕墙组装就位后允许偏差应满足表 8-143 的要求。

表 8-143

项目		允许偏差，mm		检测方法
竖缝及墙面垂直度（幕墙高度 H）	$H \leqslant 30m$	≤10		激光仪或经纬仪
	$30m < H \leqslant 60m$	≤15		
	$60m < H \leqslant 90m$	≤20		
	$90m < H \leqslant 150m$	≤25		
	$H > 150m$	≤30		
幕墙平面度		平面、抛光面小于 2.5		2m 靠尺、钢板尺
竖缝直线度		≤2.5		2m 靠尺、钢板尺
横缝直线度		≤2.5		2m 靠尺、钢板尺
缝宽度（与设计值比较）		≤2.0		卡　尺
两相邻面板之间接缝高低差		表面抛光处理、平面、釉面	1.0	深度尺
		毛　面	2.0	

注：来自《建筑幕墙》(GB/T 21086—2007)。

7）人造板材幕墙外露表面每平方米内的划伤、擦伤应符合表 8-144 的要求。

表 8-144

项　目	质 量 要 求	检测方法
明显擦伤、划伤	不允许	目测观察
单条长度≤100mm 的轻微划伤	不多于 2 条	钢直尺
轻微擦伤总面积，mm^2	≤300（面积小于 100mm^2 不计）	钢直尺

注：1. 轻微划伤、擦伤是指深度不超过表面处理深度，或站立在 3m 距离处，不可见的擦伤或划伤。
2. 来自《建筑幕墙》(GB/T 21086—2007)。

7. 单元式幕墙专项要求

1）单元主框架和单板副框架组件装配尺寸允许偏差应符合表8-145的要求。

表 8-145

mm

项　目	尺寸范围	允许偏差	检测方法
框架长、宽尺寸	≤2000	±1.5	钢卷尺
	>2000	±2.0	
分格长、宽尺寸	≤2000	±1.5	钢直尺
	>2000	±2.0	
对角线长度差	≤2000	≤2.5	钢直尺
	>2000	≤3.5	
同一平面高低差	—	≤0.5	深度尺
装配间隙	—	≤0.5	塞　尺

注：来自《建筑幕墙》(GB/T 21086—2007)。

2）单元部件和单板组件装配尺寸允许偏差应符合表8-146的要求。

表 8-146

mm

项　目	尺寸范围	允许偏差	检测方法
部件（组件）长度、宽度尺寸	≤2000	±1.5	钢直尺
	>2000	±2.0	
部件（组件）对角线长度差	≤2000	≤2.5	钢直尺
	>2000	≤3.5	
结构胶胶缝宽度	—	+1.0 0	卡尺或钢直尺
结构胶胶缝厚度	—	+0.5 0	卡尺或钢直尺
部件内单板间接缝宽度（与设计值比）	—	±1.0	卡尺或钢直尺
相邻两单板接缝面板高低差	—	≤1.0	深度尺
单元安装连接件水平、垂直方向装配位置	—	±1.0	钢直尺或钢卷尺

注：来自《建筑幕墙》(GB/T 21086—2007)。

3）单元部件组装就位后幕墙的允许偏差应符合表8-147的要求。

表 8-147

项　目		允许偏差，mm	检测方法
墙面垂直度 （幕墙高度 H）	$H \leqslant 30$m	≤10	经纬仪
	30m $< H \leqslant$ 60m	≤15	
	60m $< H \leqslant$ 90m	≤20	
	90m $< H \leqslant$ 150m	≤25	
	$H >$ 150m	≤30	
墙面平面度		≤2.5	2m 靠尺
竖缝直线度		≤2.5	2m 靠尺
横缝直线度		≤2.5	2m 靠尺

续表

项目	允许偏差，mm	检测方法
单元间接缝宽度（与设计值比）	±2.0	钢直尺
相邻两单元接缝面板高低差	≤1.0	深度尺
单元对插配合间隙（与设计值比）	+1.0 0	钢直尺
单元对插搭接长度	±1.0	钢直尺

注：来自《建筑幕墙》(GB/T 21086—2007)。

8. 点支承玻璃幕墙专项要求

1）单片玻璃边长允许偏差应符合表8-148的要求。

表 8-148

mm

玻璃厚度	允许偏差（边长 L）			检测方法
	$L\leqslant 1000$	$1000<L\leqslant 2000$	$2000<L\leqslant 3000$	
6	±1	+1 −2	+1 −3	卡尺
8，10，12，15	+1 −2	+1 −3	+2 −3	卡尺
19	+1 −2	±2	±3	卡尺

注：来自《建筑幕墙》(GB/T 21086—2007)。

2）中空玻璃的边长允许偏差应符合表8-149的要求。

表 8-149

mm

长度	允许偏差	检测方法
<1000	±2	钢卷尺
1000～2000	+2 −3	钢卷尺
>2000	±3	钢卷尺

注：来自《建筑幕墙》(GB/T 21086—2007)。

3）夹层玻璃的边长允许偏差应符合表8-150的要求。

表 8-150

mm

总厚度 D	允许偏差		检测方法
	$L\leqslant 1200$	$1200<L\leqslant 2000$	
$12\leqslant D<16$	±2	±2.5	卡尺
$16\leqslant D<24$	±2.5	±3	卡尺

注：1. 总厚度 D 不包括胶片的厚度。

2. 来自《建筑幕墙》(GB/T 21086—2007)。

4）支承结构构件加工的允许偏差应符合表8-151的要求。

表 8-151

名称	项目		指标			检测方法
钢拉索	长度偏差，mm		<6m	6～10m	>10m	专用拉伸测定仪
			±5	±8	±10	
	外观		表面光亮，无锈斑，钢绞线不允许有断丝及其他明显的机械损伤			目测
	钢索压管接头表面粗糙度		不宜大于 *Ra*3.2			
撑杆 腹杆 拉杆	长度偏差，mm		±2	安装偏差	±2	卡尺
	螺纹精度		内外螺纹为 6H/6g			
	外观	喷丸处理	表面均匀、整洁			目测
		抛光处理	*Ra*3.2			
其他钢构件	长度、外观及孔位		符合 GB 50205 的规定			—

注：来自《建筑幕墙》(GB/T 21086—2007)。

5）点支承幕墙组装质量应符合表 8-152 的要求。

表 8-152

项目		允许偏差	检测方法
幕墙平面垂直度（幕墙高度 *H*）	*H*≤30m	≤10mm	激光仪或经纬仪
	30m<*H*≤60m	≤15mm	
	60m<*H*≤90m	≤20mm	
	90m<*H*≤150m	≤25mm	
	H>150m	≤30mm	
幕墙的平面度		≤2.5mm	2m 靠尺，钢板尺
竖缝的直线度		≤2.5mm	2m 靠尺，钢板尺
横缝的直线度		≤2.5mm	2m 靠尺，钢板尺
胶缝宽度（与设计值比较）		±2mm	卡尺
两相邻面板之间的高低差		≤1.0mm	深度尺
全玻幕墙玻璃面板与肋板夹角与设计值偏差		≤1°	量角器

注：来自《建筑幕墙》(GB/T 21086—2007)。

6）支承装置的安装偏差应符合表 8-153 的要求。

表 8-153

名称		允许偏差，mm	检测方法
相邻两爪座水平间距		±2.5	激光仪或经纬仪
相邻两爪座垂直间距		±2.0	激光仪或经纬仪
相邻两爪座水平高低差		2	卡尺
爪座水平度		1/100	激光仪或经纬仪
同一标高内爪座高低差	间距不大于 35m	≤5	激光仪或经纬仪
	间距大于 35m	≤7	
单个分格爪座对角线差（与设计尺寸相比）		≤4	钢卷尺
爪座端面平面度（平面幕墙）		≤6.0	激光仪或经纬仪

注：来自《建筑幕墙》(GB/T 21086—2007)。

9 卫 生 设 备

9.1 陶瓷片密封水嘴

1）水嘴按启闭控制部件数量分为单柄和双柄两类，代号见表 9-1。

2）水嘴按控制供水管路的数量分为单控和双控两类，代号见表 9-2。

表 9-1

启闭控制部件数量	单　柄	双　柄
代　号	D	S

注：来自《陶瓷片密封水嘴》（GB 18145—2003）。

表 9-2

供水管路数量	单　控	双　控
代　号	D	S

注：来自《陶瓷片密封水嘴》（GB 18145—2003）。

3）水嘴按用途分为七种，见表 9-3。

表 9-3

用途	普通	面盆	浴盆	洗涤	净身	淋浴	洗衣机
代号	P	M	Y	X	J	L	XY

注：来自《陶瓷片密封水嘴》（GB 18145—2003）。

4）水嘴阀体的强度性能应符合表 9-4 的规定。

表 9-4

<table>
<tr><th rowspan="3">检测部位</th><th rowspan="3">出水口状态</th><th colspan="2">用冷水进行试验</th><th rowspan="3">技术要求</th></tr>
<tr><th colspan="2">试验条件</th></tr>
<tr><th>压力，MPa</th><th>时间，s</th></tr>
<tr><td>进水部位（阀座下方）</td><td>打开</td><td>2.5±0.05</td><td>60±5</td><td>无变形、无渗漏</td></tr>
<tr><td>出水部位（阀座上方）</td><td>关闭</td><td>0.4±0.02</td><td>60±5</td><td>无渗漏</td></tr>
</table>

注：来自《陶瓷片密封水嘴》（GB 18145—2003）。

5）水嘴的密封性能应符合表 9-5 的规定。

表 9-5

<table>
<tr><th rowspan="3">检测部位</th><th rowspan="3">阀芯及转换开关位置</th><th rowspan="3">出水口状态</th><th colspan="3">用冷水进行实验</th><th colspan="3">用空气在水中进行试验</th></tr>
<tr><th colspan="2">试验条件</th><th rowspan="2">技术要求</th><th colspan="2">试验条件</th><th rowspan="2">技术要求</th></tr>
<tr><th>压力，MPa</th><th>时间，s</th><th>压力，MPa</th><th>时间，s</th></tr>
<tr><td>连接件</td><td rowspan="4">用 1.5Nm 关闭</td><td>开</td><td>1.6±0.05</td><td>60±5</td><td rowspan="5">无渗漏</td><td>0.6±0.02</td><td>20±2</td><td rowspan="5">无气泡</td></tr>
<tr><td rowspan="2">阀　芯</td><td rowspan="2">开</td><td>1.6±0.05</td><td>60±5</td><td>0.6±0.02</td><td>20±2</td></tr>
<tr><td>0.05±0.01</td><td>60±5</td><td>0.02±0.001</td><td>20±2</td></tr>
<tr><td>冷、热水隔墙</td><td>开</td><td>0.4±0.02</td><td>60±5</td><td>0.2±0.01</td><td>20±2</td></tr>
<tr><td>上密封</td><td>开</td><td>闭</td><td>0.4±0.02</td><td>60±5</td><td>0.2±0.01</td><td>20±2</td></tr>
</table>

续表

检测部位		阀芯及转换开关位置	出水口状态	用冷水进行实验			用空气在水中进行试验		
				试验条件		技术要求	试验条件		技术要求
				压力，MPa	时间，s		压力，MPa	时间，s	
手动转换开关	转换开关在淋浴位	浴盆位关闭	人工堵住淋浴出水口打开浴盆出水口	0.4±0.02	60±5	浴盆出水口无气泡	0.2±0.01	20±2	浴盆出水口无气泡
	转换开关在浴盆位	淋浴位关闭	人工堵住浴盆出水口打开沐浴出水口	0.4±0.02	60±5	淋浴出水口无气泡	0.2±0.01	20±2	淋浴出水口无气泡
自动复位转换开关	转换开关在浴盆位1	淋浴位关闭	两出水口打开	0.4±0.02（动压）	60±5	淋浴出水口无气泡	—	—	—
	转换开关在淋浴位2	浴盆位关闭			60±5	浴盆出水口无气泡	—	—	—
	转换开关在淋浴位3	浴盆位关闭		0.05±0.01（动压）	60±5	浴盆出水口无气泡	—	—	—
	转换开关在浴盆位4	淋浴位关闭			60±5	淋浴出水口无气泡	—	—	—

注：来自《陶瓷片密封水嘴》(GB 18145—2003)。

9.2 卫生间配套设备

1）住宅卫生间各卫生单元配套设备设置见表9-6。

表9-6

卫生单元种类	应安装的设备	其他设备、设施
便溺单元	坐便器或蹲便器及冲水装置	净身器、小便器、照明设备、换气设备、电源等
洗浴单元	淋浴装置或浴缸、地漏	照明设备、换气设备、电源等
盥洗单元	洗面器、水嘴	照明设备、电源等
洗涤单元	洗衣机专用水嘴、地漏	拖布池、电源等

注：来自《卫生间配套设备》(GB/T 12956—2008)。

2）公共建筑卫生间各卫生单元配套设备设置见表9-7。

表 9-7

卫生单元种类	应安装的设备	其他设备、设施
便溺单元	坐便器或蹲便器及冲水装置、小便器及冲水装置	照明设备、换气设备、电源等
盥洗单元	洗面器、水嘴	照明设备、电源等

注：来自《卫生间配套设备》(GB/T 12956—2008)。

9.3 人造玛瑙及人造大理石卫生洁具

1）外形尺寸允许偏差见表 9-8。

表 9-8

外形尺寸，mm	允许偏差，%	外形尺寸，mm	允许偏差，%
≤1000	±2	>1000	±1

注：来自《人造玛瑙及人造大理石卫生洁具》(JC/T 644—1996)。

2）人造玛瑙及人造大理石卫生洁具的外观质量均应符合表 9-9 的规定。其中裂纹、缺损两项指标是对整件卫生洁具的要求，其余项目是对其可见面的要求。

表 9-9

缺陷名称	要　求	缺陷名称	要　求
裂　纹	不允许	麻　点	轻　微
皱　纹	不明显	划　痕	不明显
缺　损	不允许	修补痕迹	不明显
白　斑	不明显	凹　陷	不明显
花　斑	轻　微	色差	同套产品色泽基本一致
气　泡	轻　微	杂质	不明显

注：来自《人造玛瑙及人造大理石卫生洁具》(JC/T 644—1996)。

3）物理性能应符合表 9-10 的规定，其中冲洗功能仅针对坐便器，耐荷重性、耐冲击性仅针对浴缸。

表 9-10

试验项目	性能要求	试验项目	性能要求
光泽度	≥80 光泽单位	胶衣层厚度	0.35～0.60mm
不平整度	≤4‰	可清洗性	不多于 3 个斑点
巴氏硬度	≥40	耐热水性	无裂纹、不起泡
耐荷重性	表面不产生裂纹	耐污染性	无明显变色
耐冲击性	表面不产生裂纹	冲洗功能	6 个注水乒乓球排出，洗净面无墨水残留痕迹
吸水率	≤0.5%		

注：来自《人造玛瑙及人造大理石卫生洁具》(JC/T 644—1996)。

4）根据不同试验项目，分别采用浴缸、洗脸盆、坐便器及试件。具体尺寸、数目见表 9-11。试件从制品平坦部位切取。

表 9-11

试验项目	试样形式	尺寸，mm	数　量
外观检验	单件卫生洁具	—	1
光泽度	单件卫生洁具	—	1
不平整度	单件卫生洁具	—	1
巴氏硬度	单件卫生洁具	—	1
耐荷重性	浴　缸	—	1
耐冲击性	浴　缸	—	1
吸水率	试　件	50×50×4	5
胶衣层厚度	试　件	50×50	5
可清洗性	试　件	430×150	2
耐热水性	试　件	150×100	2
耐污染性	试　件	200×150	2
冲洗功能	坐便器	—	1

注：来自《人造玛瑙及人造大理石卫生洁具》(JC/T 644—1996)。

9.4 卫生陶瓷

1）瓷质卫生陶瓷产品分类见表 9-12。

表 9-12

种类	类型	结构	安装方式	排污方向	按用水量分	按用途分
坐便器	挂箱式 坐箱式 连体式 冲洗阀式	冲落式 虹吸式 喷射虹吸式 旋涡虹吸式	落地式 壁挂式	下排式 后排式	普通型 节水型	成人型 幼儿型 残疾人/老年人专用型
洗面器	—	—	台式 立柱式 壁挂式	—	—	—
小便器	—	冲落式 虹吸式	落地式 壁挂式	—	普通型 节水型	—
蹲便器	挂箱式 冲洗阀式	—	—	—	普通型 节水型	成人型 幼儿型
净身器	—	—	落地式 壁挂式	—	—	—
洗涤槽	—	—	台式 壁挂式	—	—	住宅用 公共场所用
水箱	高水箱 低水箱	—	壁挂式 坐箱式 隐藏式	—	—	—
小件卫生陶瓷	皂盒、手纸盒等	—	—	—	—	—

注：来自《卫生陶瓷》(GB 6952—2005)。

2）陶质卫生陶瓷产品分类见表 9-13。

表 9-13

种 类	类 型	安装方式
洗面器	—	台式、立柱式、壁挂式
不带存水弯小便器	—	落地式、壁挂式
净身器	—	落地式、壁挂式
洗涤槽	家庭用、公共场所用	台式、壁挂式
水 箱	高水箱、低水箱	壁挂式、坐箱式、隐藏式
浴缸、淋浴盆	—	—
小件卫生陶瓷	皂盒等	—

注：来自《卫生陶瓷》（GB 6952—2005）。

3）卫生陶瓷外观缺陷最大允许范围应符合表 9-14 的规定。

表 9-14

缺陷名称	单位	洗净面	可见面		其他区域
			A 面	B 面	
开裂、坯裂	mm	不允许			不影响使用的允许修补
釉裂、熔洞	mm	不允许			—
大包、大花斑、色斑、坑包	个	不允许			—
棕 眼	个	总数 2	总数 2	2；总数 5	—
小包、小花斑	个	总数 2	总数 2	2；总数 6	—
釉泡、斑点	个	1；总数 2	2；总数 4	2；总数 4	—
波 纹	mm^2	≤2600			—
缩釉、缺釉	mm^2	不允许		$4mm^2$ 以下 1 个	—
磕 碰	mm^2	不允许			$20mm^2$ 以下 2 个
釉缕、橘釉、釉粘、坯粉、落脏、剥边、烟熏、麻面	—	不允许			—

注：1. 数字前无文字或符号时，表示一个标准面允许的缺陷数。
2. 其他面，除表中注明外，允许有不影响使用的缺陷。
3. 0.5mm 以下的不密集棕眼可不计。
4. 来自《卫生陶瓷》（GB 6952—2005）。

4）卫生陶瓷产品的最大允许变形量应符合表 9-15 的规定。

表 9-15 mm

产品名称	安装面	表 面	整 体	边 缘
坐便器	3	4	6	—
洗面器	3	6	20mm/m 最大 12	4
小便器	5	20mm/m 最大 12	20mm/m 最大 12	—
蹲便器	6	5	8	4

续表

产品名称	安装面	表　面	整　体	边　缘
净身器	3	4	6	—
洗涤槽	4	20mm/m 最大 12	20mm/m 最大 12	5
水　箱	底 3 墙 8	4	5	4
浴　缸	—	20mm/m 最大 16	20mm/m 最大 16	—
淋浴盆	—	20mm/m 最大 12	20mm/m 最大 12	—

注：1. 形状为圆形或艺术造型的产品，边缘变形不作要求。

2. 来自《卫生陶瓷》(GB 6952—2005)。

5）卫生陶瓷的尺寸允许偏差应符合表 9-16 的规定。

表 9-16　　mm

尺寸类型	尺寸范围	允许偏差
外形尺寸	—	规格尺寸×±3%
孔眼直径	$\phi<15$ $15\leqslant\phi\leqslant30$ $30<\phi\leqslant80$ $\phi>80$	+2 ±2 ±3 ±5
孔眼圆度	$\phi\leqslant70$ $70<\phi\leqslant100$ $\phi>100$	2 4 5
孔眼中心距	≤100 >100	±3 规格尺寸×±3%
孔眼距产品中心线偏移	≤100 >100	3 规格尺寸×3%
孔眼距边	≤300 >300	±9 规格尺寸×±3%
安装孔平面度	—	2
排污口安装距	—	+5 −20

注：来自《卫生陶瓷》(GB 6952—2005)。

6）便器平均用水量应符合表 9-17 的规定，坐便器和蹲便器在任一试验压力下，最大用水量不得超过规定值 1.5L。

表 9-17　　L

坐便器	普通型（单/双档）	9
	节水型（单/双档）	6
蹲便器	普通型	11
	节水型	8
小便器	普通型	5
	节水型	3

注：来自《卫生陶瓷》(GB 6952—2005)。

7）各类产品的变形部位及测量方法按表 9-18 的规定进行。

表 9-18

产品名称	变形名称	变形部位	测量方法
坐便器 净身器	安装面弯曲变形	底座平面、安装水箱口平面	平台法
	表面变形	坐圈平面	平台法
	整体变形	整体歪扭不平、坐圈倾斜	平台法
洗面器	安装面弯曲变形	靠墙面、支架面、 下水口的下平面	平台法、钢直尺法
	表面变形	洗净面以上的水平表面	钢直尺法
	整体变形	对角方向的歪扭	平台法、对角线法
	边缘弯曲变形	边缘侧面	钢直尺法
小便器	安装面弯曲变形	靠墙面和地面	平台法
	表面变形	两侧面、前平面	钢直尺法、平台法
	整体变形	对角方向的歪扭	平台法、对角线法
蹲便器	安装面弯曲变形	靠地表面	平台法
	表面变形	上表面	钢直尺法、对角线法
	整体变形	整体及水圈平面歪扭	平台法、对角线法
	边缘弯曲变形	两侧边	钢直尺法
洗涤槽	安装面弯曲变形	底面、靠墙面和支架面	钢直尺法、平台法
	表面变形	水平上表面、侧面	钢直尺法、平台法
	整体变形	整体歪扭	对角线法、平台法
	边缘弯曲变形	水圈侧边和侧面	钢直尺法、平台法
水　箱	安装面弯曲变形	靠墙面、底面	平台法、钢直尺法
	表面变形	正面和侧面	钢直尺法
	整体变形	整体歪扭	对角线半
	边缘弯曲变形	水箱上口、箱盖安装面	钢直尺法
浴缸、 淋浴盆	表面变形	底面和侧面	钢直尺法、平台法
	整体变形	整体歪扭	对角线法、平台法
各种产品	安装孔平面度	孔眼平面	钢直尺法

注：来自《卫生陶瓷》（GB 6952—2005）。

10 建 筑 涂 料

10.1 饰面型防火涂料

饰面型防火涂料技术要求应符合表10-1的规定要求。

表10-1

项目		技术指标	缺陷类别
在容器中的状态		无硬块，搅拌后呈均匀状态	C
细度，μm		≤90	C
干燥时间	表干，h	≤5	C
	实干，h	≤24	
附着力，级		≤3	A
柔韧性，mm		≤3	B
耐冲击性，cm		≥20	B
耐水性，h		经24h试验，不起皱，不剥落，起泡在标准状态下24h能基本恢复，允许轻微失光和变色	B
耐湿热性，h		经48h试验，涂膜无起泡、无脱落，允许轻微失光和变色	B
耐燃时间，min		≥15	A
火焰传播比值		≤25	A
质量损失，g		≤5.0	A
炭化体积，cm^3		≤25	A

注：来自《饰面型防火涂料》(GB 12441—2005)。

10.2 合成树脂乳液外墙涂料

1）产品应符合表10-2的技术要求。

表10-2

项目		指标	
	优等品	一等品	合格品
容器中状态	无硬块，搅拌后呈均匀状态		
施工性	刷涂二道无障碍		
低温稳定性	不变质		
干燥时间（表干），h ≤	2		

续表

项 目		指 标		
		优等品	一等品	合格品
涂膜外观		正 常		
对比率（白色和浅色①）	≥	0.93	0.90	0.87
耐水性		96h无异常		
耐碱性		48h无异常		
耐洗刷性，次	≥	2000	1000	500
耐人工气候老化性				
白色和浅色①		600h不起泡、不剥落、无裂纹	400h不起泡、不剥落、无裂纹	250h不起泡、不剥落、无裂纹
粉化，级	≤	1		
变色，级	≤	2		
其他色		商 定		
耐沾污性（白色和浅色①）%	≤	15	15	20
涂层耐温变性（5次循环）		无异常		

注：来自《合成树脂乳液外墙涂料》（GB/T 9755—2001）。

①浅色是指以白色涂料为主要成分，添加适量色浆后配制成的浅色涂料形成的涂膜所呈现的浅颜色，按GB/T 15608—1995中4.3.2规定明度值为6到9之间（三刺激值中的$Y_{D65} \geqslant 31.26$）。

2）线棒涂布器是由几种不同直径的不锈钢丝分别紧密缠绕在不锈钢棒上制成，其规格为80、100、120三种，线棒规格与缠绕钢丝之间的关系见表10-3。

表10-3

规 格	80	100	120
缠绕钢丝直径，mm	0.80	1.00	1.20

注：来自《合成树脂乳液外墙涂料》（GB/T 9755—2001）。

3）各检验项目的试板尺寸、采用的涂布器规格、涂布道数和养护时间应符合表10-4的规定，涂布两道时，两道间隔6h。

表10-4

检验项目	制 板 要 求			
	尺寸 mm×mm×mm	线棒涂布器规格		养护期 d
		第一道	第二道	
干燥时间	150×70×（4～6）	100		
耐水性、耐碱性、耐人工气候老化性、耐沾污性、涂层耐温变性	150×70×（4～6）	120	80	7
耐洗刷性	430×150×（4～6）	120	80	7
施工性、涂膜外观	430×150×（4～6）			
对比率		100		1①

注：来自《合成树脂乳液外墙涂料》（GB/T 9755—2001）。

①根据涂料干燥性能不同，干燥条件和养护时间可以商定，但仲裁检验时为1d。

10.3 合成树脂乳液内墙涂料

1）内墙底漆应符合表 10-5 的要求。

表 10-5

项　目	指　标	项　目	指　标
容器中状态	无硬块，搅拌后呈均匀状态	干燥时间（表干），h≤	2
施工性	刷涂无障碍	耐碱性（24h）	无异常
低温稳定性（3 次循环）	不变质	抗泛碱性（48h）	无异常
涂膜外观	正常		

注：来自《合成树脂乳液内墙涂料》（GB/T 9756—2009）。

2）内墙面漆应符合表 10-6 的要求。

表 10-6

项　目		指　标		
		合格品	一等品	优等品
容器中状态		无硬块，搅拌后呈均匀状态		
施工性		刷涂两道无障碍		
低温稳定性（3 次循环）		不变质		
涂膜外观		正　常		
干燥时间（表干），h	≤	2		
对比率（白色和浅色①），	≥	0.90	0.93	0.95
耐碱性（24h）		无　异　常		
耐洗刷性，次	≥	300	1000	5000

注：来自《合成树脂乳液内墙涂料》（GB/T 9756—2009）。

①浅色是指以白色涂料为主要成分，添加适量色浆后配制成的浅色涂料形成的涂膜所呈现的浅颜色，按 GB/T 15608 中 4.3.2 规定明度值为 6 到 9 之间（三刺激值中的 $Y_{D65} \geqslant 31.26$）。

3）线棒涂布器是由几种不同直径的不锈钢丝分别紧密缠绕在不锈钢棒上制成，其规格为 80、100、120 三种，线棒规格与缠绕钢丝之间的关系见表 10-7。

表 10-7

规　格	80	100	120
缠绕钢丝直径，mm	0.80	1.00	1.20

注：1. 以其他规格形式表示的线棒涂布器也可使用，但应符合本表的技术要求。
2. 来自《合成树脂乳液内墙涂料》（GB/T 9756—2009）。

4）内墙底漆各检验项目的试板尺寸、数量、养护期及底漆涂布量按表 10-8 规定执行。

表 10-8

检验项目	试板尺寸，mm×mm×mm	试板数量	底漆涂布量刷涂（湿膜厚度），μm	试板养护期，d
干燥时间	150×70×（4～60）	1	80	—
施工性、涂膜外观	430×150×（4～6）	1	—	—

续表

检验项目	试板尺寸，mm×mm×mm	试板数量	底漆涂布量刷涂（湿膜厚度），μm	试板养护期，d
耐碱性	150×70×（4～6）	3	80	7
抗泛碱性	150×70×6	5	80	7

注：来自《合成树脂乳液内墙涂料》（GB/T 9756—2009）。

5）各检验项目的试板尺寸、采用的涂布器规格、涂布道数和养护时间应符合表 10-9 的规定，涂布两道时，两道间隔 6h。

表 10-9

检验项目	制板要求			
	尺寸 mm×mm×mm	线棒涂布器规格		养护期 d
		第一道	第二道	
干燥时间	150×70×（4～6）	100	—	—
施工性、涂膜外观	430×150×（4～6）	—	—	—
对比率	—	100	—	1①
耐碱性	150×70×（4～6）	120	80	7
耐洗刷性	430×150×（4～6）	120	80	7

注：来自《合成树脂乳液内墙涂料》（GB/T 9756—2009）。

①根据涂料干燥性能不同，干燥条件和养护时间可以商定，但仲裁检验时为 1d。

10.4 溶剂型外墙涂料

1）产品应符合表 10-10 的技术要求。

表 10-10

项目		指标		
		优等品	一等品	合格品
容器中状态		无硬块，搅拌后呈均匀状态		
施工性		刷涂二道无障碍		
低温稳定性		不变质		
干燥时间（表干），h	≤	2		
涂膜外观		正常		
对比率（白色和浅色①）	≥	0.93	0.90	0.87
耐水性		168h 无异常		
耐碱性		48h 无异常		
耐洗刷性，次	≥	5000	3000	2000
耐人工气候老化性				
白色和浅色①		1000h 不起泡、不剥落、无裂纹	500h 不起泡、不剥落、无裂纹	300h 不起泡、不剥落、无裂纹
粉化，级	≤	1		
变色，级	≤	2		

续表

项目	指标		
	优等品	一等品	合格品
其他色	商定		
耐沾污性（白色和浅色①）% ≤	10	10	15
涂层耐温变性（5次循环）	无异常		

注：来自《溶剂型外墙涂料》(GB/T 9757—2001)。

①浅色是指以白色涂料为主要成分，添加适量色浆后配制成的浅色涂料形成的涂膜所呈现的浅颜色，按 GB/T 15608—1995 中 4.3.2 规定明度值为 6 到 9 之间（三刺激值中的 $Y_{D65} \geqslant 31.26$）。

2）除对比率采用刮涂制板外，其他均采用刷涂制板。刷涂两道间隔时间应不小于 24h。各检验项目（除对比率）的试板尺寸、刷涂量和养护时间应符合表 10-11 的规定。

表 10-11

检验项目	制板要求			
	尺寸 mm×mm×mm	刷涂量①，g		养护期 d
		第一道	第二道	
干燥时间	150×70×（4～6）	1.6±0.1	1.0±0.1	
耐水性、耐碱性、耐人工气候老化性、耐沾污性、涂层耐温变性	150×70×（4～6）	1.6±0.1	1.0±0.1	7
耐洗刷性	430×150×（4～6）	9.7±0.1	6.4±0.1	7
施工性、涂膜外观	430×150×（4～6）			

注：来自《溶剂型外墙涂料》(GB/T 9757—2001)。

①刷涂量以第一道 1.5g/dm²、第二道 1.0g/dm² 计。

10.5 复层建筑涂料

1）产品理化性能应符合表 10-12 的要求。

表 10-12

项目			指标		
			优等品	一等品	合格品
容器中状态			无硬块，呈均匀状态		
涂膜外观			无开裂、无明显针孔、无气泡		
低温稳定性			不结块、无组成物分离、无凝聚		
初期干燥抗裂性			无裂纹		
粘结强度 MPa	标准状态 ≥	RE	1.0		
		E、Si	0.7		
		CE	0.5		
	浸水后 ≥	RE	0.7		
		E、Si、CE	0.5		
涂层耐温变性（5次循环）			不剥落；不起泡；无裂纹；无明显变色		

续表

项目		指标		
		优等品	一等品	合格品
透水性，mL	A型＜	0.5		
	B型＜	2.0		
耐冲击性		无裂纹、剥落以及明显变形		
耐沾污性（白色和浅色①）	平状，% ≤	15	15	20
	立体状，级 ≤	2	2	3
耐候性（白色和浅色①）	老化时间，h	600	400	250
	外观	不起泡、不剥落、无裂纹		
	粉化，级 ≤	1		
	变色，级 ≤	2		

注：来自《复层建筑涂料》（GB/T 9779—2005）。

①浅色是指以白色涂料为主要成分，添加适量色浆后配制成的浅色涂料形成的涂膜所呈现的浅颜色，按 GB/T 15608—1995 中 4.3.2 规定明度值为 6 到 9 之间（三刺激值中的 $Y_{D65} \geqslant 31.26$）；其他颜色的耐候性要求由供需双方商定。

2）各检验项目的试板类型、尺寸、数量和养护时间应符合表 10-13 的规定。

表 10-13

检验项目	试板类型	试板尺寸 mm×mm×mm	试板数量，块	养护时间①		
				底涂，h	中涂，d	面涂，d
初期干燥抗裂性	石棉水泥平瓦	300×150×（4～6）	3	1～2	立刻试验	—
涂膜外观、透水性、耐冲击性			3 1	1～2	7	7
粘结强度	砂浆块	70×70×20	10	1～2	7	7
涂层耐温变性 耐候性 耐沾污性	石棉水泥平瓦	150×70×（4～6）	3 4 3	1～2	7	7

注：来自《复层建筑涂料》（GB/T 9779—2005）。

①也可根据产品说明要求养护。

10.6 合成树脂乳液砂壁状建筑涂料

1）产品应符合表 10-14 规定的技术指标。

表 10-14

项目	技术指标	
	N型（内用）	W型（外用）
容器中状态	搅拌后无结块，呈均匀状态	
施工性	喷涂无困难	
涂料低温贮存稳定性	3次试验后，无结块、凝聚及组成物的变化	
涂料热贮存稳定性	1个月试验后，无结块、霉变、凝聚及组成物的变化	

续表

项目		技术指标	
		N型（内用）	W型（外用）
初期干燥抗裂性		无裂纹	
干燥时间（表干），h		≤4	
耐水性		—	96h涂层无起鼓、开裂、剥落，与未浸泡部分相比，允许颜色轻微变化
耐碱性		48h涂层无起鼓、开裂、剥落，与未浸泡部分相比，允许颜色轻微变化	96h涂层无起鼓、开裂、剥落，与未浸泡部分相比，允许颜色轻微变化
耐冲击性		涂层无裂纹、剥落及明显变形	
涂层耐温变性①		—	10次涂层无粉化、开裂、剥落、起鼓，与标准板相比，允许颜色轻微变化
耐沾污性		—	5次循环试验后≤2级
粘结强度，MPa	标准状态	≥0.70	
	浸水后	—	≥0.50
耐人工老化性		—	500h涂层无开裂、起鼓、剥落，粉化0级，变色≤1级

注：来自《合成树脂乳液砂壁状建筑涂料》（JG/T 24—2000）。

①涂层耐温变性即为涂层耐冻融循环性。

2）试板尺寸、数量及涂布量（厚度）按表10-15的规定进行。

表10-15

项目	试板尺寸 mm	合成树脂乳液砂壁状建筑涂料 （主涂料湿膜厚度）（<3mm）	试板数量，块
干燥时间	150×70×3	一道	1
耐水性	150×70×3	一道	3
耐碱性	150×70×3	一道	3
耐沾污性	150×70×3	一道	3
耐人工老化性	150×70×3	一道	3
耐冲击性	430×150×3	一道	1
初期干燥抗裂性	200×150×3	一道	2
涂层耐温变性	200×150×3	一道	3
粘结强度	70×70×20 （砂浆块）	1mm	10

注：来自《合成树脂乳液砂壁状建筑涂料》（JG/T 24—2000）。

10.7 外墙无机建筑涂料

1）产品的技术指标应符合表10-16的规定。

表 10-16

项目	技术指标
容器中状态	搅拌后无结块，呈均匀状态
施工性	刷涂二道无障碍
涂膜外观	涂膜外观正常
对比率（白色和浅色①）	≥0.95
热贮存稳定性（30d）	无结块、凝聚、霉变现象
低温贮存稳定性（3次）	无结块、凝聚现象
表干时间，h	≤2
耐洗刷性，次	≥1000
耐水性（168h）	无起泡、裂纹、剥落，允许轻微掉粉
耐碱性（168h）	无起泡、裂纹、剥落，允许轻微掉粉
耐温变性（10次）	无起泡、裂纹、剥落，允许轻微掉粉
耐沾污性，% Ⅰ Ⅱ	 ≤20 ≤15
耐人工老化性（白色和浅色②） （Ⅰ800h） （Ⅱ500h）	 无起泡、裂纹、剥落、粉化≤1级，变色≤2级 无起泡、裂纹、剥落、粉化≤1级，变色≤2级

注：来自《外墙无机建筑涂料》（JG/T 26—2002）。

①、②浅色是指以白色涂料为主要成分，添加适量色浆后配制成的浅色涂料形成的涂膜所呈现的浅颜色，按 GB/T 15608—1995 中 4.3.2 规定明度值为 6 到 9 之间（三刺激值中的 Y_{D65}≥31.26）；其他颜色的耐候性要求由供需双方商定。

2）试板尺寸、数量及涂布量按表 10-17 的规定执行。

表 10-17

试验项目	试板尺寸 mm	线棒涂布器规格（湿膜厚度），μm		试板数量
		第一道	第二道	
干燥时间（表干）	150×70×3～5	120	—	1
耐水性	150×70×3～5	120	80	3
耐碱性	150×70×3～5	120	80	3
耐洗刷性	430×150×3～5	120	80	3
耐温变性	200×150×3～5	120	80	3
耐沾污性	150×70×3～5	120	80	3
耐人工老化性	150×70×3～5	120	80	3
施工性	430×150×3～5	—	—	1
对比率	—	150	—	1

注：来自《外墙无机建筑涂料》（JG/T 26—2002）。

10.8 建筑外墙用腻子

1）技术指标应符合表 10-18 的规定。

表 10-18

项目		技术指标①		
		普通型（P）	柔性（R）	弹性（T）
容器中状态		无结块、均匀		
施工性		刮涂无障碍		
干燥时间（表干），h		≤5		
初期干燥抗裂性（6h）	单道施工厚度≤1.5mm 的产品	1mm 无裂纹		
	单道施工厚度＞1.5mm 的产品	2mm 无裂纹		
打磨性		手工可打磨		—
吸水量，g/10min		≤2		
耐碱性（48h）		无异常		
耐水性（96h）		无异常		
粘结强度，MPa	标准状态	≥0.6		
	冻融循环（5 次）	≥0.4		
腻子膜柔韧性②		直径 100mm，无裂纹	直径 50mm，无裂纹	—
动态抗开裂性，mm	基层裂缝	≥0.04，＜0.08	≥0.08，＜0.3	≥0.3
低温贮存稳定性③		三次循环不变质		

注：来自《建筑外墙用腻子》（JG/T 157—2009）。

①对于复合层腻子，复合制样后的产品应符合上述技术指标要求。

②低柔性及高柔性产品通过腻子膜柔韧性或动态抗开裂性两项之一即可。

③液态组分或膏状组分需测试此项指标。

2）试板尺寸、数量、养护期及腻子涂布量按表 10-19 规定执行。

表 10-19

项　目	试板尺寸 mm×mm×mm	试板数量	腻子涂布量（湿膜厚度）mm		试板养护期，d
干燥时间	150×70×（4～6）	1	2		—
耐水性	150×70×（4～6）	3	2		7
耐碱性	150×70×（4～6）	3	2		7
施工性①	200×150×（4～6）	1	2		—
打磨性	200×150×（4～6）	1	2		1
初期干燥抗裂性②	200×150×（4～6）	2	薄涂腻子	1	—
		2	厚涂腻子	2	—
腻子膜柔韧性（马口铁板）	155×85×（0.2～0.3）	3	1		7
动态抗开裂性	200×150×（4～6）	3	2		7

续表

项　　目	试板尺寸 mm×mm×mm		试板数量	腻子涂布量（湿膜厚度）mm	试板养护期，d
粘结强度（砂浆块）	70×70×20	标志	6	2	14
		冻融	6		14
砂水量（砂浆块）	70×70×20		5	2	7

注：来自《建筑外墙用腻子》(JG/T 157—2009)。
①第一道刮涂厚度约为 1mm，第二道刮涂厚度约为 1mm。
②当产品包装上未注明为薄涂或厚涂腻子时，按薄涂腻子制板。

10.9 建筑室内用腻子

1）产品应符合表 10-20 规定的技术指标。

表 10-20

项　　目		技术指标 Y 型	技术指标 N 型
容器中状态		无结块、均匀	
施工性		刮涂无障碍	
干燥时间（表干），h		<5	
打磨性，%		20～80	
耐水性（48h）		—	无异常
耐碱性（24h）		—	无异常
粘结强度 MPa	标准状态	>0.25	>0.50
	浸水后	—	>0.30
低温贮存稳定性		－5℃冷冻 4h 无变化，刮涂无困难	

注：来自《建筑室内用腻子》(JG/T 3049—1998)。

2）试板尺寸和涂布量按表 10-21 规定执行。

表 10-21

项　　目	试板尺寸，mm	腻子涂布量（湿膜厚度），mm 第一道	腻子涂布量（湿膜厚度），mm 第二道	试板保养期 d
干燥时间	150×70×3	0.5		
耐水性	150×70×3	0.5	0.5	7
耐碱性	150×70×3	0.5	0.5	7
施工性	430×150×3			
打磨性	430×150×3	0.5	0.5	1
粘结强度	砂浆块			7
	70×70×20	1.0		
	40×40×10			

注：来自《建筑室内用腻子》(JG/T 3049—1998)。

11 水泥平板与胶凝材料

11.1 水泥木屑板

1）水泥木屑板外观缺陷不得超出表 11-1 的规定。

表 11-1

项　目	要　　求	项　目	要　　求
掉　角	不允许	坑包、麻面	长度和宽度两个方向不得同时超过 10mm
非贯穿裂纹	不允许	污染板面	长度和宽度两个方向不得同时超过 50mm

注：来自《水泥木屑板》(JC/T 411—2007)。

2）厚度的允许偏差应符合表 11-2 的规定。

表 11-2　　mm

公称厚度	$6 \leqslant e \leqslant 12$	$12 < e \leqslant 20$	$e > 20$
厚度允许偏差	±0.7	±1.0	±1.5

注：来自《水泥木屑板》(JC/T 411—2007)。

3）水泥木屑板的物理力学性能应符合表 11-3 的规定。

表 11-3

项　目	要　求	项　目	要　求
密度（含水率为 9%时），kg/m^3	≥1000	抗折强度，MPa	≥9.0
含水率，%	≤12.0	浸水 24 小时后抗折强度，MPa	≥5.5
浸水 24h 厚度膨胀率，%	≤1.5		
抗冻性	不得出现可见的裂痕或表面无变化	弹性模量，MPa	≥3000

注：来自《水泥木屑板》(JC/T 411—2007)。

11.2 纤维增强低碱度水泥建筑平板

1）平板的规格尺寸见表 11-4。

表 11-4　　mm

规　格	尺　　寸	规　格	尺　　寸
长　度	1200，1800，2400，2800	厚　度	4，5，6
宽　度	800，900，1200		

注：1. 如需其他规格或边缘未经切割的板材，可由供需双方协商确定。

2. 来自《纤维增强低碱度水泥建筑平板》(JC/T 626—2008)。

2）平板的尺寸允许偏差应符合表 11-5 的规定。

表 11-5

规　格	尺寸允许偏差		
	优等品	一等品	合格品
长度，mm 宽度，mm	±2	±5	±8
厚度，mm	±0.2	±0.5	±0.6
厚度不均匀度，%≤	8	10	12

注：1. 厚度不均匀度系指同块板厚度的极差除以公称厚度。
　　2. 来自《纤维增强低碱度水泥建筑平板》（JC/T 626—2008）。

3）平板的物理力学性能应符合表 11-6 的规定。

表 11-6

项　　目		TK			NTK	
		优等品	一等品	合格品	一等品	合格品
抗折强度，MPa	≥	18	13	7.0	13.5	7.0
抗冲击强度，（kJ/m^2）	≥	2.8	2.4	1.9	1.9	1.5
吸水率，%	≤	25	28	32	30	32
密度，g/m^3	<	1.8	1.8	1.6	1.8	1.6

注：来自《纤维增强低碱度水泥建筑平板》（JC/T 626—2008）。

11.3　玻镁平板

1）产品按表观密度分为 A、B、C、D、E、F、G 七类，其分类范围见表 11-7。

表 11-7　　t/m^2

类别	表观密度范围 ρ	类别	表观密度范围 ρ
A	$1.75<\rho$	E	$0.7<\rho\leqslant1.0$
B	$1.5<\rho\leqslant1.75$	F	$0.5<\rho\leqslant0.7$
C	$1.2<\rho\leqslant1.5$	G	$\rho\leqslant0.5$
D	$1.0<\rho\leqslant1.2$		

注：来自《玻镁平板》（JC 688—2006）。

2）玻镁平板的产品规格见表 11-8，其他异型规格由供需双方商定。

表 11-8　　mm

项　目	长	宽	厚
基本尺寸	≤3000	≤1300	2～20

注：来自《玻镁平板》（JC 688—2006）。

3）尺寸允许偏差应符合表 11-9 的规定。

表 11-9 mm

项　目		尺寸允许偏差	项　目		尺寸允许偏差
长度 L		0 −4	厚度 e	<6	±0.20
				6～10	±0.30
宽度 B		0 −4		>10	±0.50
			两对角线差		≤5

注：来自《玻镁平板》(JC 688—2006)。

4）玻镁平板抗折、抗冲击性能应符合表 11-10 的规定。

表 11-10

类　别	抗折强度，MPa			抗冲击强度，kJ/m^2		
	$e<6$	$6\leqslant e\leqslant 10$	$e>10$	$e<6$	$6\leqslant e\leqslant 10$	$e>10$
A	≥50	≥45	≥35	≥14	≥12	≥10
B	≥30	≥25	≥20	≥8.0	≥6.0	≥4.0
C	≥20	≥15	≥10	≥3.5	≥2.5	≥2.0
D	≥12	≥10	≥8.0	≥2.5	≥2.0	≥2.0
E	≥10	≥8.0	≥6.0	≥1.5		
F	≥8.0	≥6.0	≥5.0			
G	—	≥4.0	≥2.0			

注：表中 e 为厚度，单位为毫米（mm）。
　　来自《玻镁平板》(JC 688—2006)。

5）握螺钉力应符合表 11-11 的规定。

表 11-11

厚度（e），mm	$e<6$	$6\leqslant e\leqslant 10$	$e>10$
握钉力，N/m	≥25	≥20	≥15

注：来自《玻镁平板》(JC 688—2006)。

11.4 通用硅酸盐水泥

1）通用硅酸盐水泥的组分应符合表 11-12 的规定。

表 11-12 %

品　种	代　号	组　分				
		熟料＋石膏	粒化高炉矿渣	火山灰质混合材料	粉煤灰	石灰石
硅酸盐水泥	P·Ⅰ	100	—	—	—	—
	P·Ⅱ	≥95	≤5	—	—	—
		≥95	—	—	—	≤5
普通硅酸盐水泥	P·O	≥80 且<95	>5 且≤20			—
矿渣硅酸盐水泥	P·S·A	≥50 且<80	>20 且≤50	—	—	—
	P·S·B	≥30 且<50	>50 且≤70	—	—	—

续表

品种	代号	组分				
		熟料+石膏	粒化高炉矿渣	火山灰质混合材料	粉煤灰	石灰石
火山灰质硅酸盐水泥	P·P	≥60且<80	—	>20且≤40	—	—
粉煤灰硅酸盐水泥	P·F	≥60且<80	—	—	>20且≤40	—
复合硅酸盐水泥	P·C	≥50且<80	>20且≤50			

注：来自《通用硅酸盐水泥》(GB 175—2007)。

2）化学指标应符合表11-13规定。

表11-13 %

品种	代号	不溶物（质量分数）	烧失量（质量分数）	三氧化硫（质量分数）	氧化镁（质量分数）	氯离子（质量分数）
硅酸盐水泥	P·Ⅰ	≤0.75	≤3.0	≤3.5	≤5.0①	≤0.06③
	P·Ⅱ	≤1.50	≤3.5			
普通硅酸盐水泥	P·O	—	≤5.0			
矿渣硅酸盐水泥	P·S·A	—	—	≤4.0	≤6.0②	
	P·S·B	—	—		—	
火山灰质硅酸盐水泥	P·P	—	—	≤3.5	≤6.0②	
粉煤灰硅酸盐水泥	P·F	—	—			
复合硅酸盐水泥	P·C	—	—			

注：来自《通用硅酸盐水泥》(GB 175—2007)。

①如果水泥压蒸试验合格，则水泥中氧化镁的含量（质量分数）允许放宽至6.0%。

②如果水泥中氧化镁的含量（质量分数）大于6.0%时，需进行水泥压蒸安定性试验并合格。

③当有更低要求时，该指标由买卖双方协商确定。

3）不同品种不同强度等级的通用硅酸盐水泥，其不同各龄期的强度应符合表11-14的规定。

表11-14 MPa

品种	强度等级	抗压强度		抗折强度	
		3d	28d	3d	28d
硅酸盐水泥	42.5	≥17.0	≥42.5	≥3.5	≥6.5
	42.5R	≥22.0		≥4.0	
	52.5	≥23.0	≥52.5	≥4.0	≥7.0
	52.5R	≥27.0		≥5.0	
	62.5	≥28.0	≥62.5	≥5.0	≥8.0
	62.5R	≥32.0		≥5.5	

续表

品种	强度等级	抗压强度		抗折强度	
		3d	28d	3d	28d
普通硅酸盐水泥	42.5	≥17.0	≥42.5	≥3.5	≥6.5
	42.5R	≥22.0		≥4.0	
	52.5	≥23.0	≥52.5	≥4.0	≥7.0
	52.5R	≥27.0		≥5.0	
矿渣硅酸盐水泥 火山灰硅酸盐水泥 粉煤灰硅酸盐水泥 复合硅酸盐水泥	32.5	≥10.0	≥32.5	≥2.5	≥5.5
	32.5R	≥15.0		≥3.5	
	42.5	≥15.0	≥42.5	≥3.5	≥6.5
	42.5R	≥19.0		≥4.0	
	52.5	≥21.0	≥52.5	≥4.0	≥7.0
	52.5R	≥23.0		≥4.5	

注：来自《通用硅酸盐水泥》(GB 175—2007)。

11.5 道路硅酸盐水泥

水泥的强度等级按规定龄期的抗压和抗折强度划分，各龄期的抗压强度和抗折应不低于表 11-15 的数值。

表 11-15 MPa

强度等级	抗折强度		抗压强度	
	3d	28d	3d	28d
32.5	3.5	6.5	16.0	32.5
42.5	4.0	7.0	21.0	42.5
52.5	5.0	7.5	26.0	52.5

注：来自《道路硅酸盐水泥》(GB 13693—2005)。

11.6 白色硅酸盐水泥

水泥的强度等级按规定龄期的抗压强度和抗折强度划分，各龄期的抗压强度和抗折应不低于表 11-16 的数值。

表 11-16 MPa

强度等级	抗压强度		抗折强度	
	3d	28d	3d	28d
32.5	12.0	32.5	3.0	6.0
42.5	17.0	42.5	3.5	6.5
52.5	22.0	52.5	4.0	7.0

注：来自《白色硅酸盐水泥》(GB/T 2015—2005)。

11.7 砌筑水泥

各等级水泥各龄期强度应不低于表11-17的数值。

表 11-17 MPa

强度等级	抗压强度		抗折强度	
	7d	28d	7d	28d
12.5	7.0	12.5	1.5	3.0
22.5	10.0	22.5	2.0	4.0

注：来自《砌筑水泥》(GB/T 3183—2003)。

11.8 建筑生石灰

建筑生石灰的技术指标应符合表11-18的规定。

表 11-18

项目		钙质生石灰			镁质生石灰		
		优等品	一等品	合格品	优等品	一等品	合格品
CaO+MgO含量,%	不小于	90	85	80	85	80	75
未消化残渣含量(5mm圆孔筛余),%	不大于	5	10	15	5	10	15
CO_2,%	不大于	5	7	9	6	8	10
产浆量，L/kg	不小于	2.8	2.3	2.0	2.8	2.3	2.0

注：来自《建筑生石灰》(JC/T 479—1992)。

11.9 建筑生石灰粉

建筑生石灰粉的技术指标应符合表11-19的规定。

表 11-19

项目			钙质生石灰粉			镁质生石灰粉		
			优等品	一等品	合格品	优等品	一等品	合格品
CaO+MgO含量,%		不小于	85	80	75	80	75	70
CO_2,%		不大于	7	9	11	8	10	12
细度	0.9mm筛的筛余,%	不大于	0.2	0.5	1.5	0.2	0.5	1.5
	0.125mm筛的筛余,%	不大于	7.0	12.0	18.0	7.0	12.0	18.0

注：来自《建筑生石灰粉》(JC/T 480—1992)。

12 密封胶与胶粘剂

12.1 建筑用硅酮结构密封胶

产品物理力学性能应符合表12-1的要求。

表12-1

<table>
<tr><th>序号</th><th colspan="3">项 目</th><th>技术指标</th></tr>
<tr><td rowspan="2">1</td><td colspan="2" rowspan="2">下 垂 度</td><td>垂直放置，mm</td><td>≤3</td></tr>
<tr><td>水平放置</td><td>不变形</td></tr>
<tr><td>2</td><td colspan="3">挤出性①，s</td><td>≤10</td></tr>
<tr><td>3</td><td colspan="3">适用期②，min</td><td>≥20</td></tr>
<tr><td>4</td><td colspan="3">表干时间，h</td><td>≤3</td></tr>
<tr><td>5</td><td colspan="3">硬度，Shore A</td><td>20～60</td></tr>
<tr><td rowspan="7">6</td><td rowspan="7">拉伸粘结性</td><td rowspan="5">拉伸粘结强度，MPa</td><td>23℃</td><td>≥0.60</td></tr>
<tr><td>90℃</td><td>≥0.45</td></tr>
<tr><td>−30℃</td><td>≥0.45</td></tr>
<tr><td>浸水后</td><td>≥0.45</td></tr>
<tr><td>水-紫外线光照后</td><td>≥0.45</td></tr>
<tr><td colspan="2">粘结破坏面积，%</td><td>≤5</td></tr>
<tr><td colspan="2">23℃时最大拉伸强度时伸长率，%</td><td>≥100</td></tr>
<tr><td rowspan="3">7</td><td rowspan="3">热老化</td><td colspan="2">热失重（%）</td><td>≤10</td></tr>
<tr><td colspan="2">龟裂</td><td>无</td></tr>
<tr><td colspan="2">粉化</td><td>无</td></tr>
</table>

注：来自《建筑用硅酮结构密封胶》(GB 16776—2005)。

①仅适用于单组分产品。

②仅适用于双组分产品。

12.2 硅酮建筑密封胶

1）产品按位移能力分为25、20两个级别，见表12-2。

表12-2 %

级 别	试验拉压幅度	位移能力
25	±25	25
20	±20	20

注：来自《硅酮建筑密封胶》(GB/T 14683—2003)。

2）硅酮建筑密封胶的理化性能应符合表 12-3 的规定。

表 12-3

序号	项　　目		技术指标			
			25HM	20HM	25LM	20LM
1	密度，g/cm³		规定值±0.1			
2	下垂度，mm	垂　直	≤3			
		水　平	无变形			
3	表干时间，h		≤3①			
4	挤出性，mL/min		≥80			
5	弹性恢复率，%		≥80			
6	拉伸模量，MPa	23℃	>0.4 或>0.6		≤0.4 和≤0.6	
		−20℃				
7	定伸粘结性		无破坏			
8	紫外线辐照后粘结性②		无破坏			
9	冷拉-热压后粘结性		无破坏			
10	浸水后定伸粘结性		无破坏			
11	质量损失率，%		≤10			

注：来自《硅酮建筑密封胶》(GB/T 14683—2003)。

①允许采用供需双方商定的其他指标值。

②此项仅适用于 G 类（镶装玻璃用）产品。

3）粘结试件的数量见表 12-4。表 12-4 所列项目的试件选用基材种类应保持一致。

表 12-4

序号	项　　目		试件数量，个		处理条件
			试验组	备用组	
1	弹性恢复率		3	—	GB/T 13477.17—2002 8.1　A 法
2	拉伸模量	23℃	3	—	GB/T 13477.8—2002 8.2　A 法
		−20℃	3	—	
3	定伸粘结性		3	3	GB/T 13477.10—2002 8.2　A 法
4	紫外线辐照后粘结性		3	3	GB/T 13477.8—2002 8.2　A 法
5	冷拉-热压后粘结性		3	3	GB/T 13477.13—2002 8.1　A 法
6	浸水后定伸粘结性		3	3	GB/T 13477.11—2002 8.1　A 法

注：来自《硅酮建筑密封胶》(GB/T 14683—2003)。

4）试验伸长率见表 12-5。

表 12-5　　%

项　　目	试验伸长率			
	25HM	25LM	20HM	20LM
弹性恢复率	100		60	
拉伸模量	100		60	
定伸粘结性	100		60	
紫外线辐照后粘结性	100		60	
浸水后定伸粘结性	100		60	

注：来自《硅酮建筑密封胶》(GB/T 14683—2003)。

5）试件的拉伸-压缩率和相应宽度见表12-6。

表12-6

项　　目	25HM	25LM	20HM	20LM
拉伸压缩率,%	±25		±20	
拉伸时宽度，mm	15.0		14.4	
压缩时宽度，mm	9.0		9.6	

注：来自《硅酮建筑密封胶》(GB/T 14683—2003)。

12.3 聚氨酯建筑密封胶

1）产品按位移能力分为25、20两个级别，见表12-7。

表12-7

%

级　别	试验拉压幅度	位移能力	级　别	试验拉压幅度	位移能力
25	±25	25	20	±20	20

注：来自《聚氨酯建筑密封胶》(JC/T 482—2003)。

2）聚氨酯建筑密封胶的物理力学性能应符合表12-8的规定。

表12-8

项　　目		技术指标		
		20HM	25LM	20LM
密度，g/cm³		规定值±0.1		
流动性	下垂度（N型），mm	≤3		
	流平性（L型）	光滑平整		
表干时间，h		≤24		
挤出性①，mL/min		≥80		
适用期②，h		≥1		
弹性恢复率,%		≥70		
拉伸模量，MPa	23℃	>0.4或>0.6		≤0.4和≤0.6
	−20℃			
定伸粘结性		无破坏		
浸水后定伸粘结性		无破坏		
冷拉-热压后粘结性		无破坏		
质量损失率,%		≤7		

注：来自《聚氨酯建筑密封胶》(JC/T 482—2003)。

①此项仅适用于单组分产品。

②此项仅适用于多组分产品，允许采用供需双方商定的其他指标值。

3）粘结试件的数量和处理条件见表12-9。

表 12-9

项目		试件数量，个		处理条件
		试验组	备用组	
弹性恢复率		3	—	GB/T 13477.17—2002 8.1 A法
拉伸模量	23℃	3	—	GB/T 13477.8—2002 8.2 A法
	−20℃	3	—	
定伸粘结性		3	3	GB/T 13477.10—2002 8.2 A法
浸水后定伸粘结性		3	3	GB/T 13477.11—2002 8.1 A法
冷拉-热压后粘结性		3	3	GB/T 13477.13—2002 8.1 A法

注：1. 多组分试件可放置 14d。
2. 来自《聚氨酯建筑密封胶》(JC/T 482—2003)。

4）试验伸长率见表 12-10。

表 12-10 %

项目	试验伸长率		
	20HM	25LM	20LM
弹性恢复率	60	100	60
拉伸模量	60	100	60
定伸粘结性	60	100	60
浸水后定伸粘结性	60	100	60

注：来自《聚氨酯建筑密封胶》(JC/T 482—2003)。

5）试件的拉伸-压缩率和相应宽度见表 12-11。

表 12-11

项目	20HM	25LM	20LM
拉伸压缩率，%	±20	±25	±20
拉伸时宽度，mm	14.4	15.0	14.4
压缩时宽度，mm	9.6	9.0	9.6

注：来自《聚氨酯建筑密封胶》(JC/T 482—2003)。

12.4 幕墙玻璃接缝用密封胶

1）密封胶按位移能力分为 25、20 两个级别，见表 12-12。

表 12-12

级别	试验拉压幅度，%	位移能力，%	级别	试验拉压幅度，%	位移能力，%
25	±25.0	25	20	±20.0	20

注：来自《幕墙玻璃接缝用密封胶》(JC/T 882—2001)。

2）密封胶的物理力学性能应符合表 12-13 的规定。

表 12-13

序号	项目		技术指标			
			25LM	25HM	20LM	20HM
1	下垂度，mm	垂直	≤3			
		水平	无变形			
2	挤出性，mL/min		≥80			
3	表干时间，h		≤3			
4	弹性恢复率，%		≥80			
5	拉伸模量，MPa	标准条件	≤0.4 和	>0.4 或	≤0.4 和	>0.4 或
		−20℃	≤0.6	>0.6	≤0.6	>0.6
6	定伸粘结性		无破坏			
7	热压-冷拉后粘结性		无破坏			
8	浸水光照后的定伸粘结性		无破坏			
9	质量损失率，%		≤10			

注：来自《幕墙玻璃接缝用密封胶》(JC/T 882—2001)。

3）粘结试件的数量见表 12-14。

表 12-14

序号	项目		基材	试件数量，个	
				试验组	备用组
1	弹性恢复率		U 型铝条	3	—
2	拉伸模量	23℃	玻璃	3	—
		−20℃		3	—
3	定伸粘结性		玻璃	3	3
4	热压-冷拉后粘结性		玻璃	3	3
5	浸水光照后的定伸粘结性		玻璃	3	3

注：1. 基材可按生产厂要求使用底涂料。
2. 基材也可按供需双方要求选用其他材料。
3. 来自《幕墙玻璃接缝用密封胶》(JC/T 882—2001)。

4）试验伸长率见表 12-15。

表 12-15

项目	试验伸长率，%			
	25LM	25HM	20LM	20HM
弹性恢复率	100		60	
拉伸模量	100		60	
定伸粘结性	100		60	
浸水后定伸粘结性	100		60	

注：来自《幕墙玻璃接缝用密封胶》(JC/T 882—2001)。

5）试件的拉伸-压缩率和相应宽度见表 12-16。

表 12-16

项　目	25LM	25HM	20LM	20HM
拉伸压缩率，%	±25		±20	
拉伸时宽度，mm	15.0		14.4	
压缩时宽度，mm	9.0		9.6	

注：来自《幕墙玻璃接缝用密封胶》(JC/T 882—2001)。

12.5　石材用建筑密封胶

1）密封胶按位移能力分为 25、20、12.5 三个级别，见表 12-17。

表 12-17

级别	试验拉压幅度，%	位移能力，%	级别	试验拉压幅度，%	位移能力，%
25	±25.0	25	12.5	±12.5	12.5
20	±20.0	20			

注：来自《石材用建筑密封胶》(JC/T 883—2001)。

2）密封胶的物理力学性能应符合表 12-18 的规定。

表 12-18

序　号	项　　目		技　术　指　标				
			25LM	25HM	20LM	20HM	12.5E
1	下垂度，mm　≤	垂　直	3				
		水　平	无变形				
2	表干时间，h　≤		3				
3	挤出性，mL/min　≥		80				
4	弹性恢复率，%　≥		80		80		40
5	拉伸模量，MPa	23℃ −20℃	≤0.4 和 ≤0.6	>0.4 或 >0.6	≤0.4 和 ≤0.6	>0.4 或 >0.6	—
6	定伸粘结性		无破坏				
7	浸水后定伸粘结性		无破坏				
8	热压-冷拉后的粘结性		无破坏				
9	污染性，mm　≤	污染深度	1.0				
		污染宽度					
10	紫外线处理		表面无粉化、龟裂，−25℃无裂纹				

注：来自《石材用建筑密封胶》(JC/T 883—2001)。

3）试验伸长率和压缩率见表 12-19。

表 12-19

项　　目		试验伸长率,%				
		25LM	25HM	20LM	20HM	12.5E
弹性恢复率		100（24.0mm）		60（19.2mm）		60（19.2mm）
拉伸模量		100（24.0mm）		60（19.2mm）		—
定伸粘结性		100（24.0mm）		60（19.2mm）		60（19.2mm）
浸水后定伸粘结性		100（24.0mm）		60（19.2mm）		60（19.2mm）
热压-冷拉后粘结性	压　缩	−25（9.0mm）		−20（9.6mm）		−12.5（10.5mm）
	拉　伸	+25（15.0mm）		+20（14.4mm）		+12.5（13.5mm）
污染性		−25（9.0mm）		−20（9.6mm）		−12.5（10.5mm）

注：1. 试验伸长率相对于原始宽度的百分率：试验伸长率%=[(最终宽度−原始宽度)/原始宽度]×100。

2. 括号内数值为最终宽度值，原始宽度值为 12.0mm。

3. 来自《石材用建筑密封胶》(JC/T 883—2001)。

12.6　彩色涂层钢板用建筑密封胶

1）密封胶按位移能力分为 25、20、12.5 三个级别，见表 12-20。

表 12-20

级　别	试验拉压幅度,%	位移能力,%	级　别	试验拉压幅度,%	位移能力,%
25	±25.0	25	12.5	±12.5	12.5
20	±20.0	20			

注：来自《彩色涂层钢板用建筑密封胶》(JC/T 884—2001)。

2）密封胶的物理力学性能应符合表 12-21 的规定。

表 12-21

序号	项　　目		技　术　指　标				
			25LM	25HM	20LM	20HM	12.5E
1	下垂度，mm　≤	垂　直	3				
		水　平	无变形				
2	表干时间/h　≤		3				
3	挤出性，mL/min　≥		80				
4	弹性恢复率,%　≥		80		60		40
5	拉伸模量，MPa	23℃ −20℃	≤0.4 和 ≤0.6	>0.4 或 >0.6	≤0.4 和 ≤0.6	>0.4 或 >0.6	—
6	定伸粘结性		无破坏				
7	浸水后定伸粘结性		无破坏				
8	热压-冷拉后的粘结性		无破坏				
9	剥离粘结性	剥离强度，N/mm　≥	1.0				
		粘结破坏面积%　≤	25				
10	紫外线处理		表面无粉化、龟裂，−25℃无裂纹				

注：来自《彩色涂层钢板用建筑密封胶》(JC/T 884—2001)。

3）试验伸长率和压缩率见表 12-22。

表 12-22

项目		试验伸长率，%				
		25LM	25HM	20LM	20HM	12.5E
弹性恢复率		100（24.0mm）		60（19.2mm）		60（19.2mm）
拉伸模量		100（24.0mm）		60（19.2mm）		—
定伸粘结性		100（24.0mm）		60（19.2mm）		60（19.2mm）
浸水后定伸粘结性		100（24.0mm）		60（19.2mm）		60（19.2mm）
热压-冷拉后粘结性	压缩	−25（9.0mm）		−20（9.6mm）		−12.5（10.5mm）
	拉伸	+25（15.0mm）		+20（14.4mm）		+12.5（13.5mm）

注：1. 试验伸长率相对于原始宽度的百分率：试验伸长率%＝[（最终宽度－原始宽度）/原始宽度]×100。
2. 括号内数值为最终宽度值，原始宽度值为 12.0mm。
3. 来自《彩色涂层钢板用建筑密封胶》(JC/T 884—2001)。

12.7 聚硫建筑密封胶

1）产品按位移能力分为 25、20 两个级别，见表 12-23。

表 12-23

级别	试验拉压幅度，%	位移能力，%	级别	试验拉压幅度，%	位移能力，%
25	±25	25	20	±20	20

注：来自《聚硫建筑密封胶》(JC/T 483—2006)。

2）聚硫建筑密封胶的物理力学性能应符合表 12-24 的规定。

表 12-24

项目		技术指标		
		20HM	25LM	20LM
密度，g/cm³		规定值±0.1		
流动性	下垂度（N 型），mm	≤3		
	流平性（L 型）	光滑平整		
表干时间，h		≤24		
适用期①，h		≥2		
弹性恢复率（%）		≥70		
拉伸模量 MPa	23℃	＞0.4 或＞0.6	≤0.4 和≤0.6	
	−20℃			
定伸粘结性		无破坏		
浸水后定伸粘结性		无破坏		
冷拉-热压后粘结性		无破坏		
质量损失率，%		≤5		

注：来自《聚硫建筑密封胶》(JC/T 483—2006)。
①适用期允许采用供需双方商定的其他指标值。

3）粘结试件的数量见表 12-25。

表 12-25

项目		试件数量，个 试验组	试件数量，个 备用组	处理条件
弹性恢复率		3	—	GB/T 13477.17—2002 8.1 A法
拉伸模量	23℃	3	—	GB/T 13477.8—2002 8.2 A法
拉伸模量	−20℃	3	—	GB/T 13477.8—2002 8.2 A法
定伸粘结性		3	3	GB/T 13477.10—2002 8.2 A法
浸水后定伸粘结性		3	3	GB/T 13477.11—2002 8.1 A法
冷拉-热压后粘结性		3	3	GB/T 13477.13—2002 8.1 A法

注：来自《聚硫建筑密封胶》(JC/T 483—2006)。

4）试验伸长率见表 12-26。

表 12-26 %

项目	试验伸长率 20HM	试验伸长率 25LM	试验伸长率 20LM
弹性恢复率	60	100	60
拉伸模量	60	100	60
定伸粘结性	60	100	60
浸水后定伸粘结性	60	100	60

注：来自《聚硫建筑密封胶》(JC/T 483—2006)。

5）试件的拉伸-压缩率和相应宽度见表 12-27。

表 12-27

项目		20HM	25LM	20LM
冷拉-热压后粘结性	拉伸压缩率，%	±20	±25	±20
冷拉-热压后粘结性	拉伸时宽度，mm	14.4	15.0	14.4
冷拉-热压后粘结性	压缩时宽度，mm	9.6	9.0	9.6

注：来自《聚硫建筑密封胶》(JC/T 483—2006)。

12.8 丙烯酸酯建筑密封胶

1）丙烯酸酯建筑密封胶的物理力学性能应符合表 12-28 的规定。

表 12-28

序号	项目	技术指标 12.5E	技术指标 12.5P	技术指标 7.5P
1	密度，g/cm^3	规定值±0.1		
2	下垂度，mm	≤3		
3	表干时间，h	≤1		
4	挤出性，mL/min	≥100		

续表

序号	项目	技术指标		
		12.5E	12.5P	7.5P
5	弹性恢复率,%	≥40	见表注	
6	定伸粘结性	无破坏	—	
7	浸水后定伸粘结性	无破坏	—	
8	冷拉-热压后粘结性	无破坏	—	
9	断裂伸长率,%	—	≥100	
10	浸水后断裂伸长率,%	—	≥100	
11	同一温度下拉伸-压缩循环后粘结性	—	无破坏	
12	低温柔性,℃	−20	−5	
13	体积变化率,%	≤30		

注：报告实测值。

来自《丙烯酸酯建筑密封胶》(JC/T 484—2006)。

2）粘结试件的数量和处理条件见表 12-29。

表 12-29

序 号	项 目	试件数量，个		处 理 条 件
		试验组	备用组	
1	弹性恢复率	3	—	GB/T 13477.17—2002 8.1A 法
2	定伸粘结性	3	3	GB/T 13477.10—2002 8.2A 法
3	浸水后定伸粘结性	3	3	GB/T 13477.11—2002 8.1A 法
4	冷拉-热压后粘结性	3	3	GB/T 13477.13—2002 8.1A 法
5	断裂伸长率	3	—	GB/T 13477.8—2002 8.2A 法
6	浸水后断裂伸长率	3	—	GB/T 13477.9—2002 8.1A 法
7	同一温度下拉伸-压缩循环后粘结性	3	3	GB/T 13477.12—2002 8

注：来自《丙烯酸酯建筑密封胶》(JC/T 484—2006)。

3）试验伸长率见表 12-30。

表 12-30

项 目	试验伸长率,%		
	12.5E	12.5P	7.5P
弹性恢复率	60	60	25
定伸粘结性	60	—	—
浸水后定伸粘结性	60	—	—

注：来自《丙烯酸酯建筑密封胶》(JC/T 484—2006)。

4）试件的拉伸-压缩率和相应宽度见表 12-31。

表 12-31

试 验 项 目		级 别		
		12.5E	12.5P	7.5P
冷拉-热压后粘结性	拉伸压缩率,%	±12.5	—	—
	拉伸时宽度，mm	13.5	—	—
	压缩时宽度，mm	10.5	—	—

续表

试验项目		级别		
		12.5E	12.5P	7.5P
同一温度下拉伸-压缩循环后粘结性	拉伸压缩率，%	—	±12.5	±7.5
	拉伸时宽度，mm	—	13.5	12.9
	压缩时宽度，mm	—	10.5	11.1

注：来自《丙烯酸酯建筑密封胶》(JC/T 484—2006)。

12.9 干挂石材幕墙用环氧胶粘剂

胶粘剂的物理力学性能应符合表12-32的规定。

表 12-32

序号	项目				技术指标	
					快固	普通
1	适用期①，min				5～30	＞30～90
2	弯曲弹性模量，MPa			≥	2000	
3	冲击强度，kJ/m²			≥	3.0	
4	拉剪强度，MPa 不锈钢-不锈钢			≥	8.0	
5	压剪强度，MPa ≥	石材-石材	标准条件 48h		10.0	
			浸水 168h		7.0	
			热处理 80℃，168h		7.0	
			冻融循环 50 次		7.0	
		石材-不锈钢	标准条件 48h		10.0	

注：来自《干挂石材幕墙用环氧胶粘剂》(JC 887—2001)。

①适用期指标也可由供需双方商定。

12.10 建筑窗用弹性密封胶

1）产品按基础聚合物划分系列，见表12-33。

表 12-33

系列代号	密封胶基础聚合物	系列代号	密封胶基础聚合物
SR	硅酮聚合物	AC	丙烯酸酯聚合物
MS	改性硅酮聚合物	BU	丁基橡胶
PS	聚硫橡胶	CR	氯丁橡胶
PU	聚氨酯甲酸酯	SB	丁苯橡胶

注：以其他聚合物为基础的密封胶，标记取聚合物通用代号。

来自《建筑窗用弹性密封胶》(JC/T 485—2007)。

2）按产品适用基材分为以下类别，见表12-34。

表 12-34

类别代号	适用基材	类别代号	适用基材
M	金属	G	玻璃
C	混凝土、水泥砂浆	Q	其他

注：来自《建筑窗用弹性密封胶》(JC/T 485—2007)。

3）产品按固化机理分为四个品种，见表 12-35。

表 12-35

品种代号	固化形式	品种代号	固化形式
K	湿气固化、单组分	Y	溶剂挥发固化、单组分
E	水乳液干燥固化、单组分	Z	化学反应固化、多组分

注：来自《建筑窗用弹性密封胶》(JC/T 485—2007)。

4）产品的物理力学性能应符合表 12-36 的要求。

表 12-36

序 号	项 目			1 级	2 级	3 级
1	密度，g/cm³			规定值±0.1		
2	挤出性，mL/min		≥	50		
3	适用期，h		≥	3		
4	表干时间，h		≤	24	48	72
5	下垂度，mm		≤	2	2	2
6	拉伸粘结性能，MPa		≤	0.40	0.50	0.60
7	低温贮存稳定性①			无凝胶、离析现象		
8	初期耐水性①			不产生浑浊		
9	污染性①			不产生污染		
10	热空气-水循环后定伸性能，%			100	60	25
11	水-紫外线辐照后定伸性能，%			100	60	25
12	低温柔性，℃			−30	−20	−10
13	热空气-水循环后弹性恢复率，%		≥	60	30	5
14	拉伸-压缩循环性能	耐久性等级		9030	8020，7020	7010，7005
		粘接破坏面积，%	≤	25		

注：来自《建筑窗用弹性密封胶》(JC/T 485—2007)。

①仅对乳液（E）品种产品。

5）密封胶试件养护条件见表 12-37。

表 12-37

密封胶固化形式	前期养护	后期养护
K，湿气固化	标准条件 14d	(30±3)℃，14d
E 及 Y，干燥、挥发固化	标准条件 28d	(30±3)℃，14d
Z，反应固化	标准条件 7d	(50±3)℃，7d

注：来自《建筑窗用弹性密封胶》(JC/T 485—2007)。

12.11 中空玻璃用弹性密封胶

中空玻璃用弹性密封胶的物理性能应符合表 12-38 的规定。

表 12-38

序号	项目		技术指标 PS类 20HM	PS类 12.5E	SR类 25HM	SR类 20HM	SR类 12.5E
1	密度，g/cm^3	A组分	规定值±0.1				
		B组分	规定值±0.1				
2	黏度，Pa·s	A组分	规定值±10%				
		B组分	规定值±10%				
3	挤出性（仅单组分），s	≤	10				
4	适用期，min	≥	30				
5	表干时间，h	≤	2				
6	下垂度	垂直放置，mm ≤	3				
		水平放置	不变形				
7	弹性恢复率，%	≥	60%	40%	80%	60%	40%
8	拉伸模量，MPa	23℃	>0.4或>0.6	—	>0.4或>0.6		—
		−20℃					
9	热压-冷拉后粘结性	位移，%	±20	±12.5	±25	±20	±12.5
		破坏性质	无破坏				
10	热空气-水循环后定伸粘结性	伸长率，%	60	10	100	60	60
		破坏性质	无破坏				
11	紫外线辐照-水浸后定伸粘结性	伸长率，%	60	10	100	60	60
		破坏性质	无破坏				
12	水蒸气渗透率，$g/m^2 \cdot d$		15		—		
13	紫外线辐照发雾性（仅用于单道密封时）		无		—		

注：来自《中空玻璃用弹性密封胶》（JC/T 486—2001）。

12.12 壁纸胶粘剂

壁纸胶粘剂技术要求应符合表 12-39 的规定。

表 12-39

序号	项目			技术指标			
				第1类		第2类	
				优等品	合格品	优等品	合格品
1	成品胶外观			均匀无团块胶液			
2	pH值			6～8			
3	适用期			不变质（不腐败、不变稀、不长霉）			
4	晾置时间，min		不小于	15		10	
5	湿粘性	标记线距离，mm		200	150	300	250
		30s移动距离，mm	小于	5			
6	干粘性	纸破率，%		100			
7	滑动性，N		不大于	2		5	
8	防霉性①等级			1		0	1

注：来自《壁纸胶粘剂》（JC/T 548—1994）。

①仅测防霉型产品。

12.13 天花板胶粘剂

1）天花板胶粘剂的基材和材料代号如表12-40所示。

表 12-40

胶粘剂	代号	材料	代号					
乙酸乙烯系	VA	基材	石膏板		石棉水泥板		木板	
乙烯共聚系	EC		GY		AS		WO	
合成胶乳系	SL	天花板材料	胶合板	纤维板	石膏板	石棉水泥板	硅酸钙板	矿棉板
环氧树脂系	ER		GL	FI	GY	AS	SI	MI

注：来自《天花板胶粘剂》（JC/T 549—1994）。

2）天花板胶粘剂的质量应符合表12-41的规定。

表 12-41

试验项目		技术指标														
外观		胶液均匀、无块状颗粒														
涂布性		容易涂布、梳齿不零乱														
流挂①，mm 小于		3														
拉伸胶接强度，MPa 不小于	基材	石膏板						石棉水泥板①			木板					
	天花板材料 / 试验条件	胶合板	纤维板	石膏板	石棉水泥板②	硅酸钙板	矿棉板	石膏板	硅酸钙板	矿棉板	胶合板	纤维板	石膏板	石棉水泥板②	硅酸钙板	矿棉板
	23±2℃，96h	0.2						0.2	0.2		1	0.5	0.2	0.5		0.2
	23±2℃，96h 浸水 24h	—						—	0.1		0.5	0.2	—	0.2		0.1

注：来自《天花板胶粘剂》（JC/T 549—1994）。

①仅对实际施工时不需要临时固定的腻子状胶粘剂进行流挂试验。

②此处石棉水泥板为混凝土、水泥砂浆、TK板、FC板等的代替品。

12.14 木地板胶粘剂

1）木地板胶粘剂代号如表 12-42 所示。

表 12-42

胶粘剂类型	聚乙烯醇系	乙酸乙烯系	乙烯共聚系	丙烯酸系
代　号	PV	VA	EC	AC

注：来自《木地板胶粘剂》(JC/T 636—1996)。

2）木地板胶粘剂的质量应符合表 12-43 的规定。

表 12-43

试　验　项　目	技 术 指 标
涂布性	容易涂布、胶层均匀
拉伸劈裂胶接强度 23℃±2℃，96h，再浸水 24h/（N/cm）不小于	200

注：来自《木地板胶粘剂》(JC/T 636—1996)。

13 建筑油漆

13.1 地面用油漆

地面用油漆见表 13-1。

表 13-1

名称	酚醛地板漆（F80-1）	聚氨酯清漆（S01-5）
性能	涂膜坚硬、平整光亮、耐水及耐磨性较好	附着力好，涂膜光亮，坚硬，耐磨性优异，耐油、耐碱
用途	适宜涂装木质地板或钢质甲板，使用量 100g/m²	用于涂装甲级木质地板及混凝土、金属地面

13.2 内墙用建筑油漆

内墙用建筑油漆见表 13-2。

表 13-2

名　称	用　途	性　能
各色醇酸无光磁漆（C04-43）	涂膜平整无光，耐久性比酚醛无光磁漆好，比 C04-2 醇酸磁漆差	用于各类室内墙面或板壁的涂饰，使用量 70～90g/m²
各色醇酸半光磁漆（C04-44）	涂膜光泽柔和、坚韧，附着力好，室外耐久性较好。不宜用在湿热带地区	用于各类内墙面或壁板的涂饰，使用量 70～90g/m²
各色酚醛无光磁漆（F04-9）	具有良好的附着力，但耐候性较醇酸无光磁漆差	各类室内墙面或板壁的涂饰，使用量 50～70g/m²
各色酚醛半光磁漆（F04-10）	具有良好的附着力，但耐候性较醇酸半光磁漆差	作各类室内墙面或板壁的涂饰，使用量 60～70g/m²
各色过氯乙烯磁漆（G04-16）	透光性好，耐化学腐蚀，干燥快、光泽柔和	适用于建筑工程中需防化学腐蚀的室内墙壁
湿固化型聚氨酯漆（S）	涂膜能在潮湿环境中固化，具有良好的耐油防腐性	用于抹灰墙面中有潮湿部分的底涂层，然后再涂面漆；可作潮湿环境中的防腐涂层
各色多烯调和漆（X03-1）	性能与普通调和漆相似，光泽、附着力良好	可作室内水泥抹灰墙面或板壁的涂饰
各色多烯无光调和漆（X03-2）	涂膜干燥快、无光、附着力好	可作室内水泥抹砂墙面或板壁的涂饰
各色乙酸乙烯乳胶漆（X08-1）	干燥较快，涂刷方便，无有机溶剂刺激气味，涂膜能经受皂水洗涤，可在略潮的水泥墙面施工	可作混凝土、抹灰、木质墙面内墙涂饰

13.3 外墙用建筑油漆

外墙用建筑油漆见表 13-3。

表 13-3

品 种	各色聚乙烯乳胶漆（X08-2）	聚醚聚氨酯漆（S01-13）
性能	户外耐久性比 X08-1 好	涂膜坚硬、平整、光亮丰满、耐水防潮，耐油性好，耐候性优异
用途	可用于混凝土、抹灰和木质的建筑物外墙的涂饰	可作建筑物表面装饰罩光用

13.4 室外金属用油漆

室外金属用油漆见表 13-4。

表 13-4

类 别	品 种	性 能	用 途
醇酸树脂漆	醇酸清漆（C01-1）	附着力和耐久性比脂胶清漆和酚醛清漆都好，耐水性次于酚醛清漆，喷刷适宜	室外金属栏杆及其他金属饰件的罩光用，使用量 40～60g/m^2
	醇酸清漆（C01-5）	干燥迅速、涂膜光亮，不易起皱，有一定的保光、保色性，耐水性较 C01-1 好，柔性较差	室外金属栏杆及其他金属饰件的罩光用，使用量 40～60g/m^2
	醇酸清漆（C01-7）	干燥性能较好、附着力好、耐候性比 C01-1 醇酸清漆好，防霉、防潮、防烟雾性能差	用于室外铝及铝镁合金金属表面罩光用，使用量 40～60g/m^2
	各色醇酸酯胶调和漆（C03-1）	可节省植物油、质量性能较酯胶调和漆稍好	用于室外金属栏杆、屋面、水落管及其他金属饰件的普通涂装
	各色醇酸磁漆（C04-2）	具有较好的光泽和机械强度，耐候性比一般调和漆和酚醛漆好	适用涂装高级建筑的室外金属栏杆、水落管等，使用量 60～80g/m^2
	各色醇酸磁漆（C04-42）	耐久性和附着力比 C04-2 漆好，但干燥时间较长，最适用于户外钢铁面涂装	适宜涂装高级建筑的室外金属栏杆、水落管等金属饰件，用量 60～80g/m^2
酚醛树脂漆	各色酚醛调和漆（F03-1）	涂膜光亮、色彩鲜艳，有一定的耐候性，但比 F04-1 稍差	作室外金属栏杆、屋面、水落管等的涂装
	各色酚醛磁漆（F04-1）	涂膜附着力强，光泽好，色彩鲜艳，耐候性较醇酸磁漆差	作室外金属栏杆、屋面、水落管的涂装
	各色酚醛磁漆（F04-15）	光泽好，色彩鲜艳，耐水性良好	作室外金属栏杆、屋面、水落管等的涂装，使用量 60g/m^2

续表

类别	品种	性能	用途
过氯乙烯漆	各色过氯乙烯磁漆（G04-2）	透气性好，耐化学腐蚀、干燥快，光泽柔和	用于室外金属表面防化学腐蚀的保护装饰（要用配套腻子和底漆）
环氧树脂漆	各色环氧磁漆（H04-1、H04-9）	涂膜坚硬、附着力好、耐水、防腐、耐磨性好	适用于室外抗腐蚀的金属结构表面涂饰（要配套腻子和底漆）
橡胶漆	氯丁橡胶漆（J）	耐水、耐磨、耐晒、耐碱、耐热可达 93℃，低温可达 −40℃，附着力好	适用于需防腐蚀的金属表面涂饰，有颜色变深倾向，用深色漆最好
沥青漆	沥青铝粉磁漆（L04-2）	有良好附着力、耐水防腐、防化学性较好，耐候性较好	用作室外金属面的涂饰
	沥青耐酸漆（L05-1）	有良好附着力、耐硫酸腐蚀	用作室外耐酸腐蚀的金属面涂饰
有机硅树脂漆	铝粉有机硅耐热漆（W61-1）	耐 300～350℃高温，在常温下表干，颜色为银灰色，耐热性良好	适用于室外金属烟囱表面涂饰，设置表面涂饰
	有机硅耐高温漆（500～800 号）	耐 500℃、600℃、800℃（200h），颜色为银灰、银红、绿色等	适用于室外金属烟囱表面涂饰，高温设备表面涂饰
乙烯漆	各色多烯磁漆（X04-7）	色彩鲜艳、涂膜光亮坚硬、干燥较快	适用于室外金属栏杆、水落管等金属饰件的涂装

13.5 门窗细木饰件用建筑油漆

门窗细木饰件常用建筑油漆见表 13-5。

表 13-5

类别	品种	性能	用途
丙烯酸树脂漆	丙烯酸木器漆（B22-1）	涂膜丰满、光泽好、经抛光打蜡后平滑如镜，经久不变。耐寒、耐热、耐温变性良好，涂膜坚韧、附着力强，耐冲击能力高，施工较硝基漆简便	适宜高级建筑室内细木饰件及其他木制品的高级装饰
	丙烯酸木器漆（B22-3）	涂膜色浅、硬度大、耐水、耐温、不易变色、附着力好	作室内细木饰件及其他木制品的涂装
	丙烯酸木器漆（B22-5）	涂膜丰满光亮、耐水、耐热、耐磨、耐油、可抛光打蜡，施工方便	高档木器家具及细木饰件表面涂饰

续表

类别	品种	性能	用途
酚醛树脂漆	酚醛清漆（F01-1）	耐水性比酯胶清漆好，但易泛黄	室内外门窗和细木饰件的涂装或在油性色漆面上的罩光用，使用量 $40g/m^2$
	酚醛清漆（F01-2）	比 F01-1 酚醛清漆干燥快，硬度稍高，但耐候性略差。涂膜能耐沸水杯烫而不发粘	用途同 F01-1，使用量 $40g/m^2$
	酚醛清漆（F01-14）	干燥较快、涂膜光亮、坚硬耐水，但较脆易泛黄	室内不常碰撞的细木饰件涂饰罩光，使用量 $40g/m^2$
	酚醛多烯漆（F01-18）	涂膜坚韧、抗水性较强、干燥性比 F01-1 稍差	用于房屋木质、金属门窗涂饰，及加清油后调和厚漆和红丹粉用
	各色酚醛调和漆（F03-1）	涂膜光亮、色泽鲜艳，有一定耐候性，但比 F04-1 稍差	普通室内外金属、木质门窗、细木饰件及木质檐板等涂饰用
	各色酚醛磁漆（F04-1）	涂膜附着力优良，光泽好，色彩鲜艳，耐候性较醇酸磁漆差	用途同 F03-1，但效果较 F03-1 好
	各色酚醛半光磁漆（F04-10）	有较好附着力，光度柔和饱满	室内门窗及细木饰件的涂饰
	各色酚醛窗纱磁漆（F04-12）	干燥较快，耐水性及附着力较好	用于铁丝窗纱的涂饰
	各色酚醛内用磁漆（F04-13）	干燥较快、涂膜光亮、色彩鲜艳	用于室内木质、金属门窗和室内细木饰件涂饰
	各色酚醛磁漆（F04-15）	光泽好、色彩鲜艳、耐水性良好	用于室内外木质、金属门窗、细木饰体及木质檐板等涂饰，使用量 $60g/m^2$
过氯乙烯漆	过氯乙烯清漆（G01-7）	涂膜光泽高、干燥快、打磨性好、丰满度较好	室内木器及细木饰件的涂装或罩光用
	过氯乙烯木器漆（G22-1）	干燥较快、耐水、保光性好，耐寒性较好，涂膜较硬，可打蜡抛光	室内木器及细木饰件的涂装或罩光用
硝基漆	硝基外用清漆（Q01-1）	涂膜具有良好的光泽和耐久性	作高级建筑室外门窗、细木饰件涂装或罩光用，使用量 $50\sim70g/m^2$
	硝基内用清漆（Q01-15）	涂膜干燥快，光泽好，但户外耐久性差	作高级建筑室内门窗、细木饰件的涂装或罩光用，使用量 $150\sim200g/m^2$
	硝基木器清漆（Q22-1）	涂膜光泽好，可用砂蜡光蜡打磨，木纹清晰，但耐候性较差	作高级建筑室内门窗栏杆、扶手等细木饰件的涂装，使用量 $60\sim100g/m^2$

续表

类 别	品 种	性 能	用 途
天然树脂漆	酯胶清漆（T01-1）	涂膜光亮，耐水性较好，但次于酚醛清漆，有一定耐候性	室内外木质门窗涂饰及金属饰体罩光
	虫胶清漆（T01-18）	涂膜平滑均匀，有光泽、干燥快、附着力好	作室内细木饰体打底及封闭层或高级建筑室内细木饰体涂装，也可做已涂油基清漆细木的再度上光
	油基大漆（T09-3）	涂膜光亮，能透出底面颜色及木纹，附着力强，耐久、耐候、耐水、耐烫性好，可加颜料调和成色漆	室内外门窗、细木饰体的透明或不透明涂装
	各色酯胶调和漆（T03-1）	干燥性和涂膜硬度都比油性调和漆强	适宜作普通室内外细木饰件，木质、金属门窗及木质檐板的涂饰。使用量：白色 70～80g/m^2，其他色 60～70g/m^2
	各色酯胶半光调和漆（T03-4）	半光、价廉、施工方便	一般建筑室内门窗及细木饰件的涂装
	各色酯胶磁漆（T04-1）	涂膜坚韧光亮，有一定耐水性，光泽和干燥性都比 T03-1 调和漆好，对金属附着力较好	作室内细木饰件、门及金属木质窗户的内部涂饰，使用量：白、灰色 70g/m^2，深色为 60g/m^2
	白、浅色酯胶磁漆（T04-12）	光泽好、涂膜坚韧、不易泛黄、附着力强，质量与酚醛磁漆接近，但耐候性比醇酸磁漆差	适合于室内外门窗、细木饰件及木质檐板的涂装
	各色酯胶磁漆（T04-16）	干燥较快、涂膜光泽好，颜色比较鲜艳，但涂膜性脆，耐候性差	只宜作室内细木饰件及门窗的涂饰，使用量 60～80g/m^2
	钙脂地板漆（T80-1）	涂膜平滑光亮，耐摩擦，有一定耐水性	室内楼梯、扶栏等细木饰件的涂装，使用量 40～50g/m^2
乙烯漆	多烯清漆（X01-9）	涂膜坚硬、耐水，防腐性好	涂装普通建筑门窗
	各色多烯调和漆（X03-1）	性能与普通调和漆相似，光泽、附着力良好	可作室内金属、木质门窗、细木饰件的涂装
	各色多烯磁漆（X04-7）	色彩鲜艳、涂膜光亮坚硬、干燥较快	适用于室内外金属、木质门窗、细木饰件及木质檐板的涂装
	各色苯乙烯船壳漆（X43-1）	干燥快、附着力强，有防锈耐盐水和耐化学药品侵蚀的性能	可作普通建筑的门窗涂装

14 金 属 制 品

14.1 建筑用型钢和钢板

14.1.1 花纹钢板

花纹钢板的基本厚度及允许偏差和理论重量应符合表14-1规定。

表14-1　　mm

基本厚度	基本厚度允许偏差	理论重量，kg/m²		
		菱形	扁豆	圆豆
2.5	±0.3	21.6	21.3	21.1
3.0	±0.3	25.6	24.4	24.3
3.5	±0.3	29.5	28.4	28.3
4.0	±0.4	33.4	32.4	32.3
4.5	±0.4	37.3	36.4	36.2
5.0	+0.4 −0.5	42.3	40.5	40.2
5.5	+0.4 −0.5	46.2	44.3	44.1
6.0	+0.5 −0.6	50.1	48.4	48.1
7.0	+0.6 −0.7	59.0	52.6	52.4
8.0	+0.6 −0.8	66.8	56.4	56.2

注：来自《花纹钢板》(GB/T 3277—1991)。

14.1.2 护栏波形梁用冷弯型钢

1）型钢的截面形状及尺寸符号分别如图14-1、图14-2所示。

①A型（图14-1）

②B型（图14-2）

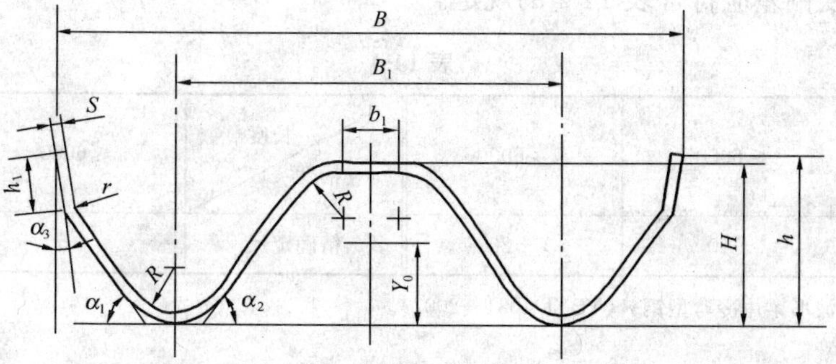

图 14-1

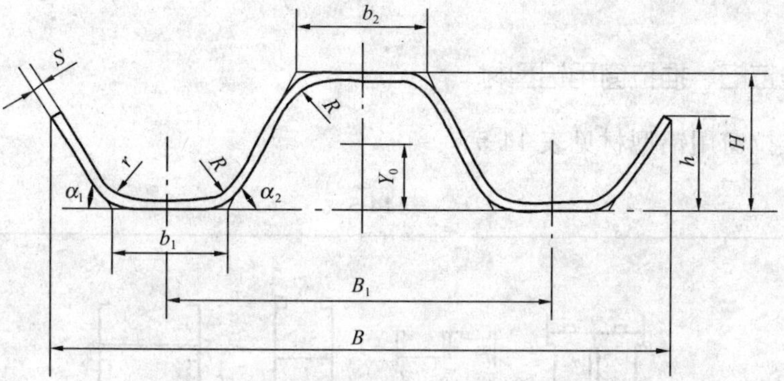

图 14-2

2）型钢的截面尺寸、截面参数及理论重量应符合表 14-2 的规定。

表 14-2　型钢的截面尺寸、截面参数及理论重量

项目 / 截面	公称尺寸，mm										弯曲角度 α，mm			截面面积	理论重量	重心位置 i_{y0}	惯性矩 I_{y0}	截面模数 W_{y0}
A型	H	h	h_1	B	B_1	b_1	b_2	R	r	S	α_1	α_2	α_3	cm^2	kg/m	cm	cm^4	cm^3
	83	85	27	310	192	—	28	24	10	3	55	55	10	14.5	11.4	4.4	110.7	24.6
B型	75	55	—	350	214	63	69	25	25	4	55	60	—	18.6	14.6	3.2	119.9	27.9
	75	53	—	350	218	68	75	25	20	4	57	62	—	18.7	14.7	3.1	117.8	26.8
	79	42	—	350	227	45	60	14	14	4	45	50	—	17.8	14.0	3.4	122.1	27.1
	53	34	—	350	223	63	63	14	14	3.2	45	45	—	13.2	10.4	2.1	45.5	14.2
	52	33	—	350	224	63	63	14	14	2.3	45	45	—	9.4	7.4	2.1	33.2	10.7

注：表中钢的理论重量按密度为 7.85g/cm^3 计算。

3）型钢的尺寸偏差应符合表 14-3 的规定。

表 14-3

项　目	允许偏差，mm	项　目	允许偏差，mm
自由边高 h	+3.0 −2.0	非自由边高 H	±2.0
		宽度 B	±5.0

注：来自《护栏波形梁用冷弯型钢》（YB/T 4081—2007）。

4）定尺长度偏差应符合表 14-4 的规定。

表 14-4

mm

长度 / 精度	≤6000	>6000	长度 / 精度	≤6000	>6000
普通定尺	+10	+20	精确定尺	+5	+10

注：来自《护栏波形梁用冷弯型钢》（YB/T 4081—2007）。

14.2 建筑用铝合金型材

14.2.1 推拉门、推拉窗用铝型材

推拉门、推拉窗用铝型材见表 14-5。

表 14-5

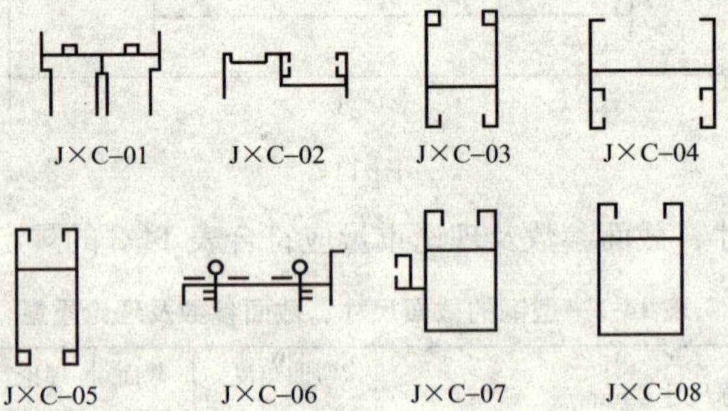

型　号	截面面积，cm^2	重量，kg/m
J×C—01	4.9	1.32
J×C—02	3.3	0.89
J×C—03	3.11	0.84
J×C—04	3.02	0.81
J×C—05	4.01	1.084
J×C—06	3.9	1.02
J×C—07	3.9	1.05
J×C—08	3.8	1.007

14.2.2 平开门窗、卷帘门用铝型材

平开门窗、卷帘门用铝型材见表 14-6。

表 14-6

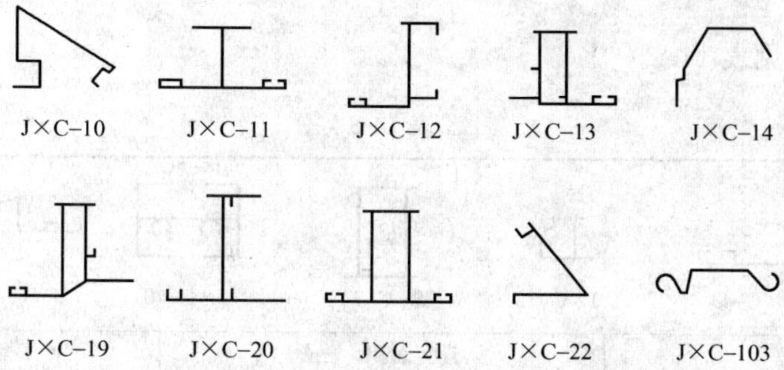

型　号	截面面积，cm^2	重量，kg/m
J×C−10	0.72	0.194
J×C−11	2.695	0.727
J×C−12	2.1	0.567
J×C−13	3.05	0.824
J×C−14	1.33	0.359
J×C−19	1.96	0.53
J×C−20	1.526	0.41
J×C−21	2.26	0.608
J×C−22	0.47	0.126
J×C−103①	2.34	0.655

①仅用于卷帘门。

14.2.3 自动门用铝型材

自动门用铝型材见表 14-7。

表 14-7

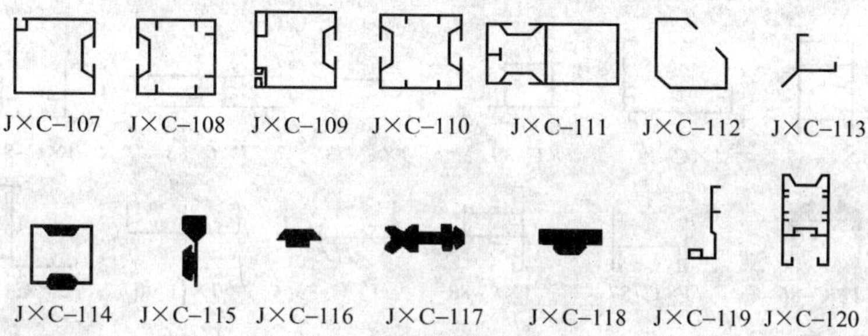

型　号	截面面积，cm^2	重量，kg/m
J×C−107	4.488	1.21
J×C−108	4.96	1.34
J×C−109	5.68	1.53
J×C−110	4.475	1.208
J×C−111	1.98	2.16
J×C−112	3.4	2.35
J×C−113	2.7	0.729
J×C−114	3.3	0.918
J×C−115	4.77	1.33
J×C−116	0.59	0.16
J×C−117	0.08	2.45
J×C−118	4.73	1.28
J×C−118	1.21	0.33
J×C−120	4.8	1.35

14.2.4 橱窗用铝型材

橱窗用铝型材见表 14-8。

表 14-8

J×C–43 J×C–72 J×C–74 J×C–40 J×C–41

型号	截面面积，cm²	重量，kg/m
J×C—43	1.53	0.413
J×C—72	0.53	0.144
J×C—74	2.07	0.56
J×C—40	2.83	0.763
J×C—41	1.35	0.315

14.2.5 其他门窗用铝型材

其他门窗用铝型材见表 14-9。

表 14-9

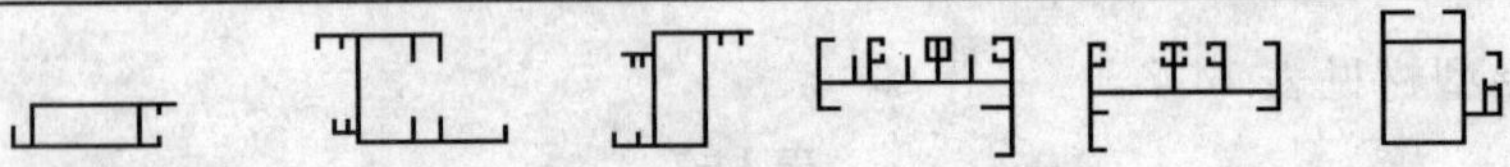

J×C–69 J×C–48 J×C–49 J×C–33 J×C–34 J×C–35

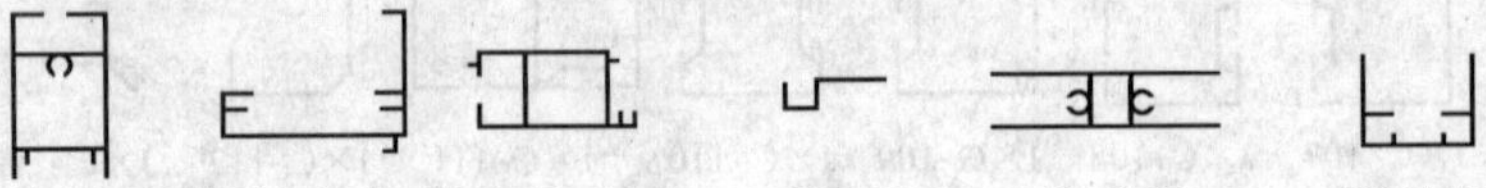

J×C–37 J×C–38 J×C–39 J×C–73 J×C–83 J×C–84

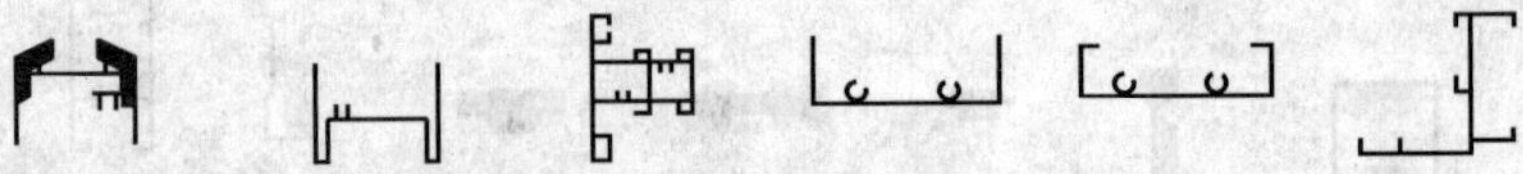

J×C–86 J×C–87 J×C–88 J×C–89 J×C–90 J×C–91

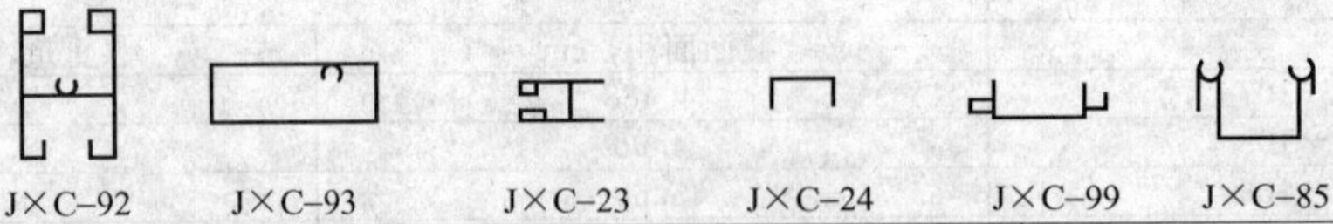

J×C–92 J×C–93 J×C–23 J×C–24 J×C–99 J×C–85

型号	截面面积，cm²	重量，kg/m
J×C—69	1.7	0.459
J×C—48	3.766	1.02
J×C—49	2.659	0.718
J×C—33	5.77	1.56
J×C—34	3.34	1.04
J×C—35	3.125	0.84
J×C—37	2.52	0.68

续表

型　号	截面面积，cm^2	重量，kg/m
J×C—38	3.47	0.94
J×C—39	3.46	0.933
J×C—73	0.652	1.76
J×C—83	2.73	0.738
J×C—84	4.99	1.347
J×C—85	2.48	0.669
J×C—86	1.37	1.99
J×C—87	5.73	1.55
J×C—88	3.97	1.31
J×C—89	4.2	1.19
J×C—90	3.8	1.07
J×C—91	2.2	0.57
J×C—92	3.2	0.86
J×C—93	6.2	1.76
J×C—23	0.83	0.22
J×C—24	0.73	0.2
J×C—99	3.24	0.875

14.2.6　楼梯栏杆用铝型材

楼梯栏杆用铝型材见表 14-10。

表 14-10

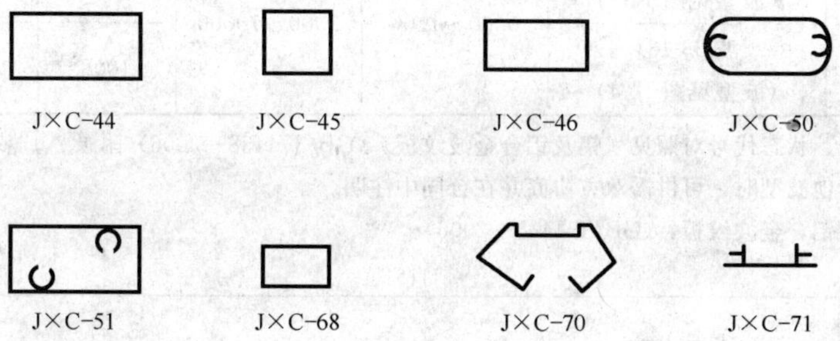

型　号	截面面积，cm^2	重量，kg/m
J×C—44	4.64	1.25
J×C—45	2.46	0.66
J×C—46	1.82	0.491
J×C—50	1.8	0.486
J×C—51	2.48	0.67
J×C—68	0.869	0.235
J×C—70	3.185	0.86
J×C—71	1.019	0.275

14.2.7 护墙板、装饰板用铝型材

护墙板、装饰板用铝型材见表 14-11。

表 14-11

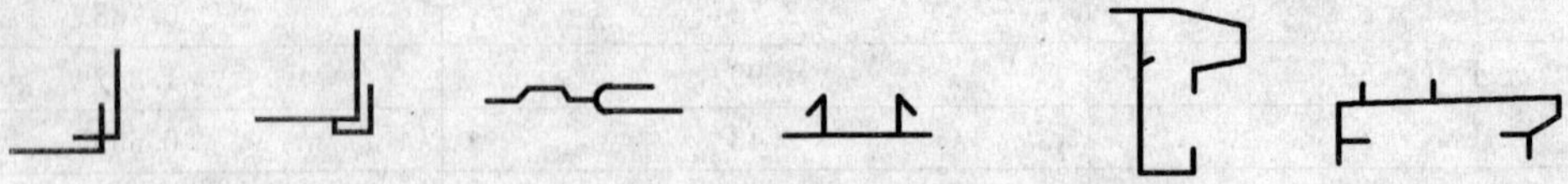

J×C-96 J×C-97 J×C-98 J×C-100 J×C-101 J×C-102

型　号	截面面积，cm^2	重量，kg/m
J×C－96	0.81	0.22
J×C－97	0.81	0.22
J×C－98	0.60	0.63
J×C－100	0.69	0.186
J×C－101	2.33	0.63
J×C－102	2.03	0.55

14.2.8 铝及铝合金波纹板

1）产品的合金牌号、供应状态、波型代号及规格应符合表 14-12 的规定。

表 14-12

牌　号	状态	波型代号	规格，mm				
			坯料厚度	长度	宽度	波高	波距
1050A、1050、1060、1070A、1100、1200、3003	H18	波 20－106（波型见图 14-3）	0.60～1.00	2000～10000	1115	20	106
		波 33-131（波型见图 14-4）			1008	33	131

注：1. 新、旧牌号、状态代号对照见《铝及铝合金波纹板》（GB/T 4438—2006）附录 A。
2. 需方需要其他波型时，可供需双方协商并在合同中注明。
3. 来自《铝及铝合金波纹板》（GB/T 4438—2006）。

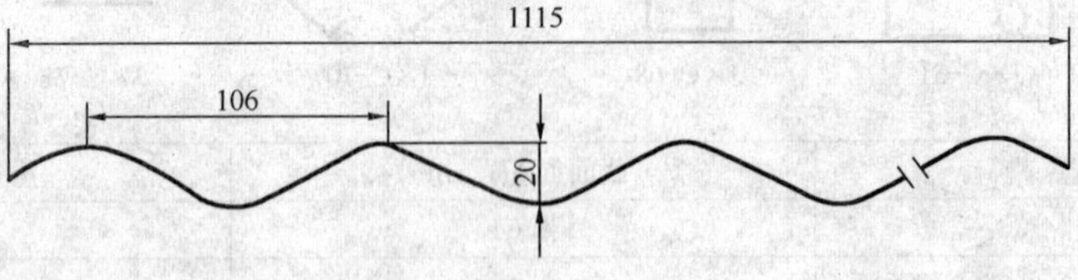

图 14-3

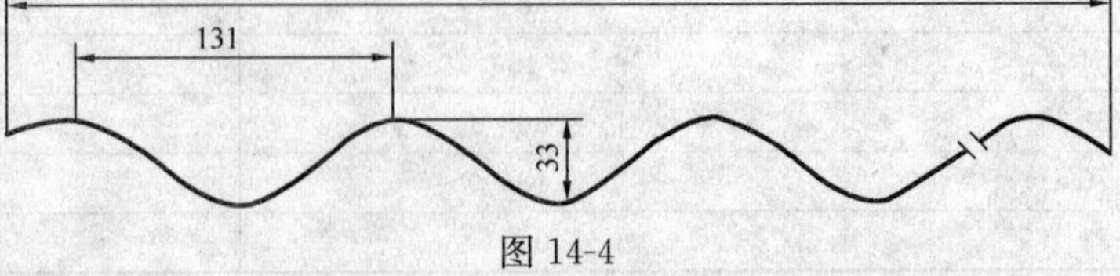

图 14-4

2）波纹板宽度及波型偏差应符合表 14-13 的规定。

表 14-13

波型代号	宽度及允许偏差		波高及允许偏差		波距及允许偏差	
	宽度，mm	允许偏差，mm	波高，mm	允许偏差，mm	波距，mm	允许偏差，mm
波 20—106	1115	+25 −10	20	±2	106	±2
波 33—131	1008	+25 −10	25	±2.5	131	±3

注：波高和波距偏差为 5 个波的平均尺寸与其公称尺寸的差。

来自《铝及铝合金波纹板》(GB/T 4438—2006)。

14.2.9 铝及铝合金压型板

压型板的型号、板型、牌号、供应状态、规格应符合表 14-14 的规定。

表 14-14

型 号	板 型	牌 号	状 态	规格，mm				
				波高	波距	坯料厚度	宽度	长度
V25—150Ⅰ	见图 14-5	1050A、1050、1060、1070A、1100、1200、3003、5005	H18	25	150	0.6～1.0	635	1700～6200
V25—150Ⅱ	见图 14-6						935	
V25—150Ⅲ	见图 14-7						970	
V25—150Ⅳ	见图 14-8						1170	
V60—187.5	见图 14-9		H16、H18	60	187.5	0.9～1.2	826	1700～6200
V25—300	见图 14-10		H16	25	300	0.6～1.0	985	1700～5000
V35—115Ⅰ	见图 14-11		H16、H18	35	115	0.7～1.2	720	≥1700
V35—115Ⅱ	见图 14-12						710	
V35—125	见图 14-13		H16、H18	35	125	0.7～1.2	807	≥1700
V130—550	见图 14-14		H16、H18	130	550	1.0～1.2	625	≥6000
V173	见图 14-15		H16、H18	173	—	0.9～1.2	387	≥1700
Z295	见图 14-16		H18	—	—	0.6～1.0	295	1200～2500

注：1. 新、旧牌号、状态代号对照见《铝及铝合金压型板》(GB/T 6891—2006) 附录 A。

2. 需方需要其他规格或板型的压型板时，供需双方协商。

3. 来自《铝及铝合金压型板》(GB/T 6891—2006)。

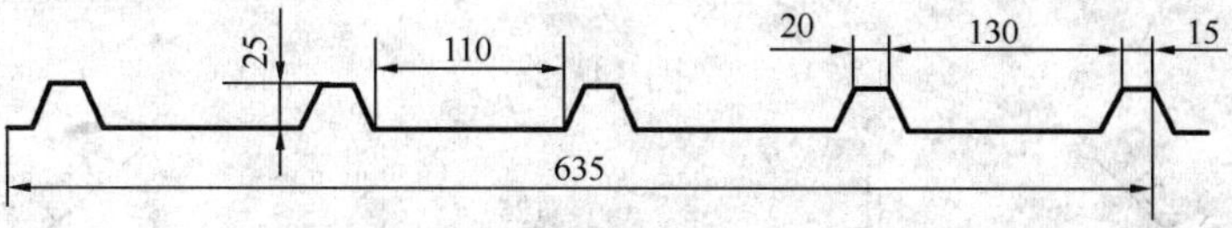

图 14-5

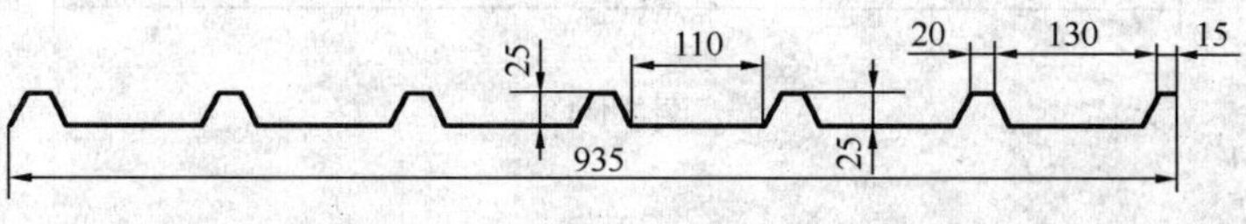

图 14-6

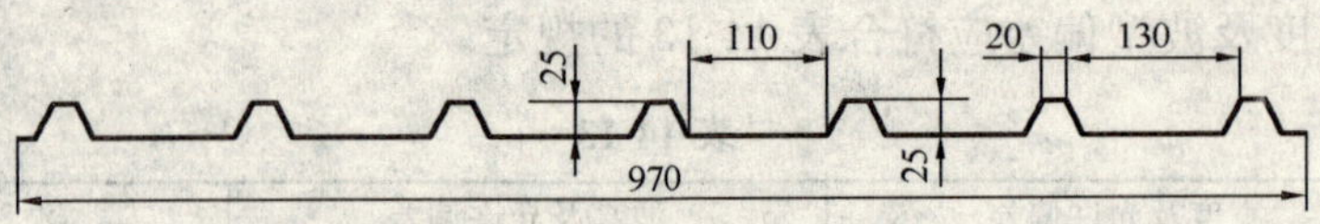

图 14-7

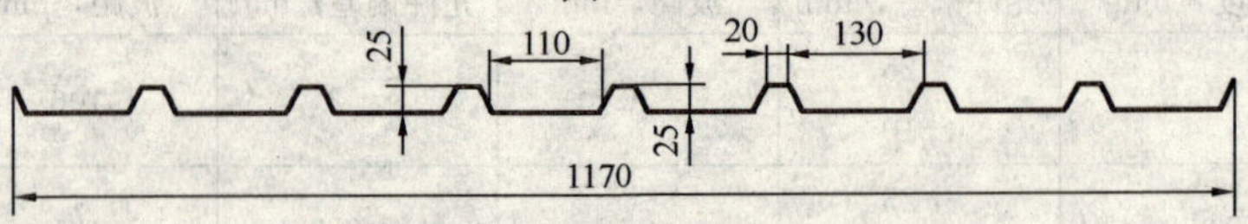

图 14-8

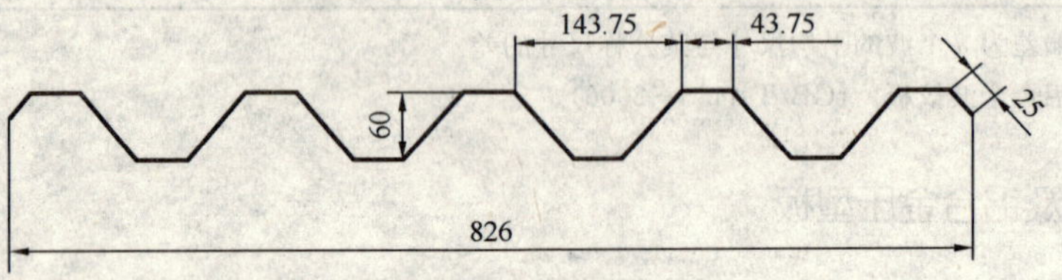

图 14-9

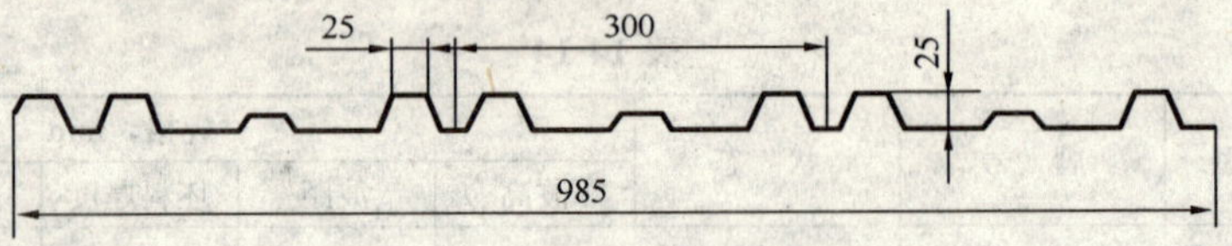

图 14-10

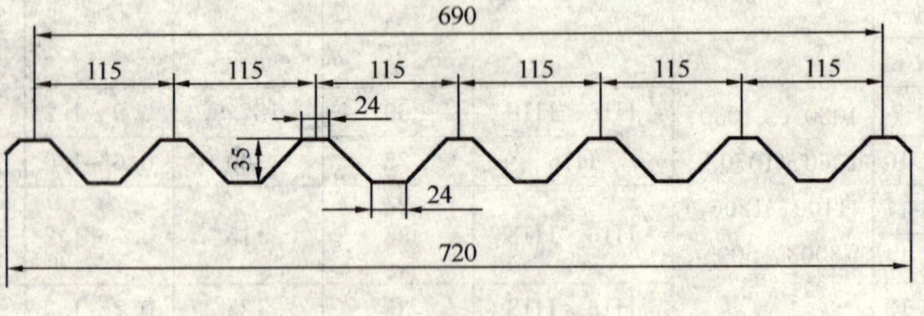

图 14-11

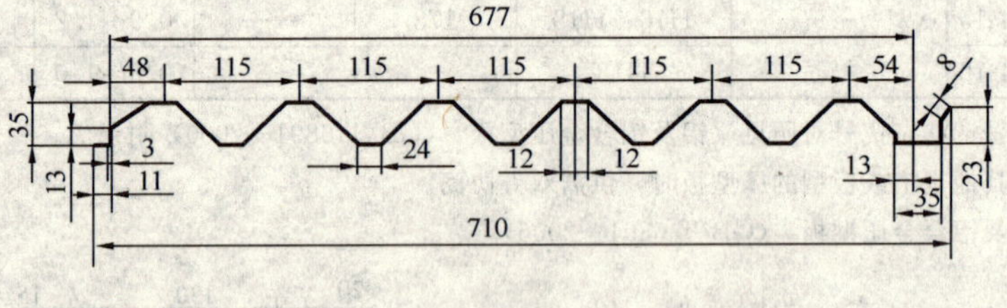

图 14-12

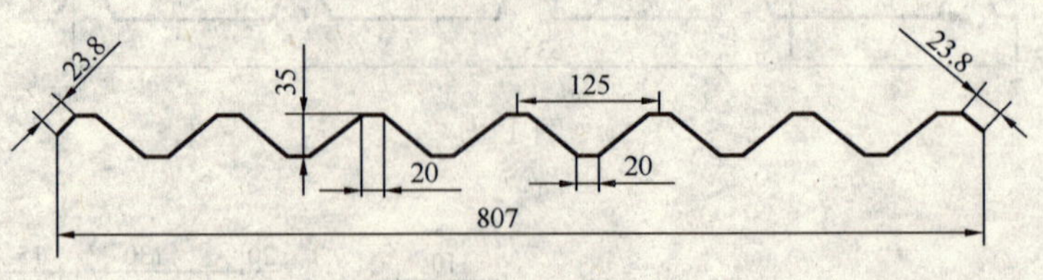

图 14-13

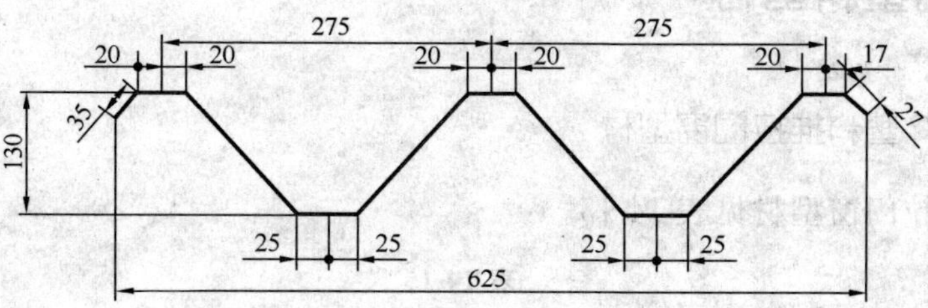

图 14-14

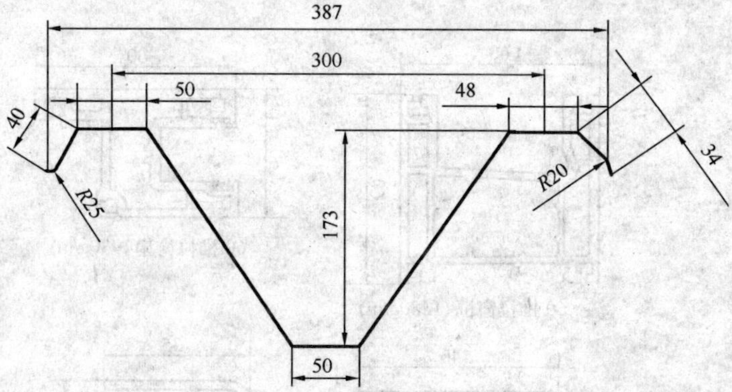

图 14-15

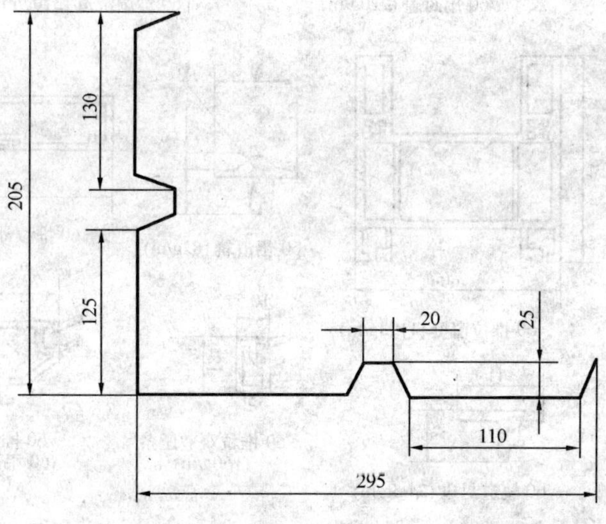

图 14-16

14.3 建筑用塑料型材

14.3.1 PVC塑料推拉门窗型材

PVC塑料推拉门窗型材见表14-15。

表 14-15　　mm

规格	型材截面尺寸
60系列	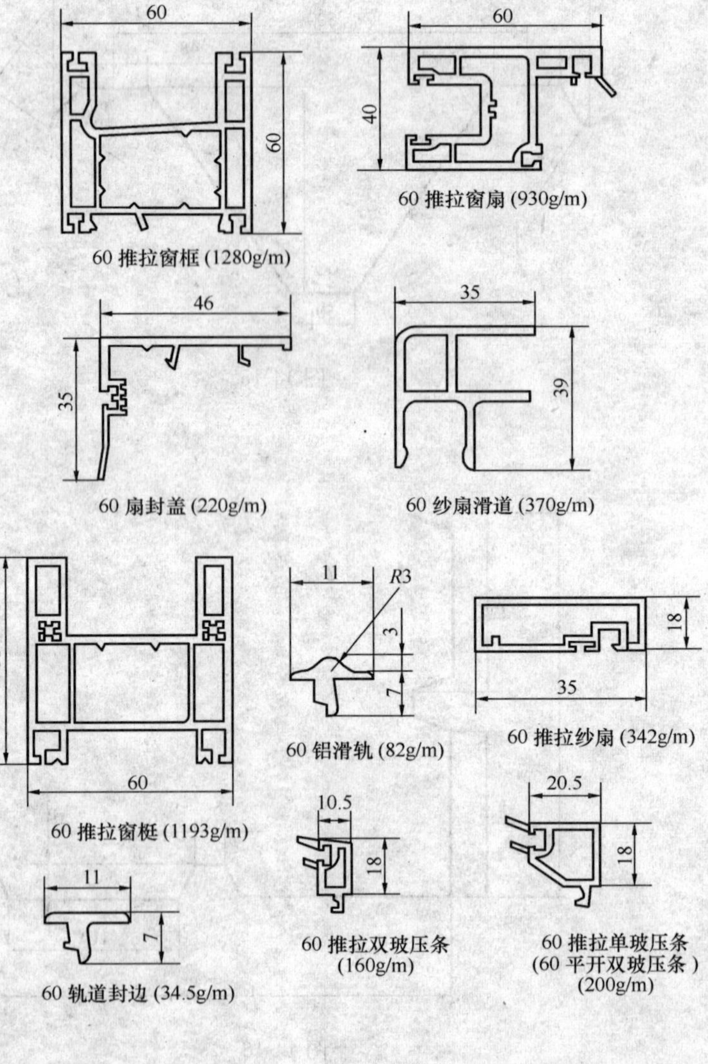 60推拉窗框(1280g/m) 60推拉窗扇(930g/m) 60扇封盖(220g/m) 60纱扇滑道(370g/m) 60推拉窗梃(1193g/m) 60铝滑轨(82g/m) 60推拉纱扇(342g/m) 60轨道封边(34.5g/m) 60推拉双玻压条(160g/m) 60推拉单玻压条(60平开双玻压条)(200g/m)

续表

规格	型材截面尺寸
85系列	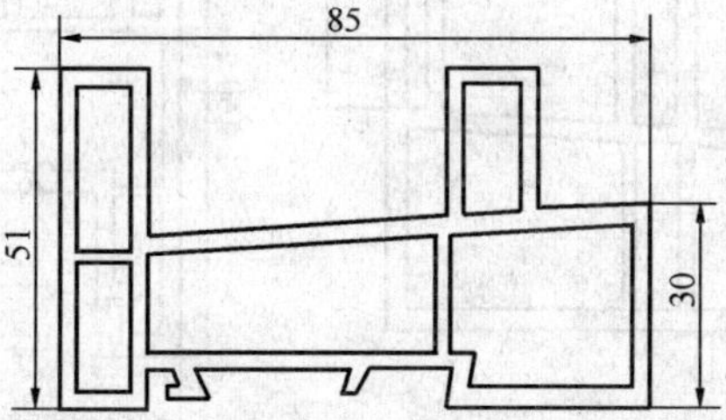 85 推拉框 (1220g/m) 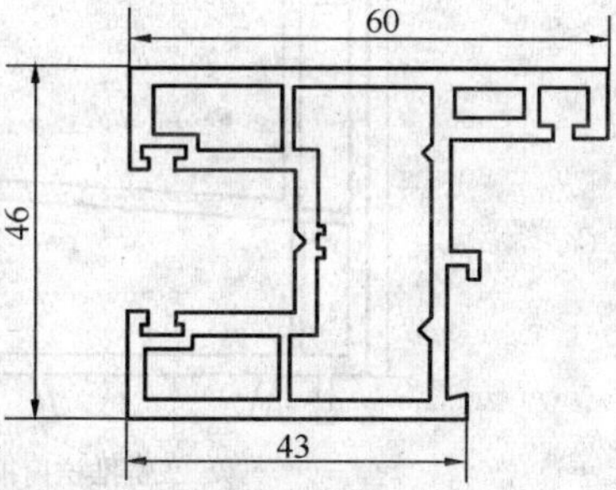 85 推拉扇 (930g/m) 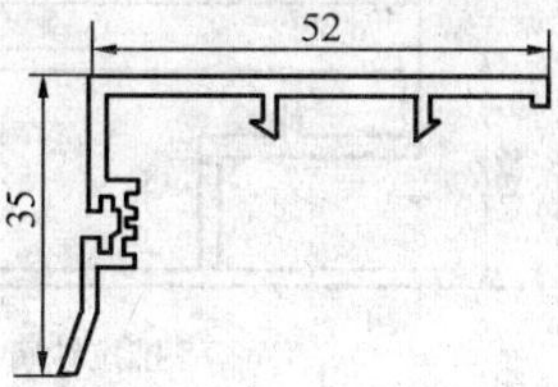 85 封盖 (300g/m) 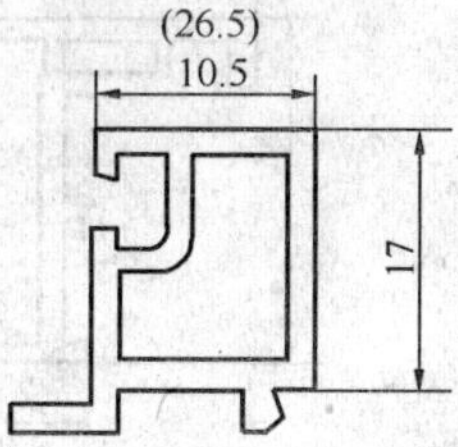 85 双玻压条 (170g/m) 与 85 单玻压条 (270g/m) 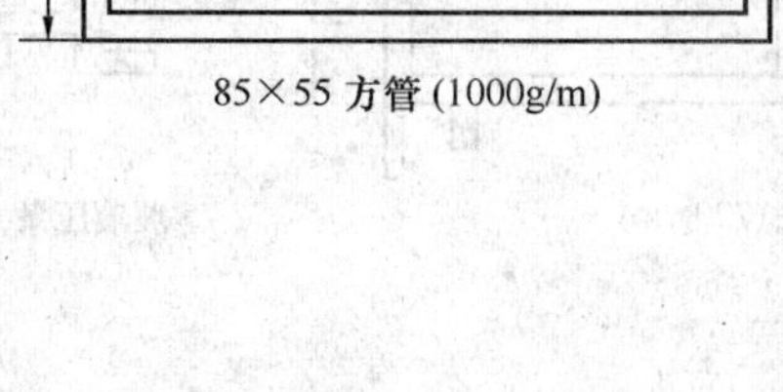 85×55 方管 (1000g/m) 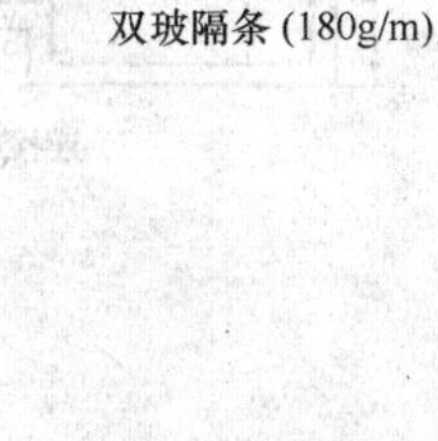 双玻隔条 (180g/m)

续表

规格	型 材 截 面 尺 寸
75 三轨系列	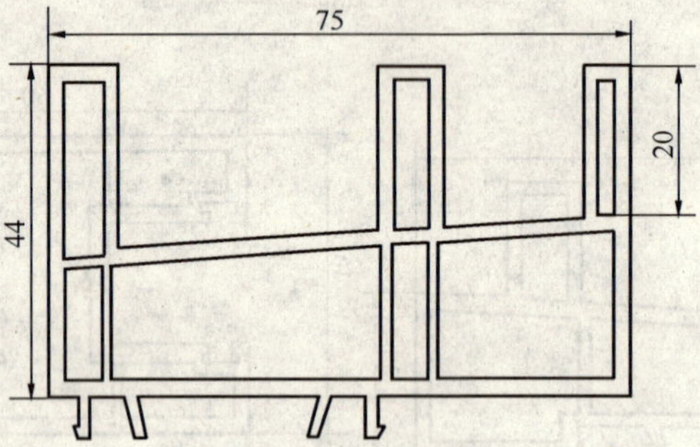 75 三轨推拉窗框 (1100g/m) 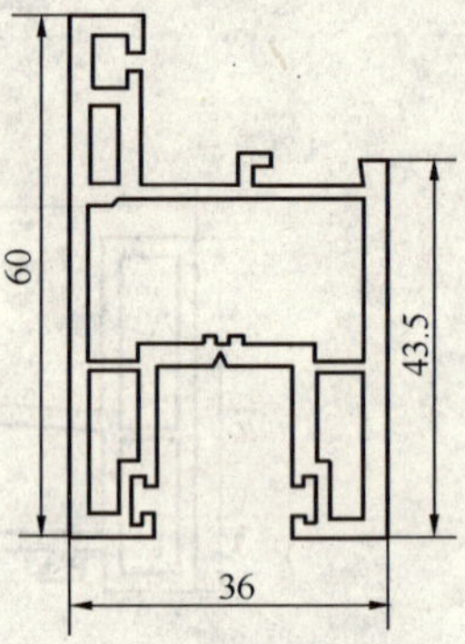 75 推拉窗扇 (720g/m) 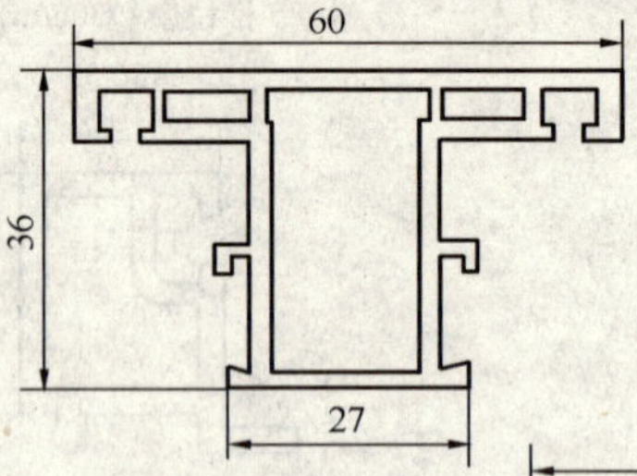 75 推拉窗梃 (680g/m) 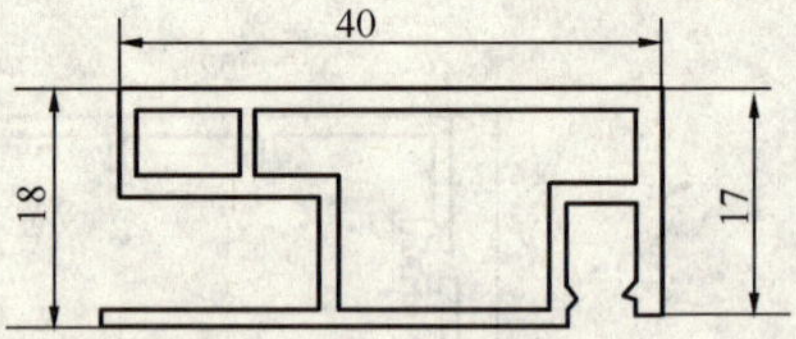 75 推拉纱扇 (310g/m) 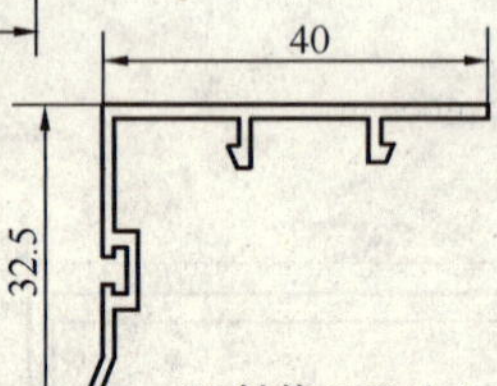 75 封盖 (170g/m) 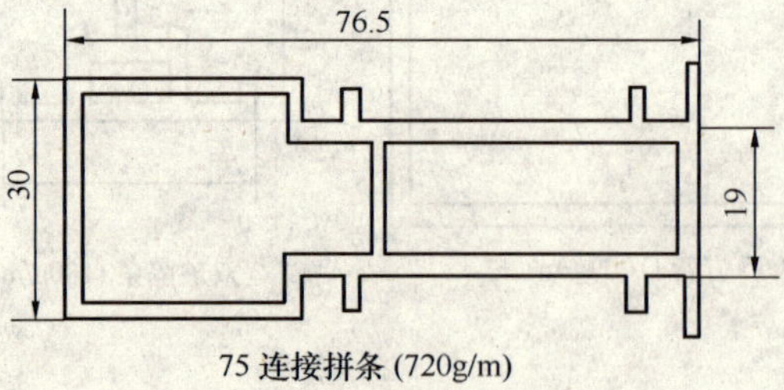 75 连接拼条 (720g/m) 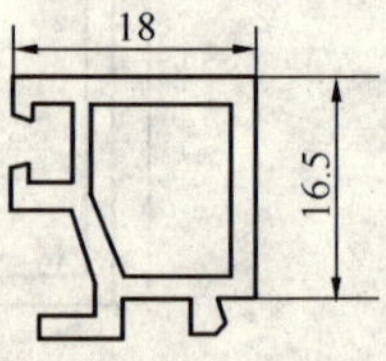 75 玻璃压条 (170g/m)

续表

规格	型材截面尺寸
85三轨系列	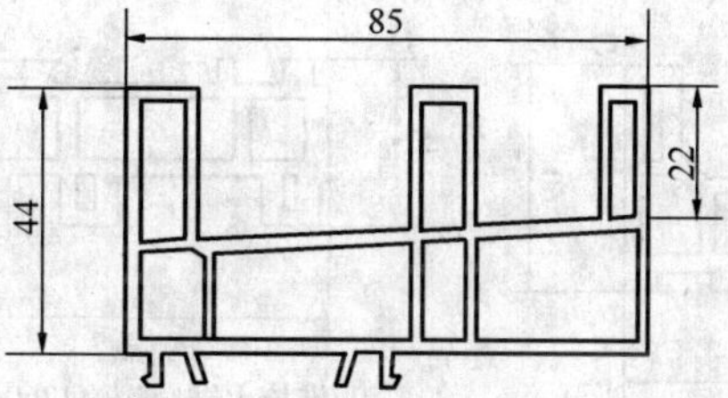 85三轨推拉框一(1150g/m) 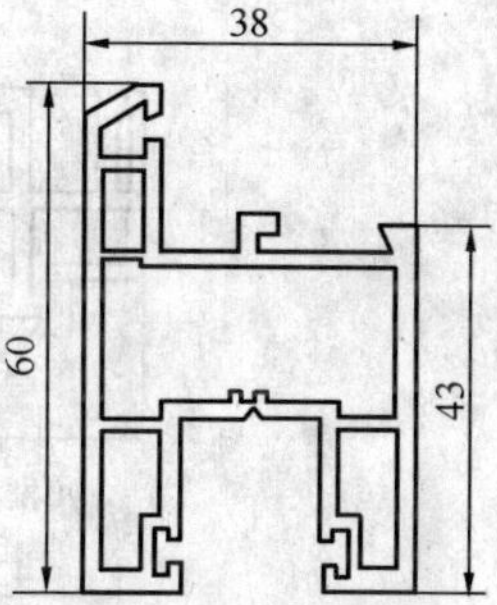 85三轨推拉扇(730g/m) 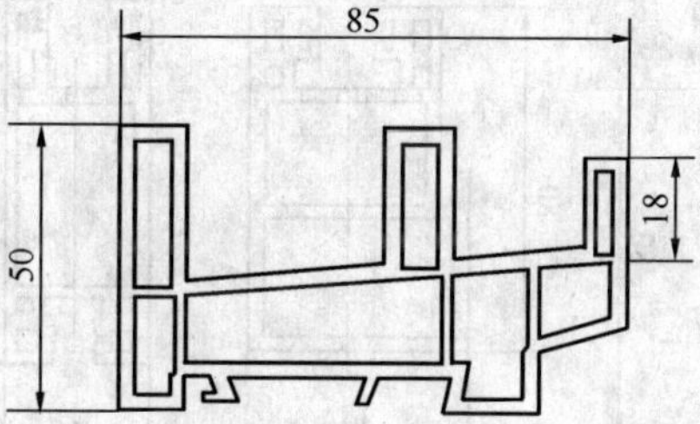 85三轨推拉框二(1240g/m) 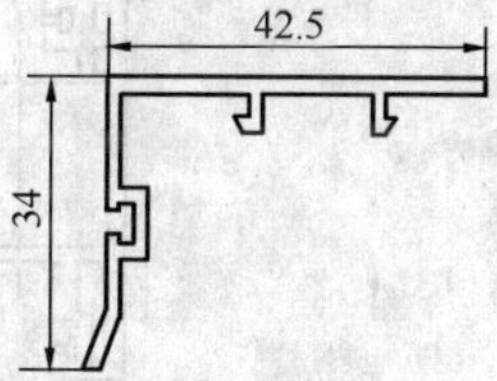 85三轨封盖(280g/m) 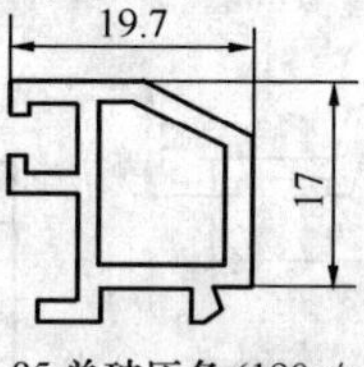 85单玻压条(190g/m) 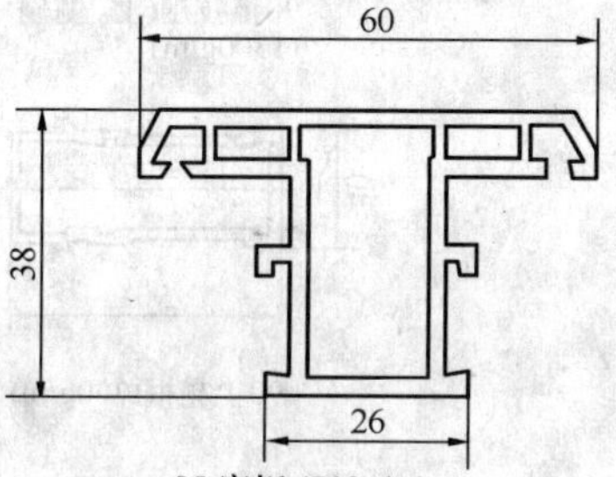 85窗梃(700g/m) 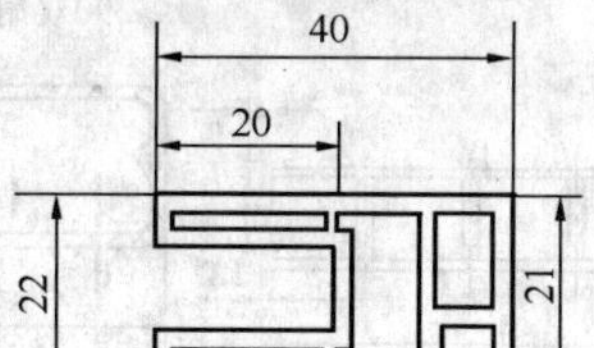 85推拉纱扇(480g/m) 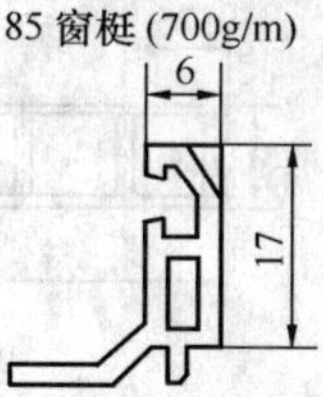 85双玻压条(150g/m)

续表

<table>
<tr><th>规格</th><th>型材截面尺寸</th></tr>
<tr><td>90 三轨
系列</td><td>
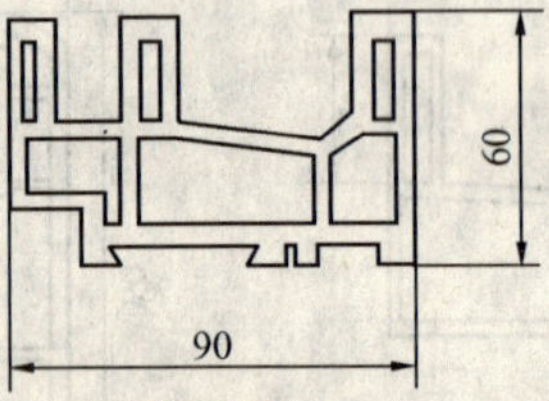

90推拉下框(1490g/m)

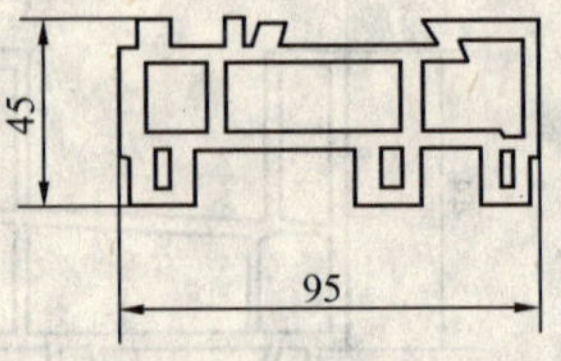

90推拉上框、侧框(1260g/m)

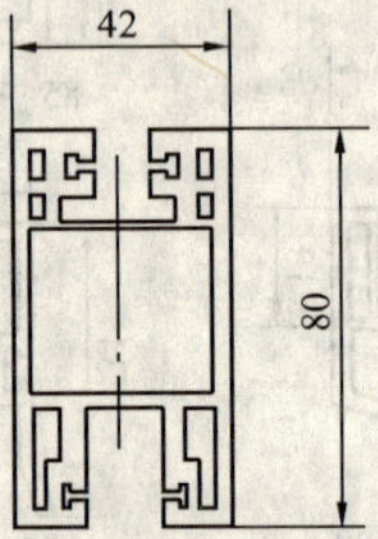

90推拉扇(上、侧扇)
(1300g/m)

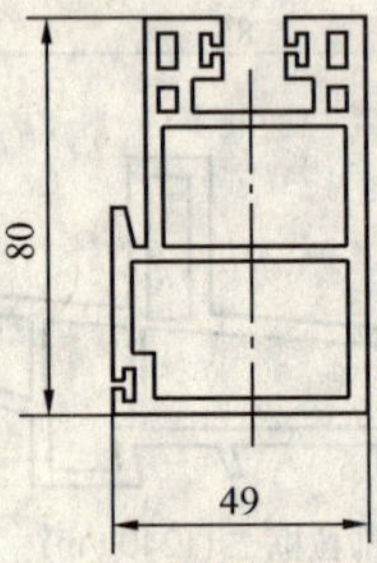

90推拉中扇框
(1200g/m)

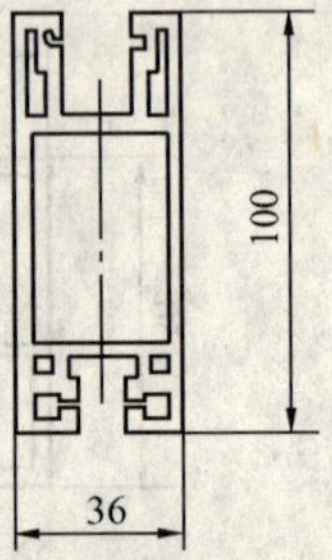

90推拉扇下框
(1380g/m)

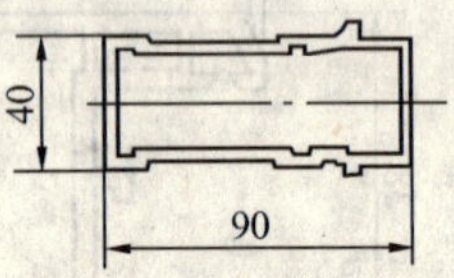

90上亮框(760g/m)

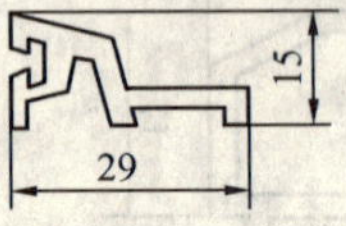

90上亮框边(170g/m)

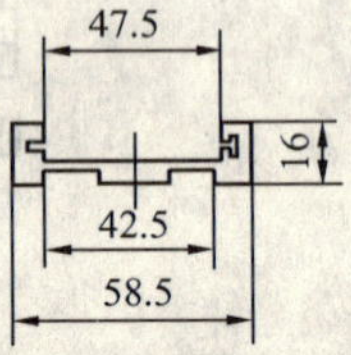

90双扇对缝(430g/m)

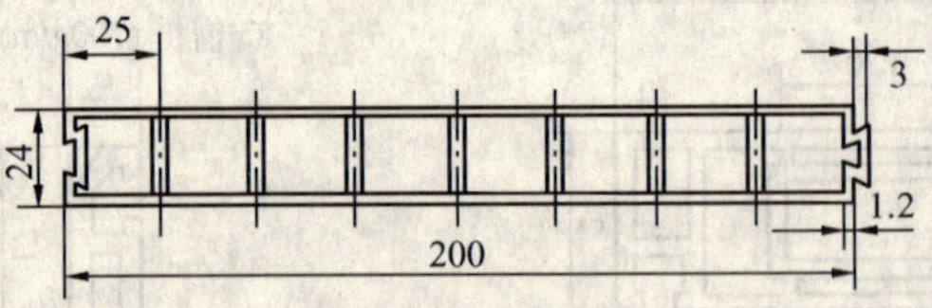

90推拉门板(1020g/m)

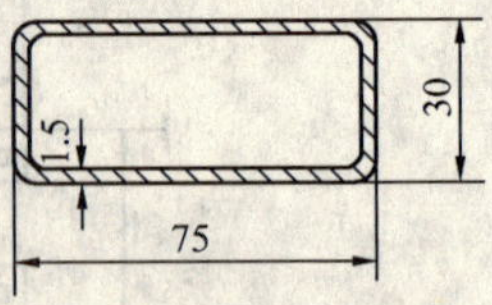

90矩形钢管(2100g/m)
</td></tr>
</table>

14.3.2 PVC 塑料平开门窗型材

PVC 塑料平开门窗型材见表 14-16。

表 14-16 mm

规格	型材截面尺寸
45 系列	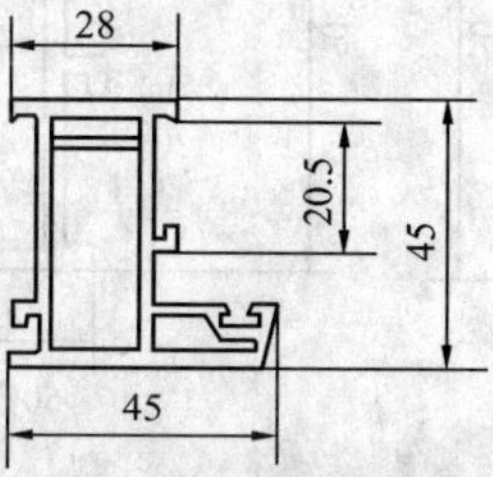 45平开窗框(640g/m) 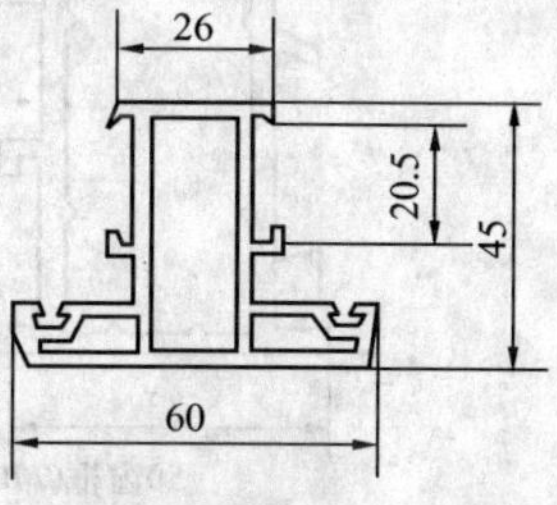 45平开窗扇(梃)(680g/m) 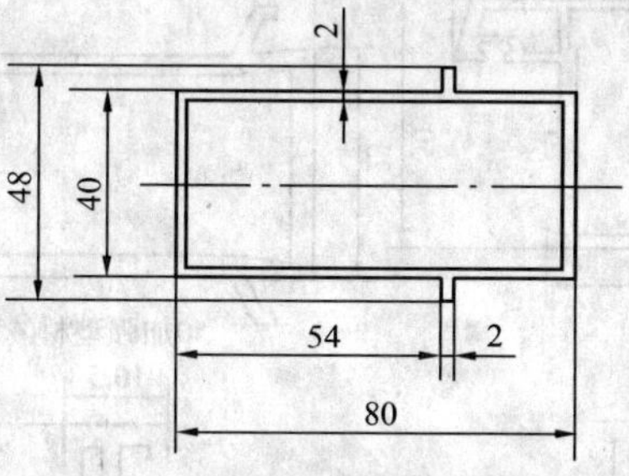 45加强拼条(670g/m) 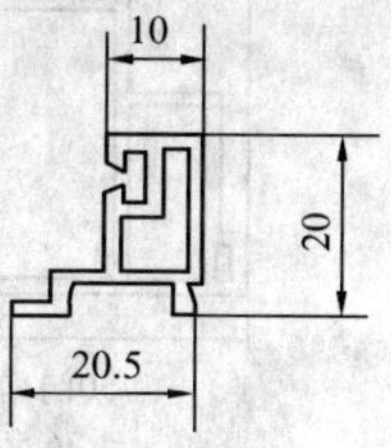 45双玻压条(190g/m) 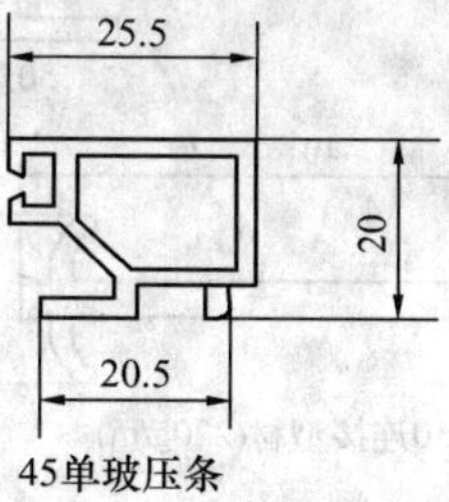 45单玻压条 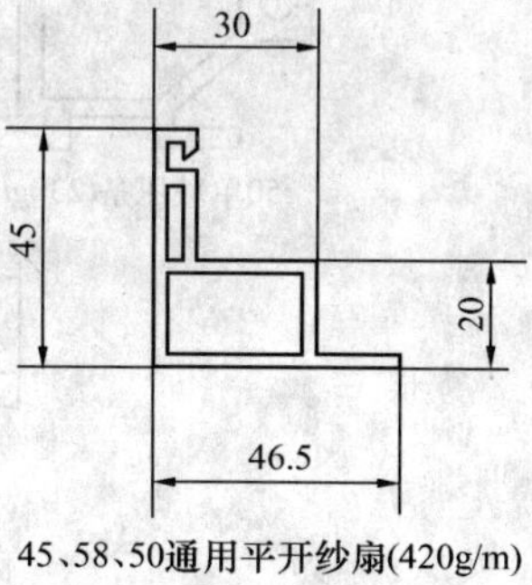 45、58、50通用平开纱扇(420g/m)

续表

<table>
<tr><th>规格</th><th>型材截面尺寸</th></tr>
<tr><td>50 系列</td><td>
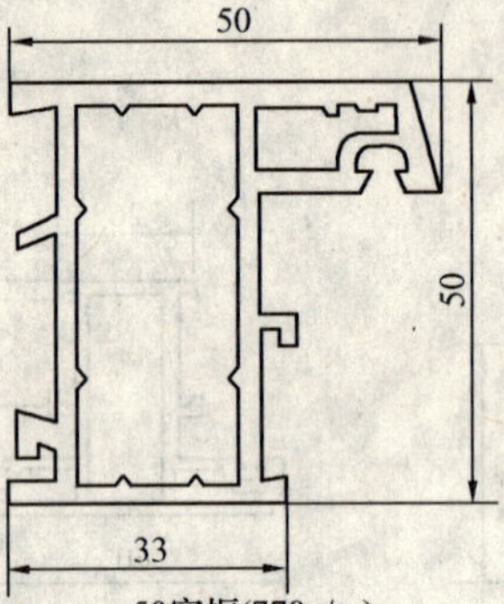

50窗框(770g/m)

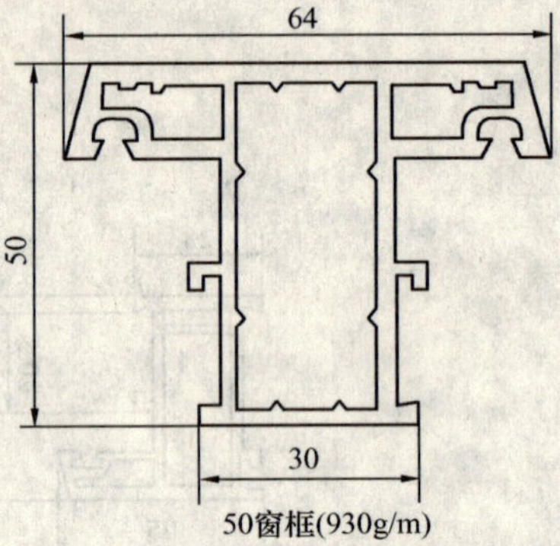

50窗框(930g/m)

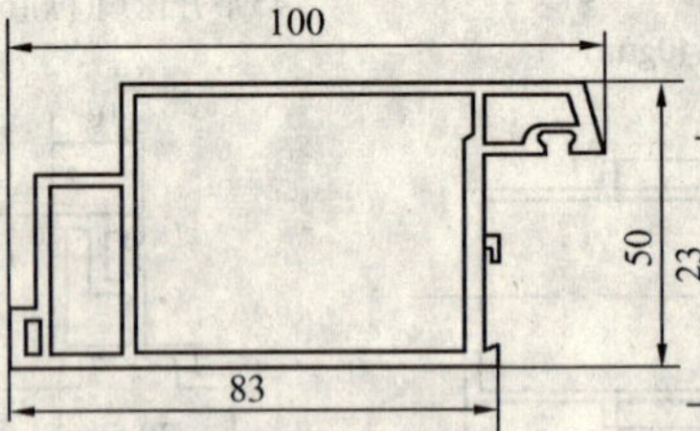

50门扇(1100g/m)

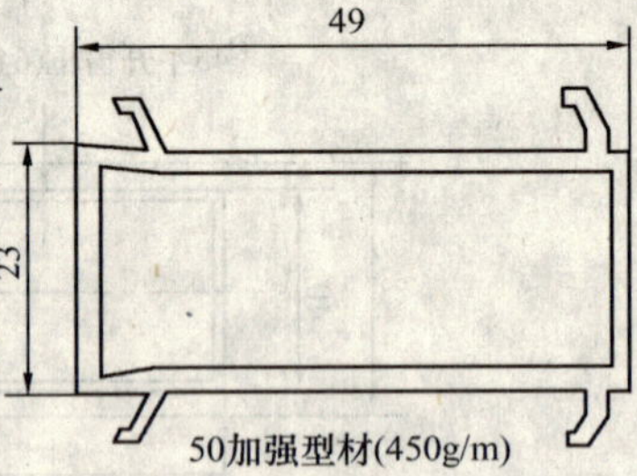

50加强型材(450g/m)

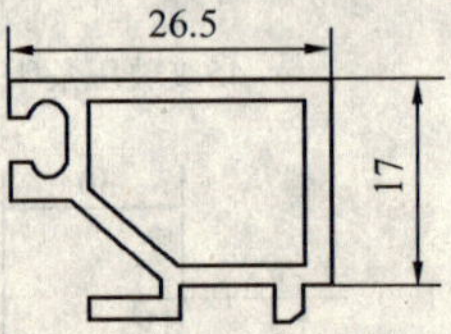

50单玻压条(230g/m)

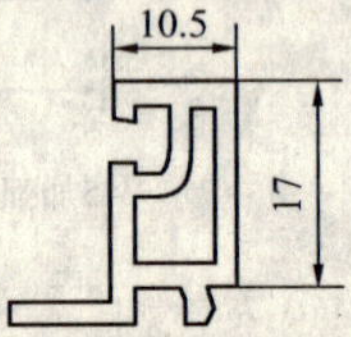

50双玻压条(190g/m)

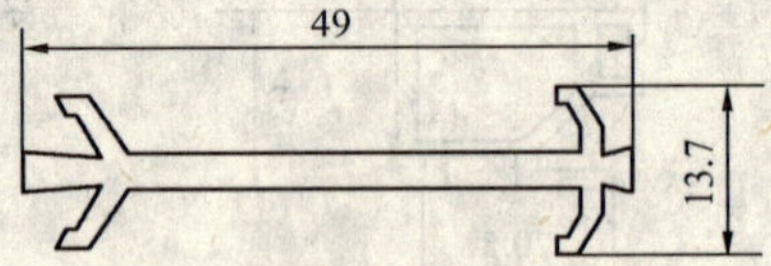

50连接型材(220g/m)
</td></tr>
</table>

续表

规格	型材截面尺寸
58 系列	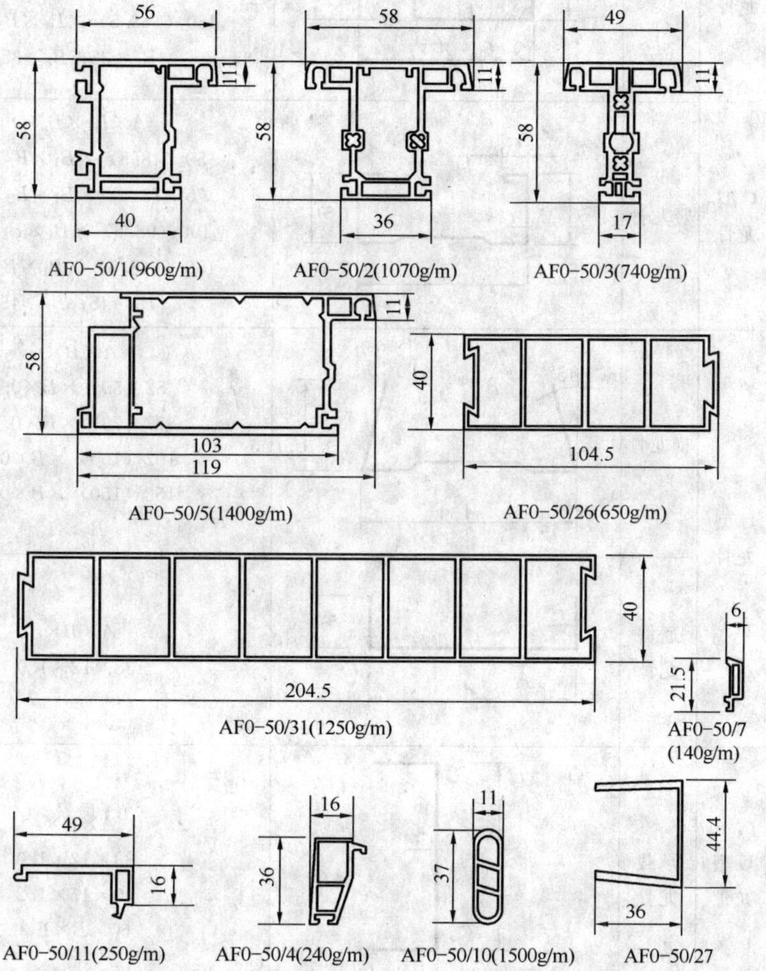 AF0-50/1(960g/m) AF0-50/2(1070g/m) AF0-50/3(740g/m) AF0-50/5(1400g/m) AF0-50/26(650g/m) AF0-50/31(1250g/m) AF0-50/7 (140g/m) AF0-50/11(250g/m) AF0-50/4(240g/m) AF0-50/10(1500g/m) AF0-50/27 (300g/m)

14.4 建筑用结构件

14.4.1 建筑用轻钢龙骨

1）龙骨产品分类及规格见表 14-17，若有其他规格要求由供需双方商定。

表 14-17 mm

类别	品种		断面形状	规格	备注
墙体龙骨 Q	CH 型龙骨	竖龙骨	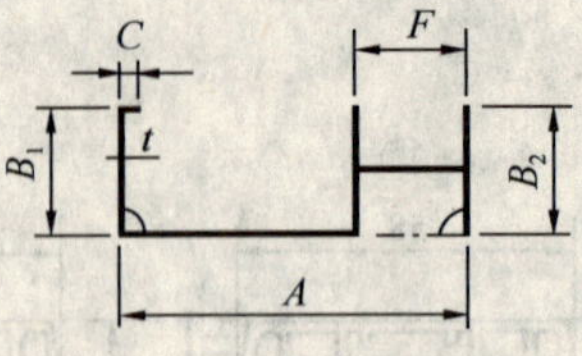	$A\times B_1\times B_2\times t$ 75（73.5）$\times B_1\times B_2\times$0.8 100（98.5）$\times B_1\times B_2\times$0.8 150（148.5）$\times B_1\times B_2\times$0.8 $B_1\geqslant35$；$B_2\geqslant35$	
	C 型龙骨	竖龙骨	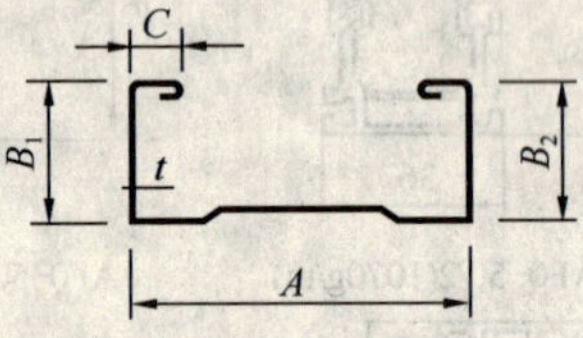	$A\times B_1\times B_2\times t$ 50（48.5）$\times B_1\times B_2\times$0.6 75（73.5）$\times B_1\times B_2\times$0.6 100（98.5）$\times B_1\times B_2\times$0.7 150（148.5）$\times B_1\times B_2\times$0.7 $B_1\geqslant45$；$B_2\geqslant45$	当 $B_1=B_2$ 时，规格为 $A\times B\times t$
	U 型龙骨	横龙骨	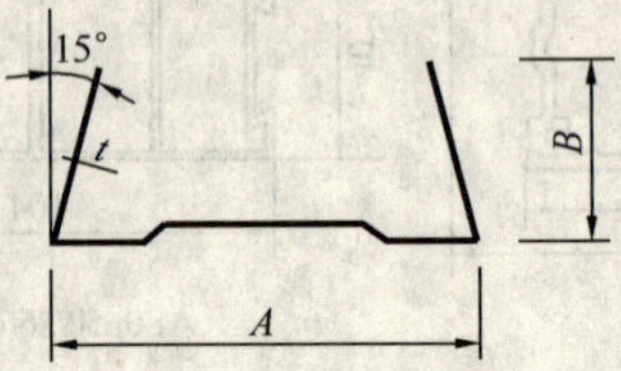	$A\times B\times t$ 52（50）$\times B\times$0.6 77（75）$\times B\times$0.6 102（100）$\times B\times$0.7 152（150）$\times B\times$0.7 $B\geqslant35$	
		通贯龙骨	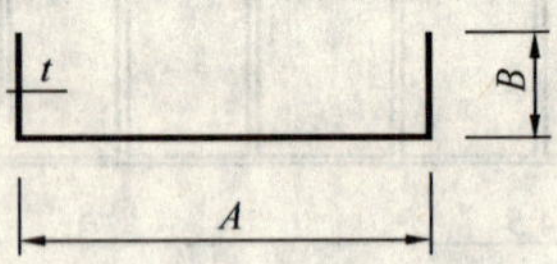	$A\times B\times t$ 38×12×1.0	
吊顶龙骨 D	U 型龙骨	承载龙骨	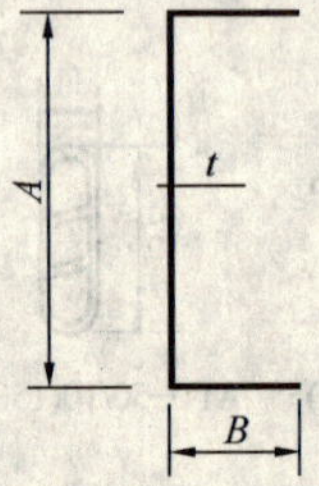	$A\times B\times t$ 38×12×1.0 50×15×1.2 60×B×1.2	$B=24\sim30$
	C 型龙骨	承载龙骨	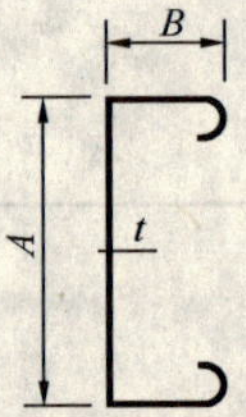	$A\times B\times t$ 38×12×1.0 50×15×1.2 60×B×1.2	
		覆面龙骨	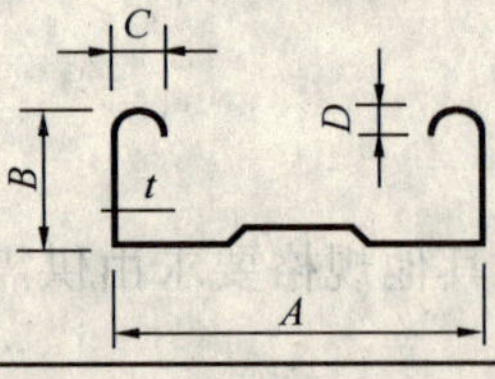	$A\times B\times t$ 50×19×0.5 60×27×0.6	

续表

类别	品种		断面形状	规格	备注
吊顶龙骨 D	T 型龙骨	主龙骨	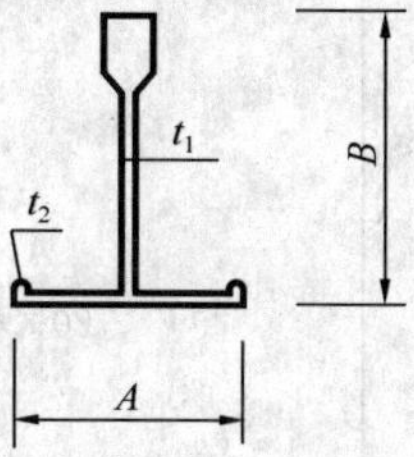 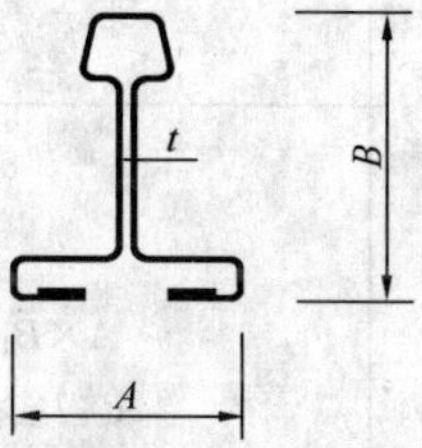	$A \times B \times t_1 \times t_2$ 24×38×0.27×0.27 24×32×0.27×0.27 14×32×0.27×0.27	1. 中型承载龙骨 $B \geqslant 38$，轻型承载龙骨 $B < 38$ 2. 龙骨由一整片钢板（带）成型时，规格为 $A \times B \times t$
		次龙骨	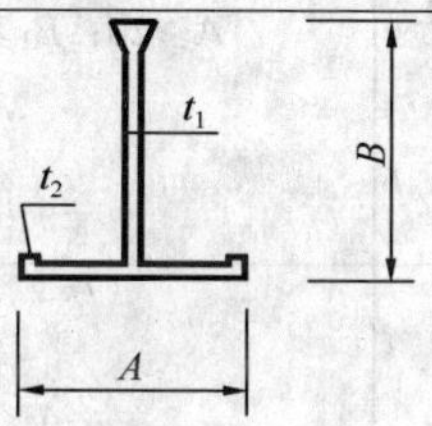 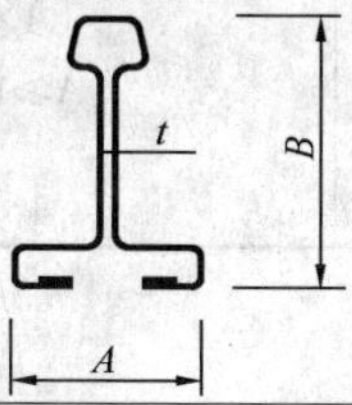	$A \times B \times t_1 \times t_2$ 24×28×0.27×0.27 24×25×0.27×0.27 14×25×0.27×0.27	1. 中型承载龙骨 $B \geqslant 38$，轻型承载龙骨 $B < 38$ 2. 龙骨由一整片钢板（带）成型时，规格为 $A \times B \times t$
	H 型龙骨		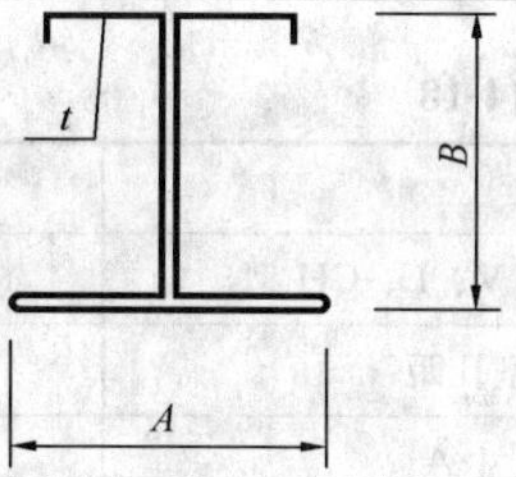	$A \times B \times t$ 20×20×0.3	
	V 型龙骨	承载龙骨	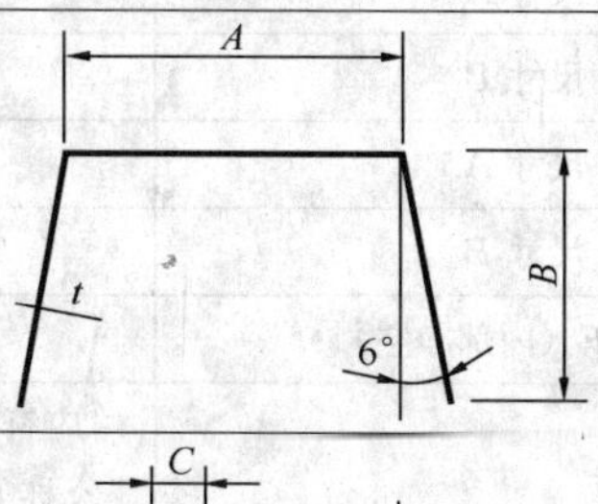	$A \times B \times t$ 20×37×0.8	造型用龙骨规格为 20×20×1.0
		覆面龙骨	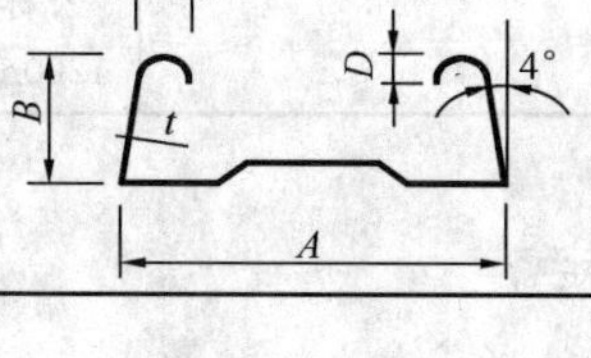	$A \times B \times t$ 49×19×0.5	

续表

<table>
<tr><th>类别</th><th colspan="2">品　种</th><th>断面形状</th><th>规　　格</th><th>备　注</th></tr>
<tr><td rowspan="3">吊顶龙骨 D</td><td rowspan="3">L 型龙骨</td><td>承载龙骨</td><td>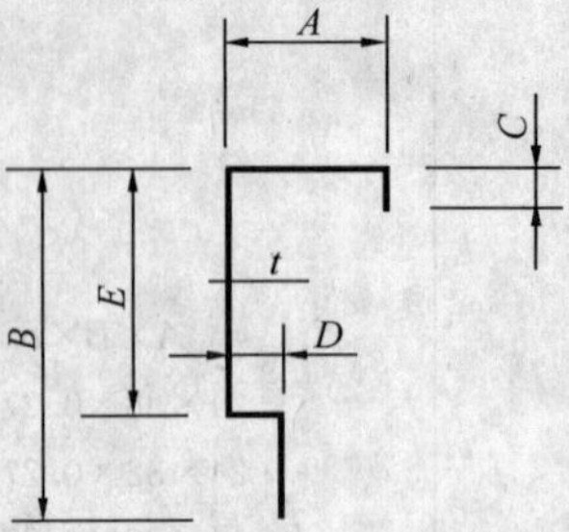</td><td>$A\times B\times t$
$20\times43\times0.8$</td><td></td></tr>
<tr><td>收边龙骨</td><td>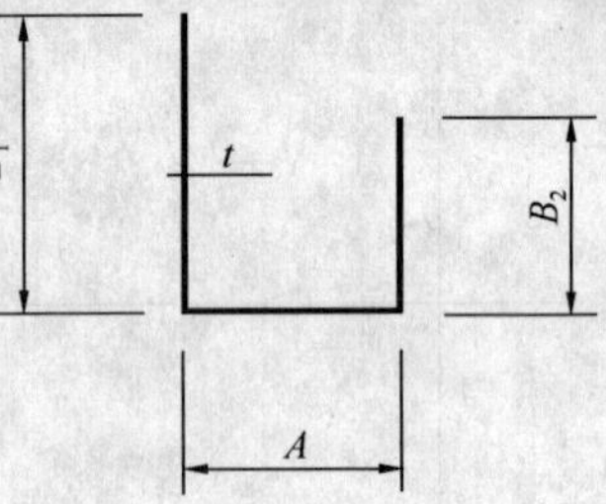</td><td>$A\times B_1\times B_2\times t$
$A\times B_1\times B_2\times0.4$
$A\geqslant20$；$B_1\geqslant25$；$B_2\geqslant20$</td><td></td></tr>
<tr><td>边龙骨</td><td>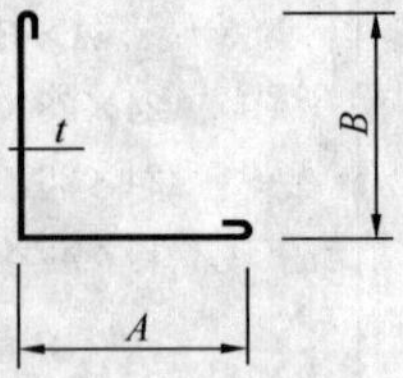</td><td>$A\times B\times t$
$A\times B\times0.4$
$A\geqslant14$；$B\geqslant20$</td><td></td></tr>
</table>

注：来自《建筑用轻钢龙骨》(GB/T 11981—2008)。

2）尺寸允许偏差应符合表 14-18 的规定。

表 14-18　　mm

<table>
<tr><th colspan="2">项　目</th><th>允 许 偏 差</th></tr>
<tr><td rowspan="2">长度 L</td><td>U、C、H、V、L、CH 型</td><td>±5</td></tr>
<tr><td>T 型孔距</td><td>±0.3</td></tr>
<tr><td rowspan="2">覆面龙骨断面尺寸</td><td>尺寸 A</td><td>≤1.0</td></tr>
<tr><td>尺寸 B</td><td>≤0.5</td></tr>
<tr><td rowspan="3">其他龙骨断面尺寸</td><td>尺寸 A</td><td>≤0.5</td></tr>
<tr><td>尺寸 B</td><td>≤1.0</td></tr>
<tr><td>尺寸 F（内部净空）</td><td>≤0.5</td></tr>
<tr><td colspan="2">厚度 t、t_1、t_2</td><td>应符合 GB/T 2518—2004 表 7 中“公称宽度大于 600mm 小于等于 1200mm 栏”的要求</td></tr>
</table>

注：来自《建筑用轻钢龙骨》(GB/T 11981—2008)。

3）尺寸 C、D、E 应符合表 14-19 的规定。

表 14-19

mm

项目	品种	要求
尺寸 C	CH 型墙体竖龙骨、C 型吊顶覆面龙骨、L 型承载龙骨	≥5.0
	C 型墙体竖龙骨	≥6.0
尺寸 D	覆面龙骨	≥3.0
	L 型承载龙骨	≥7.0
尺寸 E	L 型承载龙骨	≥30.0

注：来自《建筑用轻钢龙骨》(GB/T 11981—2008)。

4）底面和侧面的平直度应符合表 14-20 的规定。

表 14-20

类别	品种	检测部位	平直度，mm/1000mm
墙体	横龙骨和竖龙骨	侧面	≤1.0
		底面	≤2.0
	通贯龙骨	侧面和底面	
吊顶	承载龙骨和覆面龙骨	侧面和底面	≤1.5
	T 型、H 型龙骨	底面	≤1.3

注：来自《建筑用轻钢龙骨》(GB/T 11981—2008)。

5）弯曲内角半径 R（不包括 T 型、H 型和 V 型龙骨）应符合表 14-21 的规定。

表 14-21

mm

钢板厚度 t	$t \leqslant 0.70$	$0.70 < t \leqslant 1.00$	$1.00 < t \leqslant 1.20$	$t > 1.20$
弯曲内角半径 R	≤1.50	≤1.75	≤2.00	≤2.25

注：来自《建筑用轻钢龙骨》(GB/T 11981—2008)。

6）角度允许偏差（不包括 T 型、H 型龙骨）应符合表 14-22 的规定。

表 14-22

成型角较短边尺寸 B	允许偏差	成型角较短边尺寸 B	允许偏差
$B \leqslant 18$mm	≤2°00′	$B > 18$mm	≤1°30′

注：来自《建筑用轻钢龙骨》(GB/T 11981—2008)。

7）龙骨表面采用镀锌防锈时，其双面镀锌量或双面镀锌层厚度应符合表 14-23 的规定。

表 14-23

项目	技术要求	项目	技术要求
双面镀锌量，g/m^2	≥100	双面镀锌层厚度，μm	≥14

注：表面镀锌防锈的最终裁定以双面镀锌量为准。

来自《建筑用轻钢龙骨》(GB/T 11981—2008)。

8）龙骨表面采用彩色涂层（烤漆涂层）防锈时，彩色涂层钢板（带）的性能应符合表 14-24 的规定。

表 14-24

项目	技术要求	项目	技术要求
涂镀层厚度，μm	≥35	涂层铅笔硬度	≥HB（HB 铅笔硬度）

注：来自《建筑用轻钢龙骨》(GB/T 11981—2008)。

9）墙体及吊顶龙骨组件的力学性能应符合表 14-25 的规定。

表 14-25

类别		项目		要求
墙体		抗冲击性试验		残余变形量不大于 10.0mm，龙骨不得有明显的变形
		静载试验		残余变形量不大于 2.0mm
吊顶	U、C、V、L 型（不包括造型用 V 型龙骨）	静载试验	覆面龙骨	加载挠度不大于 5.0mm 残余变形量不大于 1.0mm
			承载龙骨	加载挠度不大于 4.0mm 残余变形量不大于 1.0mm
	T、H 型		主龙骨	加载挠度不大于 2.8mm

注：来自《建筑用轻钢龙骨》（GB/T 11981—2008）。

10）吊顶龙骨力学性能试验，按表 14-26、表 14-27、表 14-28 规定抽取试样；除配套材料（吊、挂件和 T 型次龙骨等）外，其余龙骨可采用以外观尺寸检查后的试件。

表 14-26　吊顶 U、C、V、L 型龙骨力学性能试验用试件和配套材料的数量和尺寸

品种		数量	长度，mm
试件	承载龙骨	2 根	1200
	覆面龙骨	2 根	1200
配套材料	吊件	4 件	—
	挂件	4 件	—

注：V、L 型直卡式吊顶龙骨力学性能试验不需要配套材料。

来自《建筑用轻钢龙骨》（GB/T 11981—2008）。

表 14-27　吊顶 T 型龙骨力学性能试验用试件和配套材料的数量和尺寸

品种		数量	长度，mm
试件	主龙骨	2 根	1200
配套材料	次龙骨	1200mm 长主龙骨上安装次龙骨的孔数	600
	吊件或挂件	4 件	—

注：来自《建筑用轻钢龙骨》（GB/T 11981—2008）。

表 14-28　吊顶 H 型龙骨力学性能试验用试件和配套材料的数量和尺寸

品种		数量	长度，mm
试件	H 型龙骨	2 根	1200
配套材料	吊件	4 件	—
	挂件	4 件	—

注：来自《建筑用轻钢龙骨》（GB/T 11981—2008）。

11）墙体龙骨力学性能试验，按表 14-29 规定抽取试样；其中横、竖龙骨可采用经外观尺寸检查后的试件。

表 14-29　墙体龙骨力学性能试验用试件和配套材料的数量和尺寸

规格	试件				配套材料		
	横龙骨		竖龙骨		支撑卡	通贯龙骨	
	数量，根	长度，mm	数量，根	长度，mm	数量，只	数量，根	长度，mm
Q100 及以上	2	1200	3	5000	27	4	1200
Q75	2	1200	3	4000	21	3	1200
Q50	2	1200	3	2700	15	—	—

注：1. 根据用户需求，确定是否安装支撑卡和通贯龙骨。

2. Q50 竖龙骨不应开通贯孔，Q75 及以上竖龙骨通贯孔间距≥1200mm。

3. 来自《建筑用轻钢龙骨》（GB/T 11981—2008）。

14.4.2 Ω形吊顶铝合金龙骨

1）Ω形吊顶铝合金龙骨规格见表14-30。

表 14-30

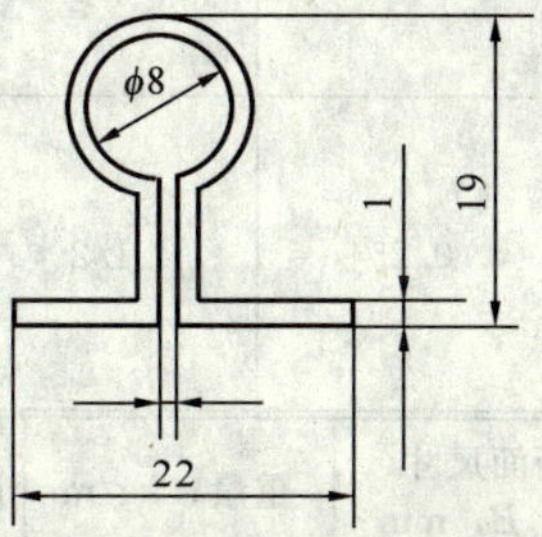

名称		长龙骨	中龙骨	小龙骨
长度	吊顶板规格为600mm×600mm	1215	1207	600
	吊顶板规格为500mm×500mm	1015	1007	500
重量，kg/m		0.158		

注：长、中、小龙骨横截面形状、尺寸均相同。

2）Ω形吊顶铝合金龙骨配件见表14-31。

表 14-31

名称	Ω形龙骨	十字吊挂件及吊杆
形式	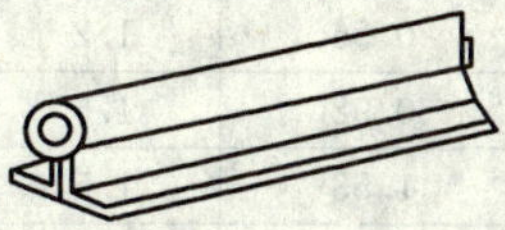	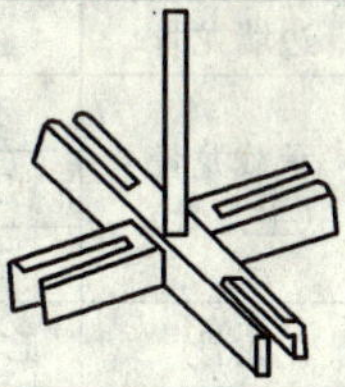
用途	用于吊顶龙骨骨架的纵向和横向吊顶龙骨	用于插接Ω形龙骨及吊点的连接

注：吊杆和十字吊挂件是分离的，两者均为钢质材料。

14.4.3 T形吊顶铝合金龙骨

1）T形吊顶铝合金龙骨品种规格和尺寸见表14-32。

表 14-32

名 称	形 式	重量，kg/m	厚度，mm	用 途
L形边龙骨	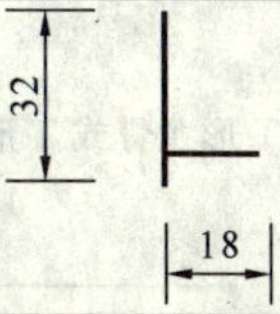	0.15	1.2	用于吊顶的四周外缘与墙壁接触处，用来搭装或嵌装吊顶板
T形龙骨（横向）	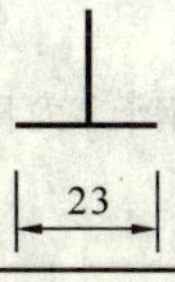	0.135	1.2	横向搭置于纵向T形龙骨的两翼上，用来搭装或嵌装吊顶板

续表

名　称	形　式	重量，kg/m	厚度，mm	用　途
T形龙骨（纵向）	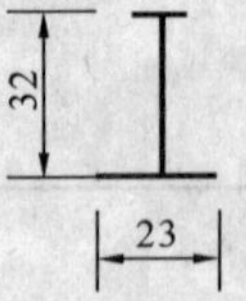	0.2	1.2	纵向通长使用，用来搭装或嵌装吊顶板
T形异形龙骨	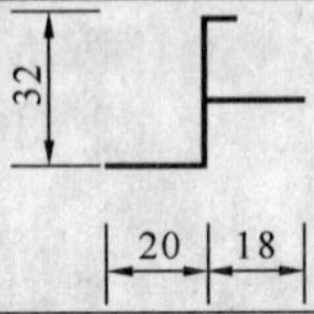	0.25	1.2	用于吊顶有变标高处，其不同标高的两翼，用来搭装或嵌装吊顶板

型号	名称	厂内代号	断面尺寸 $A \times B$，mm	重量，kg/m	厚度，mm	适用范围
T形	承载龙骨（大龙骨）	BD	45×15	—	1.2	吊点间距 900～1200mm 不上人吊顶 中距＜1200mm
	中龙骨	TZL	22×32	—	1.3	
	小龙骨	TXL	22.5×25	—	—	
	边墙龙骨	TIL	22×22	—	1	
T形	承载龙骨（大龙骨）	SD	60×30	—	1.6	吊顶间距 1200～1500mm 上人吊顶 中距＜1200mm 上人检修承载龙骨 可承受 800～4000N 集中活荷载
	中龙骨	TZL	22×32	—	2.3	
	小龙骨	TXL	22.5×25	—	1.3	
	边墙龙骨	TIL	22×32	—	2.0	
LT形	承载龙骨（主龙骨）	TC38	38×12	0.56	1.2	TC38 用于吊点距离 900～1200mm 不上人吊顶 TC50 用于吊点距离 900～1200mm 上人吊顶，承载龙骨承受 800N 检修荷载 TC60 用于吊顶距离 1500mm 上人吊顶，承载龙骨可承受 1000N 检修荷载
		TC50	50×15	0.92	1.5	
		TC60	60×30	1.53	1.5	
	龙骨	LT－23	23×32	0.2	1.2	
	横撑龙骨	LT－23	23	0.135	1.2	
	边龙骨	LT	18×32	0.15	1.2	
	异形龙骨	LT	20×18×32	0.25	1.2	

2）T形吊顶铝合金龙骨配件见表 14-33。

表 14-33

名　称	形　式	用　途
连接件 1	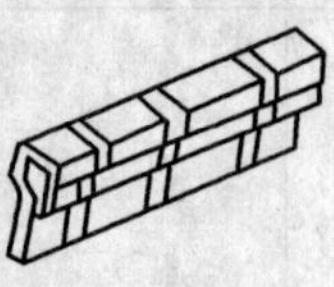	用于T形龙骨或T形异型龙骨的加长连接
连接件 2	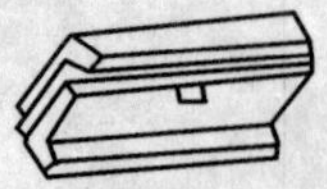	用于轻钢承载龙骨（U形）的加长连接

续表

名　称	形　式	用　途
挂钩	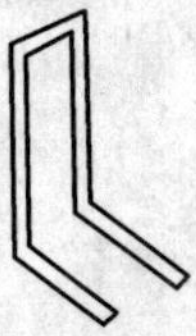	用于T形龙骨与承载龙骨（U形）的连接固定
吊挂件		用于T形龙骨（纵向）和吊杆的连接。只适用于无承载龙骨的无附加荷载的吊顶
承载龙骨（U形）及其吊件	—	用于承受吊顶的附加荷载 用于轻钢承载龙骨与吊杆的连接

3）LT铝合金吊顶龙骨配件见表14-34。

表14-34　LT铝合金吊顶龙骨配件

名　称	图　示	重量，kg	厚度，mm	适用规格及尺寸
主龙骨吊件		0.138	3	TC60
		0.169		TC50
		0.062	2	TC38
主龙骨连接件	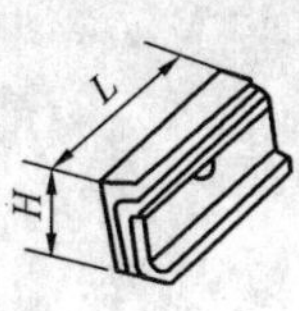	—	—	TC60 L：100，H：60 TC50 L：100，H：50 TC38 L：82，H：39
LT-23龙骨 LT-异形龙骨吊钩	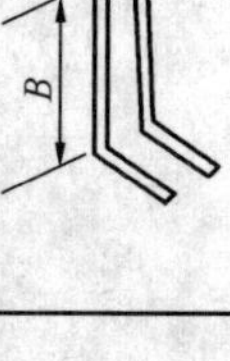	0.014 0.012	ϕ3.5 ϕ3.5	TC60 A：31，B：75 TC50 A：16，B：60 TC38 A：13，B：48

续表

名　　称	图　　示	重量，kg	厚度，mm	适用规格及尺寸
LT-异形龙骨吊挂钩	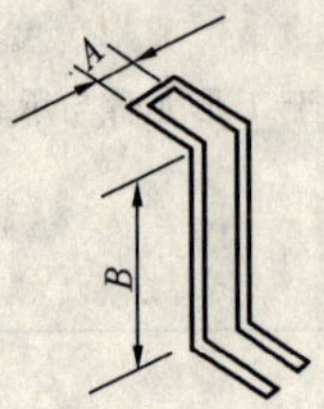	0.019 0.017	ϕ3.5	TC60 A：31，B：75 TC50 A：16，B：65 TC38 A：13，B：55
LT-23 龙骨 LT 异形龙骨连接件	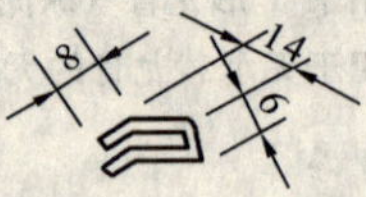	0.025	0.8	通用
LT-23 横撑龙骨连接钩	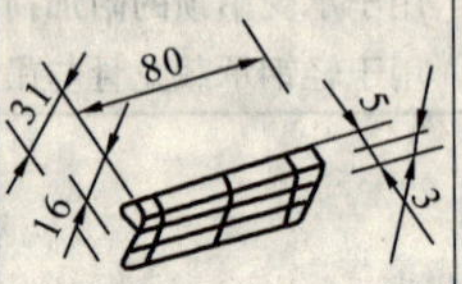	0.0007	0.8	

15 门 窗 五 金

15.1 铝合金门窗五金

15.1.1 铝合金门插销

1）型式代号应符合表 15-1 的规定。

表 15-1

产品型式	台阶式插销	平板式插销
代号	T	P

注：来自《铝合金门插销》（QB/T 3885—1999）。

2）材料代号应符合表 15-2 的规定。

表 15-2

材料名称	锌合金	铜
代号	ZZn	ZH

注：来自《铝合金门插销》（QB/T 3885—1999）。

3）门插销的主要尺寸应符合表 15-3 的规定。

表 15-3 mm

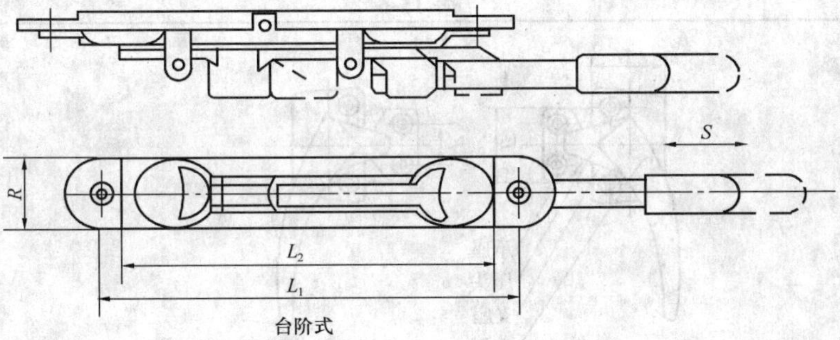

台阶式

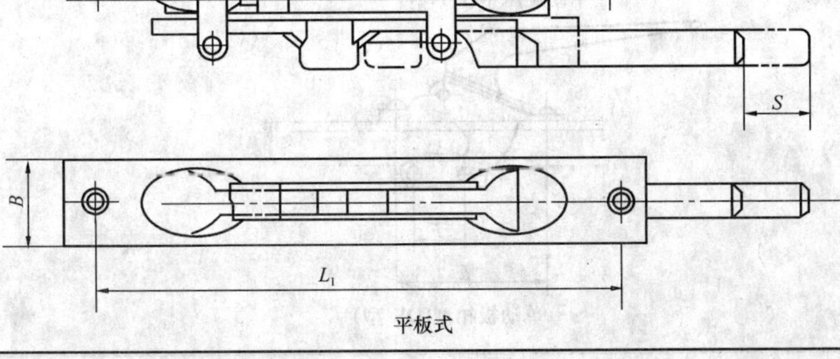

平板式

续表

行程 S	宽度 B	孔距 L_1		台阶 L_2	
		基本尺寸	极限偏差	基本尺寸	极限偏差
＞15	22	130	±0.20	110	±0.25
	25	155			

注：来自《铝合金门插销》（QB/T 3885—1999）。

4）金属镀层耐腐蚀性能应符合表 15-4 的规定。

表 15-4

产品等级	耐蚀级别			
	锌合金		碳素钢	
	铜镍铬镀层	试验时间，h	锌镀层	试验时间，h
优等品	10	24	8	24
一级品	8		7	
合格品	7	12	6	

注：来自《铝合金门插销》（QB/T 3885—1999）。

5）插销使用寿命应符合表 15-5 的规定。

表 15-5

产品等级	次　　数	产品等级	次　　数
优等品	40000	合格品	20000
一级品	30000		

注：来自《铝合金门插销》（QB/T 3885—1999）。

15.1.2　平开铝合金窗执手

1）规格尺寸应符合表 15-6 的规定。

表 15-6　　mm

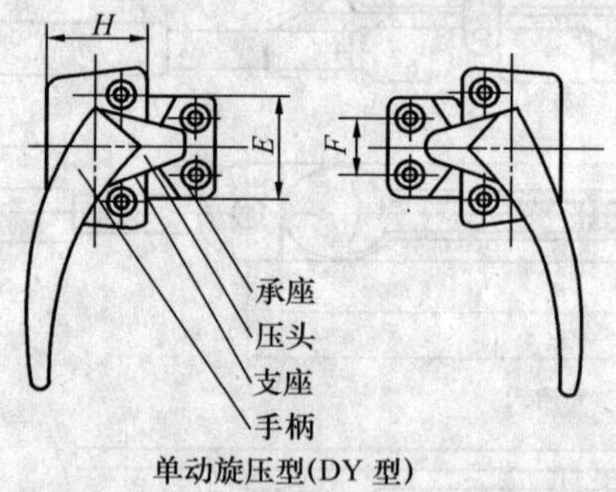

单动旋压型(DY 型)

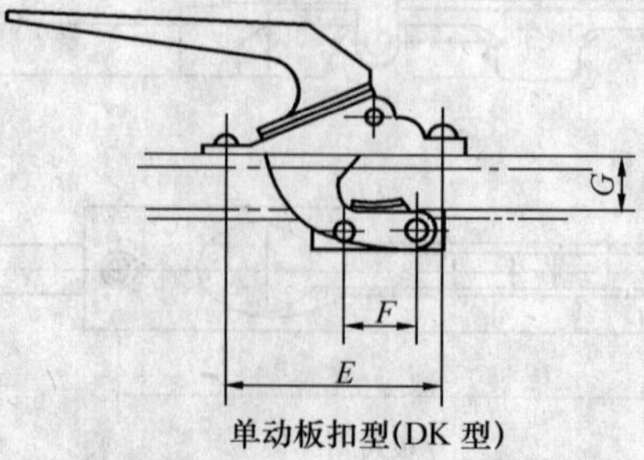

单动板扣型(DK 型)

续表

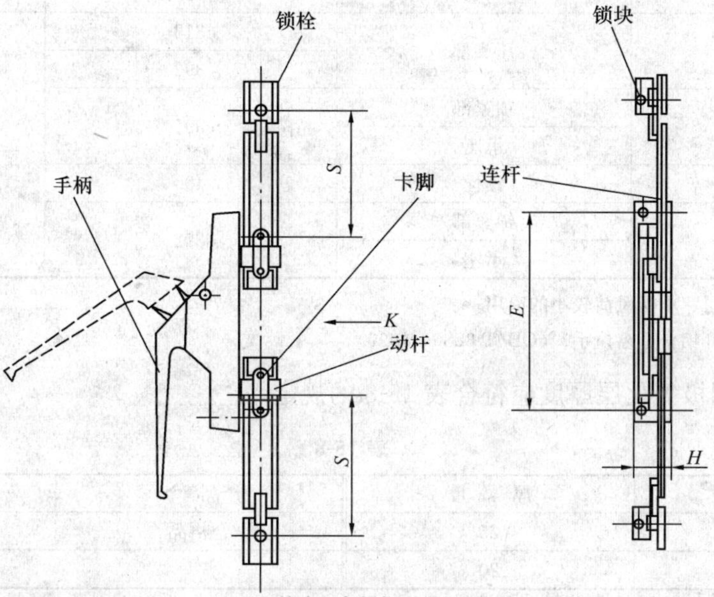

单头双向板扣型(DSK型)

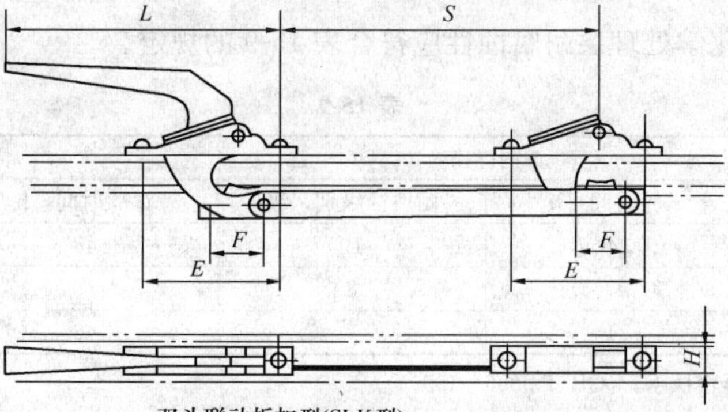

双头联动板扣型(SLK型)

型式	执手安装孔距 E		执手支座宽度 H		承座安装孔距 F		执手座底面至锁紧面距离 G		执手柄长度 L
	基本尺寸	极限偏差	基本尺寸	极限偏差	基本尺寸	极限偏差	基本尺寸	极限偏差	
DY 型	35	±0.5	29	±0.5	16	±0.5	—	—	≥70
			24		19				
DK 型	60		12		23		12	±0.5	
	70		13		25				
DSK 型	128		22		—		—	—	
SLK 型	60		12		23		12	±0.5	
	70		13		25				

注：1. 当安装孔为椭圆可调型时，表中安装孔距偏差不适用。

2. 联动杆长度 S 由供需双方协定。

3. 来自《平开铝合金窗执手》(QB/T 3886—1999)。

2）执手的强度在表 15-7 规定的部位承受相应的荷载后，其位移量不大于规定值。

表 15-7

型　式	受力部位	载荷，N	位移量 W，mm
DY	压头部	315	0.5
		392	
DK	锁紧部	392	
	承座		
DSK	锁栓	490	
SLK	锁紧部	392	
	承座		

注：1. 适宜于低层、承受风荷较小的窗用。

2. 来自《平开铝合金窗执手》(QB/T 3886—1999)。

3）铝合金阳极氧化层厚度应符合表 15-8 的规定。

表 15-8　　μm

产品等级	厚　度	产品等级	厚　度
优等品	25	合格品	15
一级品	20		

注：来自《平开铝合金窗执手》(QB/T 3886—1999)。

4）金属镀层和化学处理层耐腐蚀性应符合表 15-9 的规定。

表 15-9

产品等级	铜镍铬		阳极氧化	
	试验时间，h	耐腐蚀级别，级	试验时间，h	耐腐蚀级别，级
优等品	24	10	48	10
一级品	24	8	48	8
合格品	24	7	48	7

注：来自《平开铝合金窗执手》(QB/T 3886—1999)。

5）执手的使用寿命应符合表 15-10 的规定。

表 15-10

产品等级	优等品	一级品	合格品
启闭数，次	40000	35000	30000

注：来自《平开铝合金窗执手》(QB/T 3886—1999)。

15.1.3　铝合金窗撑挡

1）标记见表 15-11。

表 15-11

名称	平开窗			带纱窗			铜	不锈钢
	内开启	外开启	上撑挡	上撑挡	下撑挡			
					左开启	右开启		
代号	N	W	C	SC	Z	Y	T	G

注：来自《铝合金窗撑挡》(QB/T 3887—1999)。

2）规格尺寸应按表 15-12 规定。

表 15-12　　　　mm

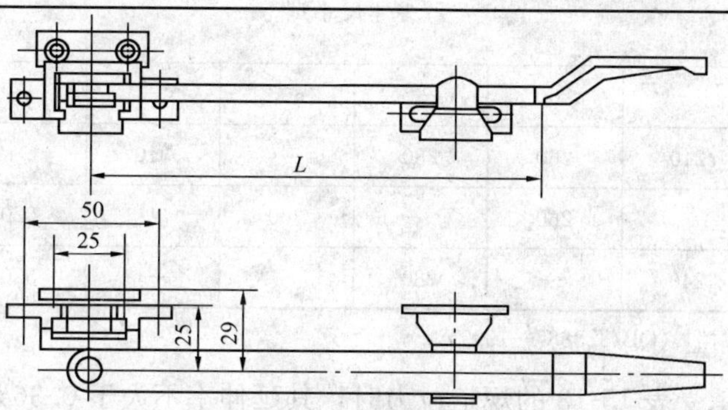

外开启上撑挡外形

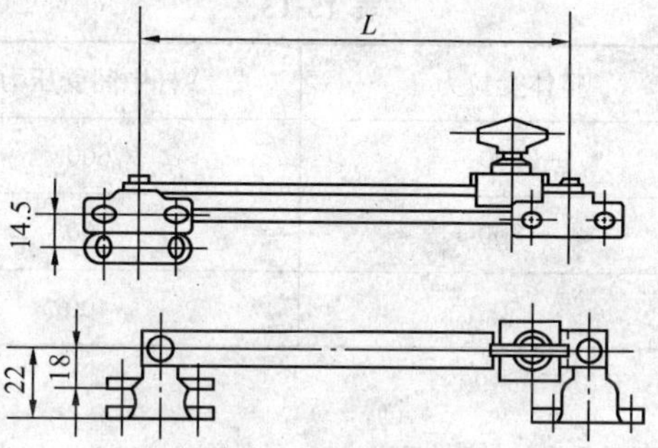

内开启上撑挡外形

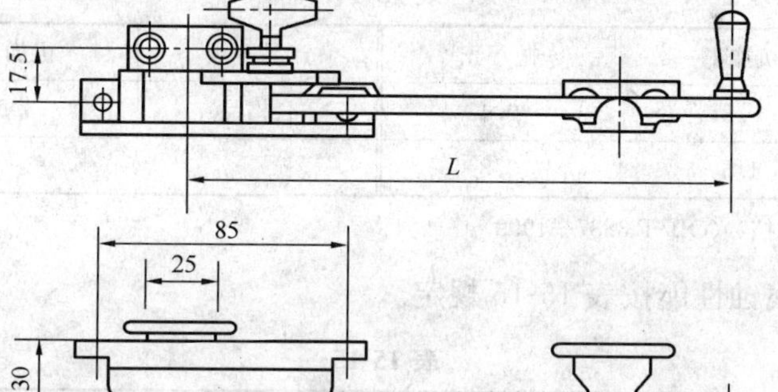

带纱窗下撑挡外形

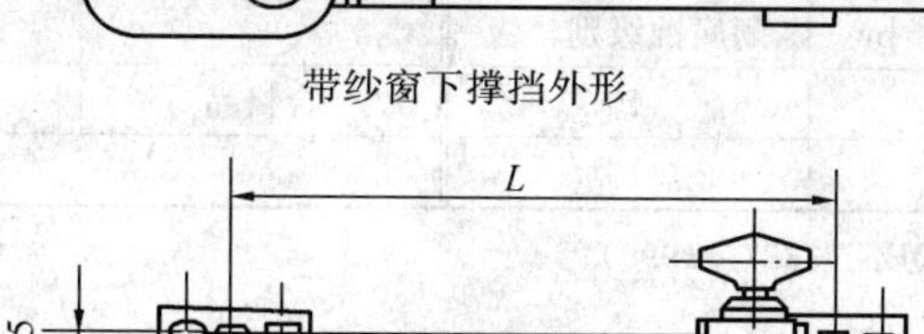

外开启下撑挡外形图

续表

品种		基本尺寸 L						安装孔距	
								壳体	拉搁脚
平开窗	上	—	260	—	300	—	—	50	25
	下	240	260	280	—	310	—	—	
带纱窗	上撑挡	—	260	—	300	—	320	50	
	下撑挡	240	—	280	—	—	320	85	

注：来自《铝合金窗撑挡》(QB/T 3887—1999)。

3）撑挡整体在承受表 15-13 的规定拉力时，其延伸率不大于 0.36%。

表 15-13

N

产品等级	整体受拉力	杆中间受压力	锁紧部受力
优等品	2000	600	>600
一级品	1800	500	>400
合格品	1500	400	400

注：来自《铝合金窗撑挡》(QB/T 3887—1999)。

4）表面粗糙度应符合表 15-14 的规定。

表 15-14

μm

产品等级	机加工	抛　光	产品等级	机加工	抛　光
优等品	0.8	0.4	合格品	3.2	1.6
一级品	1.6	0.8			

注：来自《铝合金窗撑挡》(QB/T 3887—1999)。

5）金属镀层耐腐蚀性能按表 15-15 规定。

表 15-15

产品等级	铜＋镍＋铬		产品等级	铜＋镍＋铬	
	试验时间，h	耐腐蚀级别，级		试验时间，h	耐腐蚀级别，级
优等品	36	10	合格品	24	10
一级品	30	10			

注：来自《铝合金窗撑挡》(QB/T 3887—1999)。

6）铝合金氧化膜厚度应符合表 15-16 的规定。

表 15-16

μm

产品等级	铝合金氧化膜厚度	产品等级	铝合金氧化膜厚度
优等品	≥25	合格品	≥10
一级品	≥15		

注：来自《铝合金窗撑挡》(QB/T 3887—1999)。

15.1.4 铝合金窗不锈钢滑撑

1）产品的规格和基本尺寸应符合表 15-17 的规定。

表 15-17 mm

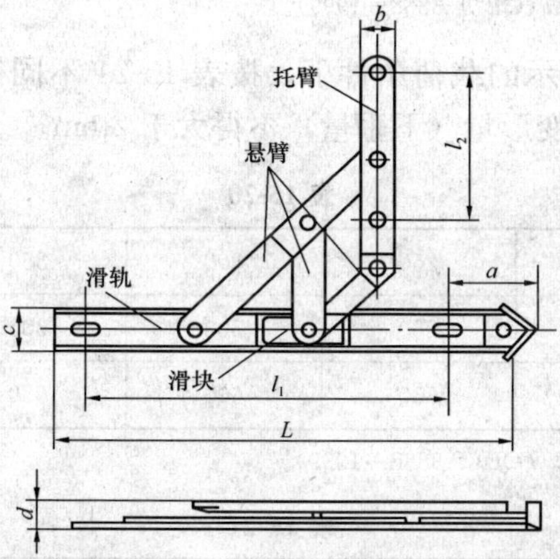

<table>
<tr><th>规格</th><th>长度</th><th>滑轨安装孔距 l_1</th><th>托臂安装孔距 l_2</th><th>滑轨宽度 a</th><th>托臂悬臂材料厚度 δ</th><th>高度 h</th><th>开启角度</th></tr>
<tr><td>200</td><td>200</td><td>170</td><td>113</td><td rowspan="6">18～22</td><td rowspan="2">≥2</td><td rowspan="2">≤13.5</td><td>60°±2°</td></tr>
<tr><td>250</td><td>250</td><td>215</td><td>147</td><td>85°±3°</td></tr>
<tr><td>300</td><td>300</td><td>260</td><td>156</td><td rowspan="2">≥2.5</td><td>≤15</td><td rowspan="4">85°±3°</td></tr>
<tr><td>350</td><td>350</td><td>300</td><td>195</td><td rowspan="3">≤16.5</td></tr>
<tr><td>400</td><td>400</td><td>360</td><td>205</td><td rowspan="2">≥3</td></tr>
<tr><td>450</td><td>450</td><td>410</td><td>205</td></tr>
</table>

注：规格 200mm 适用于上悬窗。

来自《铝合金窗不锈钢滑撑》（QB/T 3888—1999）。

2）滑撑闭合后，包角与剑头之间的横向间隙应符合表 15-18 的规定。

表 15-18 mm

产品等级	间隙要求	产品等级	间隙要求
优等品	≤0.1	合格品	≤0.3
一级品	≤0.2		

注：来自《铝合金窗不锈钢滑撑》（QB/T 3888—1999）。

3）表面质量按表 15-19 规定。

表 15-19

产品等级	表　面　质　量
优等品	表面光洁，不得有疵点、划痕、锋棱和毛刺等缺陷
一级品	表面光洁，不得有划痕、锋棱和毛刺等缺陷，允许有微量的疵点
合格品	表面光洁，不得有明显的疵点、划痕、锋棱和毛刺等缺陷

注：来自《铝合金窗不锈钢滑撑》(QB/T 3888—1999)。

4）将滑撑在表 15-20 所示的载荷条件下，按表 15-21 不同等级所规定的次数作循环启闭试验后，其关闭时的永久变形量（下垂量）不得大于 2mm。

表 15-20

规格，mm	200	250	300	350	400	450
载荷，N	200	250	300	300	300	300
窗扇最大宽度，mm	500	500	600	650	700	700

注：来自《铝合金窗不锈钢滑撑》(QB/T 3888—1999)。

表 15-21　　次

产品等级	启闭次数	产品等级	启闭次数
优等品	30000	合格品	10000
一级品	20000		

注：来自《铝合金窗不锈钢滑撑》(QB/T 3888—1999)。

15.1.5　铝合金门窗拉手

1）门用拉手型式代号见表 15-22。

表 15-22

型式名称	杆　式	板　式	其　他
代号	MG	MB	MQ

注：来自《铝合金门窗拉手》(QB/T 3889—1999)。

2）窗用拉手型式代号见表 15-23。

表 15-23

型式名称	板　式	盒　式	其　他
代号	CB	CH	CQ

注：来自《铝合金门窗拉手》(QB/T 3889—1999)。

3）门用拉手外形长度尺寸应符合表 15-24 的规定。

表 15-24

mm

名称	外形长度系列					
门用拉手	200	250	300	350	400	450
	500	550	600	650	700	750
	800	850	900	950	1000	—

注：来自《铝合金门窗拉手》(QB/T 3889—1999)。

4）窗用拉手外形长度尺寸应符合表 15-25 的规定。

表 15-25

mm

名称	外 形 长 度			
窗用拉手	50	60	70	80
	90	100	120	150

注：来自《铝合金门窗拉手》(QB/T 3889—1999)。

5）杆式拉手安装面平面度要求应符合表 15-26 的规定。

表 15-26

mm

安装面最大尺寸	≤500	>500	平面度公差值	1	2

注：来自《铝合金门窗拉手》(QB/T 3889—1999)。

6）表面阳极氧化膜厚度应符合表 15-27 的规定。

表 15-27

μm

产品等级	优等品	一级品	合格品
氧化膜厚度	≥25	≥15	≥10

注：来自《铝合金门窗拉手》(QB/T 3889—1999)。

7）金属镀层耐腐蚀等级应符合表 15-28 的规定。

表 15-28

产品等级	试验时间，h		耐腐蚀等级
	铜合金基体	锌合金或其他材料基体	
优等品	30	24	10
一级品	24	18	10
合格品	24	12	9

注：来自《铝合金门窗拉手》(QB/T 3889—1999)。

15.1.6 铝合金窗锁

1）技术特性代号应符合表 15-29 的规定。

表 15-29

型 式	无锁头	有锁头	单面（开）	双面（开）
代号	W	Y	D	S

注：来自《铝合金窗锁》(QB/T 3890—1999)。

2）规格尺寸见表 15-30。

表 15-30 mm

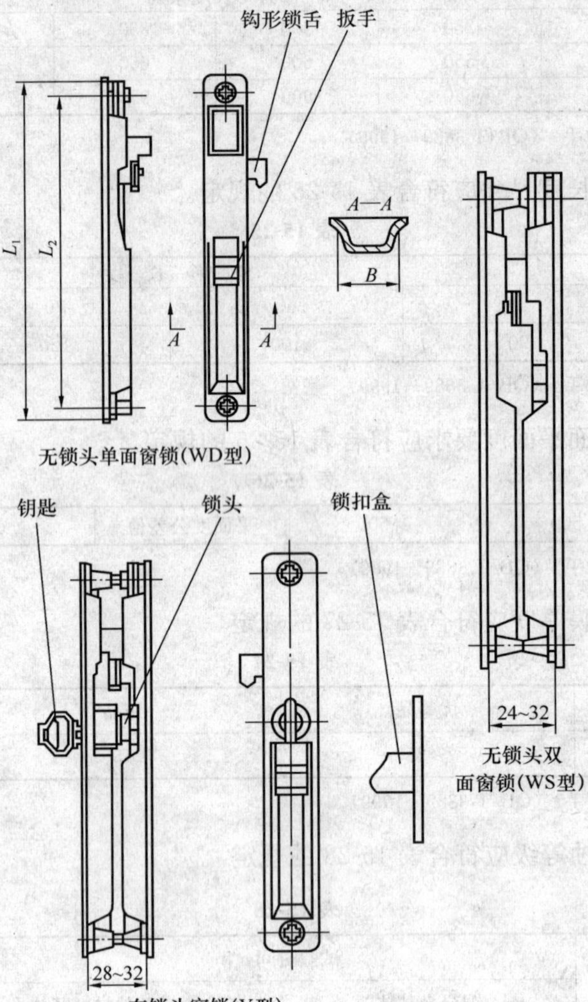

无锁头单面窗锁(WD型)

无锁头双面窗锁(WS型)

有锁头窗锁(Y型)

规格尺寸	B	12	15	17	19
安装尺寸	L_1	87	77	125	180
	L_2	80	87	112	168

注：来自《铝合金窗锁》（QB/T 3890—1999）。

3）钩型锁舌的承受拉力在维持时间 30s 后应符合表 15-31 的规定。

表 15-31

产品等级	规格，mm	承受拉力，N	产品等级	规格，mm	承受拉力，N
一级品	12	700	合格品	12	400
	15			15	
	17	1000		17	500
	19			19	

注：来自《铝合金窗锁》（QB/T 3890—1999）。

4）窗锁达到表 15-32 规定使用寿命后，仍能正常使用。

表 15-32

产品等级	无锁头窗锁寿命，次	有锁头窗锁寿命，次	产品等级	无锁头窗锁寿命，次	有锁头窗锁寿命，次
一级品	30000	3000	合格品	20000	2000

注：来自《铝合金窗锁》(QB/T 3890—1999)。

5）锌合金镀层耐腐蚀性能应符合表 15-33 的规定。

6）喷涂产品的附着力应符合表 15-34 的规定。

表 15-33

镀层种类	试验时间，h	镀层耐腐蚀等级，级
铜＋镍＋铬	12	10
铜＋镍	6	10

注：来自《铝合金窗锁》(QB/T 3890—1999)。

表 15-34

产品等级	涂层附着力级别，级
一级品	4
合格品	5

注：来自《铝合金窗锁》(QB/T 3890—1999)。

15.1.7 铝合金门锁

1）型式尺寸应符合表 15-35 的规定。

表 15-35

mm

安装中心距	基 本 尺 寸				
	13.5	18	22.4	29	35.5
锁舌伸出长度	≥8		≥10		

注：来自《铝合金门锁》(QB/T 3891—1999)。

2）技术特性代号应符合表 15-36 的规定。

表 15-36

锁头代号		锁舌代号					执手代号		旋钮代号	
单锁头	双锁头	单方舌	单钩舌	单斜舌	双舌	双钩舌	有	无	有	无
1	2	3	4	5	6	7	8	0	9	0

注：来自《铝合金门锁》(QB/T 3891—1999)。

3）安装中心距的极限偏差以及锁舌伸出长度应符合表 15-37 的规定。

表 15-37

mm

安装中心距	基本尺寸					极限偏差
	13.5	18	22.4	29	35.5	±0.65
锁舌伸出长度	≥8		≥10			

注：来自《铝合金门锁》(QB/T 3891—1999)。

4）钥匙牙花数应符合表 15-38 的规定。

表 15-38

弹子孔数	每批牙花数，把		
	优等品	一级品	合格品
4	—	—	500
5	6000	6000	3000

注：来自《铝合金门锁》(QB/T 3891—1999)。

5）互开率应符合表 15-39 的规定。

表 15-39

产品等级	互开率，%
优等品	0.204
一级品	0.204
合格品	0.286

注：来自《铝合金门锁》（QB/T 3891—1999）。

6）钥匙承受表 15-40 扭矩后，塑性变形扭转角不大于 3°；在垂直开启方向的锁舌面上，加表 15-40 静压力后应无缩进现象；钩形锁舌在承受表 15-40 静拉力后，仍能正常使用；锁舌侧向承受表 15-40 静压力后，仍能正常使用；锁使用寿命达到表 15-40 次数后，仍能正常使用。

表 15-40

产品等级	钥匙扭转，N·m	锁舌垂直静压力	钩形锁舌静拉力	锁舌侧向静压力	使用寿命，万次
		N			
优等品	2	1470	1470	3000	10
一级品	1.5	980	1225	1470	6
合格品	1	588	980	980	4

注：来自《铝合金门锁》（QB/T 3891—1999）。

7）钥匙拔出静拉力和开启锁舌扭矩应符合表 15-41 的规定。

表 15-41

产品等级	钥匙拔出静拉力/N	开启锁舌的钥匙扭矩，N·m
优等品	≤3.92	≤0.5
一级品	≤5.88	≤0.7
合格品	≤7.84	≤0.9

注：来自《铝合金门锁》（QB/T 3891—1999）。

8）安装外露零件金属表面处理耐腐蚀性能应符合表 15-42 的规定，其他零件应经防锈处理。

表 15-42

序号	基体金属	镀层种类	试验时间，h	镀层耐蚀等级
1	锌合金	铜+镍+铬	12	10
2	钢		24	10
3	铜	镍+铬	24	10
4	钢	锌钝化	12	8

注：来自《铝合金门锁》（QB/T 3891—1999）。

15.1.8 推拉铝合金门窗用滑轮

1）规格尺寸见表 15-43。

表 15-43　　mm

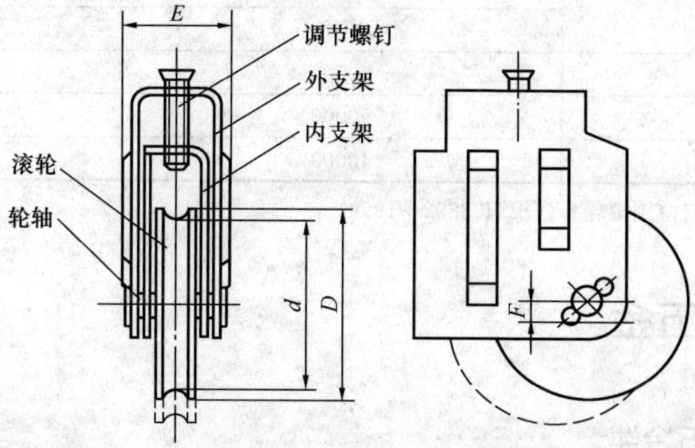

可调型

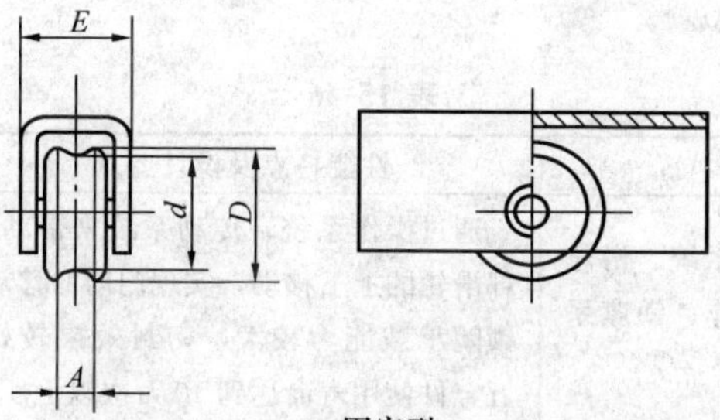

固定型

规格 D	底径 d	滚轮槽宽 A		外支架宽度 B		调节高度 F
		一系列	二系列	一系列	二系列	
20	16	8	—	16	6～16	—
24	20	6.50	3～9	—	12～16	—
30	26	4		13	12～20	≥5
36	31	7		17	—	
42	36	6	6～13	24	—	
45	38				—	

注：第二系列尺寸选用整数。

来自《推拉铝合金门窗用滑轮》(QB/T 3892—1999)。

2）镀层耐腐蚀性能应符合表 15-44 的规定。

表 15-44

产品等级	试验时间，h	耐蚀级别
优等品	12	10
一级品		9
合格品		8

注：来自《推拉铝合金门窗用滑轮》(QB/T 3892—1999)。

3）滑轮使用寿命应符合表 15-45 的规定。

表 15-45

产品等级	往 复 次 数	
	窗用	门用
优等品	60000	110000
一级品	50000	100000
合格品	40000	90000

注：来自《推拉铝合金门窗用滑轮》（QB/T 3892—1999）。

15.2 塑料门窗五金

15.2.1 塑料门五金件

塑料门五金件见表 15-46。

表 15-46

类 别		配 置	性能特点及设计要点	适用范围
高档门	推拉提升门	由传动系统、滑轮组件、操作、锁座系统等组成	通过操作系统、传动系统来带动下部滑轮的上下移动，实现门扇的移动，锁闭承载能力较大，密封效果较好。五金件使用寿命达到 10 万次以上	适用于密封效果要求较高的阳台落地推拉门，洞口较大的室内隔断门选用
	提升、推拉下悬门	由滑轮组件、下悬部件、传动系统、导轨、锁座、操作系统等部件组成	开启面积较大，操作简单，密封效果较好。五金件使用寿命达到 10 万次以上	适用于对密封要求较高的户内、外用门，如阳台落地推拉门，洞口较大的室内隔断门选用
	折叠门	由合页、滑轮、滑轨、传动、限位装置、操作、平开下悬等系统组成	密封效果较好，开启扇不占据室内空间，通风、采光效果好。五金件使用寿命达到 10 万次以上	适用于对密封效果、采光要求较高的房间，如阳台落地推拉门，洞口较大的室内隔断门
中低档门	平开门	铰链、门锁、插销	单点锁紧、实现门扇开关。五金件（铰链、门锁）中档门使用寿命达到 3 万次以上。五金件（铰链、门锁）普通门使用寿命达到 1.5 万次以上	此配置是单点锁紧平开门中应用最普通的一种配置塑料门。适用于家庭阳台门、厨房门、厕所门 铝合金门适用于公共场所用门
		铰链、执手、传动锁闭器、插销	通过执手实现多点锁紧，实现门扇开关。中档门用五金件（铰链、门锁传动锁闭器）使用寿命达到 3 万次以上。普通门用五金件（铰链、门锁）使用寿命达到 1.5 万次以上	此配置由于密封性能好，造价高，是应用在中档门中最普通的一种配置 塑料门适用于家庭阳台门、厨房门、厕所门。铝合金门适用于公共场所用

续表

类别		配置	性能特点及设计要点	适用范围
中低档门	推拉门	1. 半圆锁（插锁）、滑轮	只能完成一种左右推拉通风、换气功能。滑轮可分为平滑轮和凹滑轮；金属滑轮和非金属滑轮 金属滑轮承载能力大，金属滑轮（除不锈钢滑轮外）不易长期在潮湿环境下使用，窗扇在推动过程中有噪声；非金属滑轮耐腐蚀，承载力有限，窗扇在推动过程中噪声小 中档门用五金件（执手、传动锁闭器、半圆锁、滑轮）使用寿命达到3万次以上；普通门用五金件（执手、传动锁闭器、半圆锁、滑轮）使用寿命达到1.5万次以上；表面防腐性能达到96小时8级	第一、二种配置适用于单点锁紧，是目前市场上普通采用的推拉窗五金件配置。纱扇安装在室内一侧
		2. 碰锁（边锁）滑轮		
		3. 执手、传动锁闭器、滑轮、手拨单点锁		第三种配置适用于多点锁紧，纱扇安装在室外一侧。轴套式滑轮不宜在风沙地区使用

15.2.2 塑料窗五金件

塑料窗五金件见表15-47。

表 15-47

类别		配置	性能特点及设计要点	适用范围
高档窗	平开下悬窗	平开下悬五金件	有平开、下悬两种通风和换气功能。使用寿命5万次以上，五金件表面防腐性能达到96小时8级	适用于对密封性能、采光面积要求较高的户外门窗
中档窗	平开下悬窗	平开下悬五金件	可完成平开、下悬两种通风和换气功能。五金件使用寿命3万次以上，五金件表面防腐性能达到96小时8级	适用于对密封性能、采光面积要求较高的户外门窗
	平开窗	1. 铰链、执手、撑挡、传动锁闭器	只能完成一种平开通风、换气功能。此配置具有窗扇多点锁闭特点，铰链轴在窗扇一侧。铰链的承载能力较大。五金件（铰链、执手、撑挡、传动锁闭器）使用寿命3万次以上；表面防腐性能达到96小时8级。要点：五金件与增强型钢连接	此配置可实现多点锁闭，适用于密封性能较高的窗
		2. 滑撑、传动锁闭器、执手	只能完成一种平开通风、换气功能。此配置具有窗扇多点锁闭特点，滑撑轴距窗扇一侧有一定距离，限制窗扇开启角度。外开窗采用此种配置时，人在室内一侧可以擦窗。窗扇重量受到滑撑承载能力的限制五金件（铰链、执手、撑挡、传动锁闭器）使用寿命3万次以上；表面防腐性能达到96小时8级。要点：五金件与增强型钢连接	此配置可实现多点锁闭，适用于多层建筑或低风压地区用窗

续表

类别		配置	性能特点及设计要点	适用范围
中档窗	推拉窗	1. 半圆锁（插锁）、滑轮	只能完成一种左右推拉通风、换气功能。滑轮可分为平滑轮和凹滑轮；金属滑轮和非金属滑轮。金属滑轮承载能力大，金属滑轮（除不锈钢滑轮外）不易长期在潮湿环境下使用，窗扇在推动过程中有噪声；非金属滑轮耐腐蚀，承载力有限，窗扇在推动过程中噪声小。五金件（半圆锁、滑轮、执手、传动锁闭器）使用寿命达到3万次以上；表面防腐性能达到96小时8级	第一、二种配置适用于单点锁紧，是目前市场上普遍采用的推拉窗五金件配置形式。纱扇安装在室内一侧
中档窗	推拉窗	2. 碰锁（边锁）滑轮	只能完成一种左右推拉通风、换气功能。滑轮可分为平滑轮和凹滑轮；金属滑轮和非金属滑轮。金属滑轮承载能力大，金属滑轮（除不锈钢滑轮外）不易长期在潮湿环境下使用，窗扇在推动过程中有噪声；非金属滑轮耐腐蚀，承载力有限，窗扇在推动过程中噪声小。五金件（半圆锁、滑轮、执手、传动锁闭器）使用寿命达到3万次以上；表面防腐性能达到96小时8级	第一、二种配置适用于单点锁紧，是目前市场上普遍采用的推拉窗五金件配置形式。纱扇安装在室内一侧
中档窗	推拉窗	3. 执手、传动锁闭器、滑轮、手拨单点锁	只能完成一种左右推拉通风、换气功能。滑轮可分为平滑轮和凹滑轮；金属滑轮和非金属滑轮。金属滑轮承载能力大，金属滑轮（除不锈钢滑轮外）不易长期在潮湿环境下使用，窗扇在推动过程中有噪声；非金属滑轮耐腐蚀，承载力有限，窗扇在推动过程中噪声小。五金件（半圆锁、滑轮、执手、传动锁闭器）使用寿命达到3万次以上；表面防腐性能达到96小时8级	第三种配置适用于多点锁紧，纱扇安装在室外一侧。轴套式滑轮不宜在风沙地区使用
普通窗	平开窗	1. 铰链、执手、撑挡、传动锁闭器	只能完成一种平开通风、换气功能。此配置具有窗扇多点锁闭特点，铰链轴在窗扇一侧。铰链的承载能力较大。五金件（铰链、执手、撑挡、传动锁闭器）使用寿命1.5万次以上；表面防腐性能达到96小时8级。要点：五金件与增强型钢连接	此配置可实现多点锁闭，适用于密封性能较高的窗
普通窗	平开窗	2. 滑撑、传动锁闭器、执手	只能完成一种平开通风、换气功能。此配置具有窗扇多点锁闭特点，滑撑轴距窗扇一侧有一定距离，限制窗扇开启角度。外开窗采用此种配置时，人在室内一侧可以擦窗。窗扇重量受到滑撑承载能力的限制五金件（铰链、执手、传动锁闭器）使用寿命1.5万次以上；表面防腐性能达到96小时8级。要点：五金件与增强型钢连接	此配置可实现多点锁闭，适用于多层建筑或低风压地区用窗
普通窗	推拉窗	1. 半圆锁（插锁）、滑轮	只能完成一种左右推拉通风、换气功能。滑轮可分为平滑轮和凹滑轮；金属滑轮和非金属滑轮。金属滑轮承载能力大，金属滑轮（除不锈钢滑轮外）不易长期在潮湿环境下使用，窗扇在推动过程中有噪声；非金属滑轮耐腐蚀，承载力有限，窗扇在推动过程中噪声小，五金件（半圆锁、滑轮、执手、传动锁闭器）使用寿命达到1.5万次以上；表面防腐性能达到96小时8级	第一、二种配置适用于单点锁紧，是目前市场上普遍采用的推拉窗五金件配置。纱扇安装在室内一侧
普通窗	推拉窗	2. 碰锁（边锁）滑轮	只能完成一种左右推拉通风、换气功能。滑轮可分为平滑轮和凹滑轮；金属滑轮和非金属滑轮。金属滑轮承载能力大，金属滑轮（除不锈钢滑轮外）不易长期在潮湿环境下使用，窗扇在推动过程中有噪声；非金属滑轮耐腐蚀，承载力有限，窗扇在推动过程中噪声小，五金件（半圆锁、滑轮、执手、传动锁闭器）使用寿命达到1.5万次以上；表面防腐性能达到96小时8级	第一、二种配置适用于单点锁紧，是目前市场上普遍采用的推拉窗五金件配置。纱扇安装在室内一侧
普通窗	推拉窗	3. 执手、传动锁闭器、滑轮、手拨单点锁	只能完成一种左右推拉通风、换气功能。滑轮可分为平滑轮和凹滑轮；金属滑轮和非金属滑轮。金属滑轮承载能力大，金属滑轮（除不锈钢滑轮外）不易长期在潮湿环境下使用，窗扇在推动过程中有噪声；非金属滑轮耐腐蚀，承载力有限，窗扇在推动过程中噪声小，五金件（半圆锁、滑轮、执手、传动锁闭器）使用寿命达到1.5万次以上；表面防腐性能达到96小时8级	第三种配置适用于多点锁紧，纱扇安装在室外一侧。轴套式滑轮不宜在风沙地区使用

参 考 文 献

[1] 国家标准．通用硅酸盐水泥（GB 175—2007）[S]．北京：中国标准出版社，2007.

[2] 国家标准．白色硅酸盐水泥（GB/T 2015—2005）[S]．北京：中国标准出版社，2005.

[3] 国家标准．半硬质聚氯乙烯块状地板（GB/T 4085—2005）[S]．北京：中国标准出版社，2005.

[4] 国家标准．陶瓷砖（GB/T 4100—2006）[S]．北京：中国标准出版社，2006.

[5] 国家标准．铝及铝合金波纹板（GB/T 4438—2006）[S]．北京：中国标准出版社，2006.

[6] 国家标准．细木工板（GB/T 5849—2006）[S]．北京：中国标准出版社，2006.

[7] 国家标准．铝及铝合金压型板（GB/T 6891—2006）[S]．北京：中国标准出版社，2006.

[8] 国家标准．卫生陶瓷（GB 6952—2005）[S]．北京：中国标准出版社，2006.

[9] 国家标准．复层建筑涂料（GB/T 9779—2005）[S]．北京：中国标准出版社，2005.

[10] 国家标准．蒸压加气混凝土砌块（GB 11968—2006）[S]．北京：中国标准出版社，2006.

[11] 国家标准．建筑用轻钢龙骨（GB/T 11981—2008）[S]．北京：中国标准出版社，2008.

[12] 国家标准．聚氯乙烯防水卷材（GB 12952—2003）[S]．北京：中国标准出版社，2003.

[13] 国家标准．氯化聚乙烯防水卷材（GB 12953—2003）[S]．北京：中国标准出版社，2003.

[14] 国家标准．烧结空心砖和空心砌块（GB 13545—2003）[S]．北京：中国标准出版社，2003.

[15] 国家标准．道路硅酸盐水泥（GB 13693—2005）[S]．北京：中国标准出版社，2005.

[16] 国家标准．玻璃纤维增强聚酯波纹板（GB/T 14206—2005）[S]．北京：中国标准出版社，2005.

[17] 国家标准．硅酮建筑密封胶（GB/T 14683—2003）[S]．北京：中国标准出版社，2004.

[18] 国家标准．建筑用硅酮结构密封胶（GB 16776—2005）[S]．北京：中国标准出版社，2006.

[19] 国家标准．弹性体改性沥青防水卷材（GB 18242—2008）[S]．北京：中国标准出版社，2008.

[20] 国家标准．塑性体改性沥青防水卷材（GB 18243—2008）[S]．北京：中国标准出版社，2008.

[21] 国家标准．天然大理石建筑板材（GB/T 19766—2005）[S]．北京：中国标准出版社，2005.

[22] 国家标准．玻纤胎沥青瓦（GB/T 20474—2006）[S]．北京：中国标准出版社，2006.

[23] 国家标准．建筑幕墙（GB/T 21086—2007）[S]．北京：中国标准出版社，2008.

[24] 行业标准．水泥木屑板（JC/T 411—2007）[S]．北京：中国建材工业出版社，2008.

[25] 行业标准．陶瓷马赛克（JC/T 456—2005）[S]．北京：中国建材工业出版社，2005.

[26] 行业标准．聚硫建筑密封胶（JC/T 483—2006）[S]．北京：中国建材工业出版社，2007.

[27] 行业标准．丙烯酸酯建筑密封胶（JC/T 484—2006）[S]．北京：中国建材工业出版社，2007.

[28] 行业标准．建筑窗用弹性密封胶（JC/T 485—2007）[S]．北京：中国建材工业出版社，2007.

[29] 行业标准．维纶纤维增强水泥平板（JC/T 671—2008）[S]．北京：中国建材工业出版社，2008.

[30] 行业标准．玻镁平板（JC 688—2006）[S]．北京：中国建材工业出版社，2006.